myBook+

Ihr Portal für alle Online-Materialien zum Buch!

Arbeitshilfen, die über ein normales Buch hinaus eine digitale Dimension eröffnen. Je nach Thema Vorlagen, Informationsgrafiken, Tutorials, Videos oder speziell entwickelte Rechner – all das bietet Ihnen die Plattform myBook+.

Ein neues Leseerlebnis

Lesen Sie Ihr Buch online im Browser – geräteunabhängig und ohne Download!

Und so einfach geht's:

– Gehen Sie auf **https://mybookplus.de**, registrieren Sie sich und geben Ihren Buchcode ein, um auf die Online-Materialien Ihres Buchs zu gelangen
– **Ihren individuellen Buchcode finden Sie am Buchende**

Wir wünschen Ihnen viel Spaß mit myBook+!

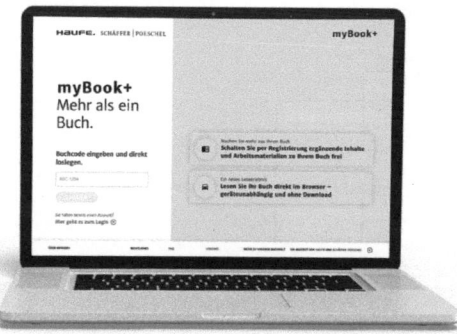

Hybrid Work

Prof. Dr. Johanna Bath, Prof. Dr. Katrin Winkler (Hrsg.)

Hybrid Work

Wie Führungskräfte ihre Arbeitsorganisation für die Zukunft transformieren

1. Auflage

Haufe Group
Freiburg · München · Stuttgart

Bibliografische Information der Deutschen Nationalbibliothek

Die Deutsche Nationalbibliothek verzeichnet diese Publikation in der Deutschen Nationalbibliografie; detaillierte bibliografische Daten sind im Internet über http://dnb.dnb.de/ abrufbar.

Print: ISBN 978-3-648-16788-5   Bestell-Nr. 10873-0001
ePub: ISBN 978-3-648-16789-2   Bestell-Nr. 10873-0100
ePDF: ISBN 978-3-648-16790-8   Bestell-Nr. 10873-0150

Hrsg.: Prof. Dr. Johanna Bath, Prof. Dr. Katrin Winkler
Hybrid Work
1. Auflage, Juli 2023

© 2023 Haufe-Lexware GmbH & Co. KG, Freiburg
www.haufe.de
info@haufe.de

Bildnachweis (Cover): © iStock.com/littlehenrabi

Produktmanagement: Mirjam Gabler
Lektorat: Ursula Thum, Text+Design Jutta Cram, Augsburg

Inhaltsverzeichnis

Vorwort

Liebe Leserinnen und Leser,

willkommen in der neuen Arbeitswelt, die sich im rasanten Tempo verändert. Gerade hat die Pandemie den bereits laufenden Umbruch der Arbeitswelt in den letzten drei Jahren kräftig beschleunigt und die Entwicklung neuer Arbeitsmodelle gefördert. Für diese Entwicklung gibt es kein Zurück. Die Vielzahl, die Volatilität und die Unvorhersehbarkeit der unternehmerischen Herausforderungen prägen mehr denn je in den kommenden Jahren erforderliche neue Arbeitsmodelle für Arbeitnehmer:innen, Unternehmen und Gesellschaft.

Dabei sind räumliche und zeitliche Flexibilität mitnichten die einzigen Veränderungen, die hier Treiber sind. Die zunehmende Automatisierung von Arbeitsprozessen und neue Technologien, wie z. B. die künstliche Intelligenz, Augmented Reality und Robotik, werden viele Arbeitsplätze verändern, bis zu 1,5 Millionen Jobs werden bis 2035 in Deutschland verloren gehen; gleichzeitig entstehen ebenso viele neue. Für Unternehmen und Arbeitnehmer:innen ist dieser Skill Shift und die neue Verteilung der Arbeit zwischen Technologie und Mensch eine enorme Herausforderung. Die Diversität und Integration von Zuwanderern, die Verteilung von Aufgaben an verschiedenen Standorten und die zunehmenden Mobilitätsbedürfnisse von Arbeitnehmer:innen führen zu einer weiteren Steigerung des Wettbewerbs am Arbeitsmarkt. Zudem sinkt die Zahl der arbeitsfähigen Menschen in Deutschland demografiebedingt im selben Zeitraum bis 2035 um bis zu 30 %. Immer mehr Arbeitnehmer:innen und Verbraucher:innen legen Wert auf umweltfreundliche und nachhaltigere Arbeitsbedingungen und Produkte. Und nicht zuletzt sind sie anspruchsvoller, wenn es um die Vereinbarkeit von Arbeit und Privatleben geht.

So zeigen aktuelle Studien (u. a. Gensler Research Institute, Gallup), dass in vielen Unternehmen die Arbeitsmodelle noch gar nicht »ready« und nachhaltig verankert sind. Folglich gibt es eine hohe Wechsel- und Kündigungsbereitschaft bei den Mitarbeitenden. Jüngste Arbeitnehmerbewegungen, wie die »Great Resignation« und »Quiet Quitting«, gingen durch die Presse. Der Wandel vom Arbeitgeber- zum Arbeitnehmermarkt ist in vollem Gang.

Diese Herausforderungen werden den Arbeitsmarkt in Deutschland verändern. Unternehmen sollten ihre Geschäftsmodelle und Arbeitsbedingungen laufend anpassen, um wettbewerbsfähig zu bleiben, und Mitarbeitende sollten sich kontinuierlich weiterbilden und flexibel bleiben, um den Anforderungen der Arbeitswelt gerecht zu werden. Die (Weiter-)Entwicklung der Arbeit ist kein Projekt – sie ist eine Kernkompetenz. Und das stellt viele vor große Herausforderungen.

Die Anforderungen an die Arbeitsmodelle der Zukunft sind hoch. Und sie können nicht mehr in Silos und top-down entwickelt werden, sie sind crossfunktional und hierarchieübergreifend im Unternehmen zu verankern. Der digitale und physische Arbeitsplatz sowie die Führung und Zusammenarbeit im Unternehmen sind als integrierte Lösungen für die Mitarbeiter:innen abzubilden.

Kein Wunder, dass es bei all den Anforderungen noch viel Unsicherheit rund um die neue Arbeitswelt gibt. Es gibt kein »one size fits all«; jedes Unternehmen muss seinen individuellen Weg finden. Mitarbeiterbindung, Performance und Attraktivierung sind die großen Herausforderungen der aktuellen Dekade. Dabei steht für die Unternehmen viel auf dem Spiel. Um nachhaltig in dieser neuen Arbeitswelt Erfolg zu haben, ist Ambidextrie und ein radikales Umdenken im Topmanagement erforderlich. Es geht darum, bestehende Arbeitsmodelle ständig zu verbessern und neue parallel zu entwickeln. Es geht um eine neue Haltung, die Eigenverantwortung und Inspiration im Unternehmen fördert. Verantwortungen und Entscheidungen sind vor Ort bei der fachlichen Kompetenz auf Mitarbeiterebene zu treffen. Die Kultur sollte Transparenz und Vertrauen im Unternehmen fördern und lebenslanges Lernen verankern. Es ist wichtig, dass das Topmanagement das Lernen und die Entwicklung von Mitarbeitenden priorisiert und eine Kultur des Lernens und der kontinuierlichen Verbesserung fördert. Ziele und Ergebnisse sowie regelmäßiges Feedback und eine klare, ehrliche Kommunikation sind weitere wichtige Eckpfeiler für nachhaltige Arbeitsmodelle. Unternehmen, die eine flexiblere und agilere Arbeitsweise entwickeln, werden in der Lage sein, sich besser an die Veränderungen der Arbeitswelt anzupassen und ihre Wettbewerbsfähigkeit zu erhalten oder zu steigern.

Prof. Dr. Johanna Bath und Prof. Dr. Kathrin Winkler haben Expert:innen aus der Wirtschaft, der Politik und der Wissenschaft eingeladen, die Herausforderungen, Chancen und Lösungen der neuen Arbeitsmodelle vorzustellen und einen Blick in die Zukunft zu werfen. Sie diskutieren die Auswirkungen von hybrider Arbeit auf die Produktivität und das Wohl der Mitarbeitenden sowie die Anforderungen an Führungskräfte, um erfolgreich zu führen. Dieses Buch richtet sich an alle, die sich für die Zukunft der Arbeit interessieren, einschließlich Führungskräfte, Arbeitnehmer:innen, Studierende und alle, die sich für den Wandel im Berufsleben engagieren. Wir hoffen, dass Sie durch die Lektüre ein besseres Verständnis für die Chancen und Herausforderungen von hybrider Arbeit und dem digitalen Arbeitsplatz gewinnen und inspiriert werden, um die Zukunft der Arbeit aktiv mitzugestalten. Denn es ist eine gemeinsame Verantwortung aller Beteiligten, die anstehenden Veränderungen zu antizipieren und Rahmenbedingungen zu schaffen, die die Wettbewerbsfähigkeit des Standorts Deutschland und seiner Unternehmen halten und steigern.

Jörg Staff

Hybrid Work

1 Hybrid Work/hybride Arbeit – was sie mitbringt und wie sie sich heute und künftig entwickelt

Johanna Bath und Vanessa Kolodziej

Eine Schlagzeile hat im Juni 2022 die New-Work-Welt polarisiert. Tesla-Chef Elon Musk verbietet das Homeoffice und legt fest, dass jede:r Mitarbeiter:in bei Tesla mindestens 40 Stunden in der Woche im Büro verbringen muss. Die Konsequenz bei einer Missachtung? »Diese Aktion wird als freiwilliges Verlassen des Unternehmens von dem jeweiligen Mitarbeiter oder der jeweiligen Mitarbeiterin angesehen.« So wird Musk überall auf Social Media zitiert. Und Musk gibt auch bei viel Gegenwind nicht klein bei: Als sein Arbeitskonzept auf Twitter von Usern als veraltet abgestempelt wird, lässt Musks Antwort nicht lange auf sich warten: »Mitarbeiterinnen und Mitarbeiter, die Remote Work und Homeoffice bevorzugen, sollen bitte woanders so tun, als ob sie arbeiten würden« (Göpfert, 2022).

An scharfen Aussagen wie diesen zeigt sich eines klar: Das Thema hybrides oder remotes Arbeiten ist ein heißes Eisen, das wird es auch noch auf absehbare Zukunft bleiben. Und es bewegt die Gemüter. Es gibt sowohl klare Fronten von Gegnern als auch Superfans, die es sich absolut nicht vorstellen können, ihre Vollzeitstelle im Büro zu verbringen.

Das zeigt sich auch in den vielen Studien, die seit 2020 zu diesem Thema durchgeführt wurden. Laut der Cisco Global Hybrid Work Study 2022 sind 62 % der Arbeitnehmer:innen auf globaler Ebene der Meinung, dass die Möglichkeit, von überall aus zu arbeiten, einen Einfluss darauf hat, ob sie beim aktuellen Unternehmen bleiben oder es verlassen (Cisco, 2022b). Als besonders attraktiv und gefragt wird von 83 % der Arbeitnehmer das Arbeitsmodell »Hybrid Work« gesehen (Smith/Silverstone/Whittall/Shaw/McMillian, 2021b, S. 8). Zusätzlich hat PricewaterhouseCoopers in der Arbeitsmarktstudie »Hopes and Fears 2022« beschrieben, dass lediglich 11 % der Menschen, die während der Pandemie im Homeoffice gearbeitet haben, noch täglich ins Büro fahren wollen (Sethi/Brown/Stubbings/Mukherjee, 2022, S. 20).

Egal, wie man selbst zu dem Thema steht – er ist nicht wegzudiskutieren, der große Wandel der Arbeitswelt. Auf der einen Seite ist dieser Wandel nicht neu: Blicken wir in die Vergangenheit zurück, fallen unterschiedliche Meilensteine auf, die die Arbeitsformen, die wir heutzutage kennen, maßgeblich beeinflusst haben. Schon immer ermöglichte der technische Fortschritt, wie beispielsweise die Elektrizität oder auch das Internet, dass sich die Art, wie wir arbeiten, massiv veränderte – und in deren Folge auch die Art, wie wir leben. Auch Megatrends wie die Globalisierung, die VUCA-Welt oder zuletzt die Pandemie haben einen maßgeblichen Einfluss auf die Arbeitswelt und -weise. Und wer ein Ende des Wandels der Arbeitswelt sieht, dem sei an dieser Stelle gesagt, dass wir damit rechnen können, dass die Dynamik noch weiter zunehmen wird. Gerade aus dem Bereich der technischen Weiterentwicklung, wie zum Beispiel der künstlichen Intelligenz, werden in naher Zukunft große Veränderungen auf die Arbeitswelt zukommen (diesen Themen haben wir den letzten Teil dieses Buches gewidmet). Die Frage, wie wir in Zukunft arbeiten werden, ist in weiten Teilen noch unbeantwortet. Das stellt Organisationen vor die Herausforderung, die Entwicklung agil aufzugreifen und positiv in das eigene Unternehmen zu tragen.

> *»Die Arbeit an der Arbeit wird zur Arbeit.«*
> Johanna Bath

Neben den äußeren Einwirkungen, die Unternehmen massiv beschäftigen, verändern sich auch die Anforderungen, die von innen, also von den Beschäftigten selbst, kommen. Dies wird durch den demografischen Wandel aktuell noch stärker befeuert als in den vergangenen Dekaden und der »Mythos Gen Z« hängt vielerorts als Damoklesschwert über HR-Abteilungen und Recruitingteams.

Dabei fehlt es schon an einem klaren, gemeinsamem Vokabular: Begriffe wie »Hybrid Work«, »New Work« oder auch »Remote Work« sind in aller Munde. Welcher HR- oder Personalverantwortliche saß noch nicht in einem Meeting, in dem es um das New Normal mit der New Work ging? Dabei ist zu beobachten, dass bestimmte Begriffe zu einem New-Work-Einheitsbrei verschmelzen und beispielsweise gern synonym verwendet wurden. Das Resultat ist dann, dass nicht nur kein gemeinsames Verständnis des Begriffs erreicht wird, sondern die Wörter auch meist nur als Buzzwords ohne Substanz verwendet werden.

Die Konsequenzen:
- New Work, Hybrid Work und Co. werden als leere Buzzwords abgestempelt, die als Selbstbeschäftigung und Nabelschau von bestimmten Akteuren abgetan werden.
- Es entstehen keine ganzheitlichen Arbeitsmodelle mit einer maßgeschneiderten Infrastruktur, sondern unvollständige und kleinteilige Silolösungen, die dann kurzerhand mit dem Begriff »New Work« aufgehübscht werden.
- Die Mitarbeitenden rücken aus dem Zentrum der Aktivitäten und werden oft nicht mal zu Beteiligten gemacht – in dem Irrglauben, dass sich substanzielle Probleme im Unternehmen mit der Renovierung des Büros oder einem neuen IT-Tool lösen lassen. Teure Irrwege, die oft mehr schaden als nützen.
- Oberflächliche Infrastrukturdiskussionen ohne tieferen Sinn à la: »Zwei Tage mache ich Homeoffice und die restlichen Tage muss ich ins Büro« sollen der Beginn

und das Ende der neuen Arbeitswelt sein. Hier ist der Frust der Mitarbeitenden oft schon vorprogrammiert.

Das Resultat ist, dass nicht durchdachte Arbeitsmodelle in Unternehmen eingeführt werden, die die Mitarbeiter:innen letzten Endes nur noch ausbaden müssen und die sie nicht wirklich in ihrer Arbeitsweise unterstützen.

1.1 New Work, Remote Work, Homeoffice und Hybrid Work – alles das Gleiche?

Um im weiteren Verlauf des Kapitels auf das Arbeitsmodell »Hybrid Work« und auch das Zukunftspotenzial eingehen zu können und ein kohärentes Verständnis zu erreichen, sollen daher an dieser Stelle die Begriffe »New Work«, »Hybrid Work«, »Remote Work« und »Homeoffice« voneinander abgegrenzt werden.

Definitionen: New Work, Hybrid Work, Remote Work, Homeoffice

New Work

Bezeichnet den strukturellen Wandel der Arbeitswelt hin zu mehr Entfaltungsmöglichkeiten und Eigenverantwortung für die Mitarbeitenden. Der Begriff umfasst sowohl praktische Methoden als auch neue Mindsets, um auf äußere und innere Einflüsse besser reagieren zu können. Dabei können globale Trends sowohl bestimmende äußere Einflüsse sein als auch Enabler (also Faktoren, die neue Arbeitsweisen überhaupt ermöglichen), wie beispielsweise die Digitalisierung, der demografische Wandel oder auch die Globalisierung.

Hybrid Work

Eine von vielen Dimensionen innerhalb des New-Work-Kontexts ist Hybrid Work. Es gilt als zeit- und ortsunabhängiges Arbeitsmodell, bei dem Arbeiten zum Teil im Büro, im Homeoffice oder auch an einem dritten Ort stattfinden kann. Die Aufteilung sollte nicht konstant, sondern in Abhängigkeit von äußeren und inneren Einflüssen individuell getroffen werden, wie beispielsweise der technischen Ausrüstung oder Projektarbeiten. Bei einer Projektarbeit kann es sinnvoll sein, dass bei einer Brainstorming- und Austauschphase gemeinsam im Büro oder an einem physischen Ort gearbeitet wird. So kann ein schneller, kreativer und effektiver Austausch mit unterstützenden Materialien und ungeteilter Aufmerksamkeit gewährleistet werden. Diese Kreativphase sollte nicht durch eine starre Remote-Work-Regelung negativ beeinflusst werden, sondern individuell getroffen werden können, damit maximale Effektivität möglich wird.

Remote Work

Als »Remote Work« wird das Arbeiten außerhalb der Büroräumlichkeiten bezeichnet. Dabei ist das Arbeiten in einem Office überflüssig und die Mitarbeiter:innen sind nicht an bestimmte Räumlichkeiten, wie das Homeoffice oder das Firmenbüro, gebunden. Remote Work kann Teil eines hybriden Arbeitsmodells sein, jedoch ist es nicht hybrides Arbeiten.

Homeoffice

Als »Homeoffice« bezeichnet man das Arbeiten in den eigenen vier Wänden. Dementsprechend ist es nicht mit Remote Work gleichzusetzen, da es keine Ortsunabhängigkeit ausdrückt. Außerdem ist die Festlegung von festen Homeoffice-Tagen noch keine Umsetzung von Hybrid Work.

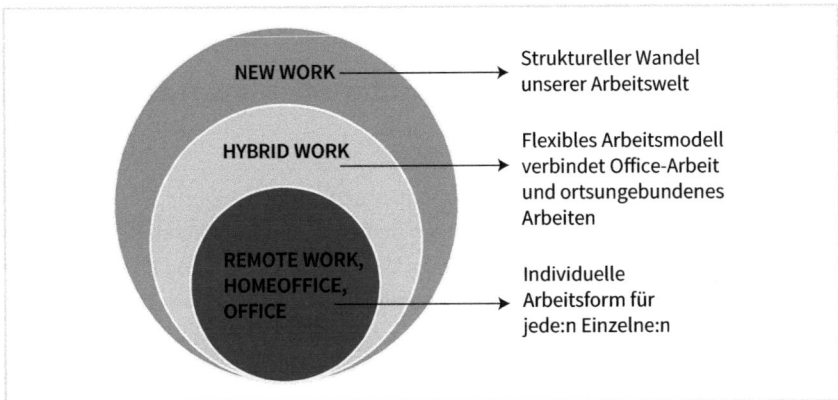

Abgrenzung der Begriffe New Work, Hybrid Work, Homeoffice und Remote Work. Bath, Johanna: eigene Darstellung

Hybrid Work ermöglicht also durch die Mischform aus Office, Homeoffice und Arbeiten an dritten Orten (z. B. bei Lieferanten, Kunden, an Forschungseinrichtungen, in Co-Working Spaces etc.) eine örtliche und bisweilen auch zeitliche Flexibilisierung der Arbeit. Das Rezept, wie diese Mischform für das Unternehmen aussieht, muss jedes Unternehmen anhand interner und externer Strukturen selbst bestimmen und ist hochgradig individuell. Hybrides Arbeiten verbindet idealerweise »the best of both worlds« und ist nicht mehr nur eine vorübergehende Erscheinung der Corona-Pandemie. Diese Arbeitsform ist gekommen, um zu bleiben.

1.2   Hybrid Work – the best of both worlds?

Welche Vorteile hat Hybrid Work gebracht? Stimmt das Vorurteil unter anderem von Elon Musk, dass im Homeoffice oder auch bei Remote Work nichts getan und nicht gearbeitet wird? Kurz gesagt kann und muss dies statistisch widerlegt werden. Laut der Cisco Global Hybrid Work Study gaben 60,4 % der 28.000 Befragten aus 27 globalen Märkten an, dass die Produktivität zugenommen hat, und 61,4 % der Befragten, dass sich die Qualität der Arbeit durch Hybrid Work gesteigert hat (Cisco, 2022a, S. 5). Auch Studien aus der Vor-Corona-Zeit haben ergeben, dass die Möglichkeit, im Homeoffice zu arbeiten, zu einem gesteigerten Arbeitsengagement der Mitarbeitenden führt und nicht zu einem Rückgang der Performance. Bereits 2013 wurde im Callcenter des chinesischen Unternehmens CTrip (16.000 Mitarbeitende) eine groß angelegte Vergleichsstudie durchgeführt. Ein Teil der Callcenter-Mitarbeiter:innen durfte neun Monate von zu Hause aus arbeiten, während ein weiterer Teil wie zuvor im Büro arbeitete. In der »Homeoffice-Gruppe« stellte sich eine Performanceverbesserung von 14 % ein. Zum einen weil die Mitarbeitenden länger (also quantitativ mehr Zeit) arbeiteten, zum anderen weil auch eine höhere Anzahl von Anrufen angenommen und bewältigt wurde (Bloom/Liang/Roberts/Ying, 2013).

Ein weiterer wichtiger Baustein, der in den letzten Jahren immer mehr an Fokus gewonnen hat, ist das Thema »Work-Life-Balance«. 78,9 % der Cisco-Studienteilnehmer gaben an, dass sich ihre Work-Life-Balance durch Hybrid Work verbessert hat (Cisco, 2022a, S. 7). Im Jahr 2021 haben 64,2 % der Befragten vier oder mehr Stunden pro Woche durch Remote Work und somit dem Wegfallen der Arbeitswege einsparen können und bei 25,8 % der Studienteilnehmer waren es sogar acht oder mehr Stunden pro Woche (Cisco, 2022a, S. 7). Diese gewonnenen Stunden konnten daraufhin in das private Leben der Arbeitnehmer:innen reinvestiert werden (Cisco, 2022a, S. 7). Die Mitarbeitenden sind so im Schnitt glücklicher, da sie mehr Zeit für Freunde, Familie und den persönlichen Ausgleich zur Arbeit haben. Dies hat einen positiven Einfluss auf das soziale, finanzielle, physische, emotionale und mentale Well-Being. Freiheit und Flexibilität im Job sind zentrale Aspekte von hybridem Arbeiten und werden meist als Kernpotenziale gesehen. Das Resultat aus mehr Freiheit, Flexibilität, Work-Life-Balance und ein Anstieg an Well-Being führt dazu, dass ein Arbeitgeber attraktiv bleibt und weniger Mitarbeiter:innen an Jobwechsel denken. Eine Win-win-Situation für Arbeitgeber und Arbeitnehmer.

Ein weiteres Potenzial ist die Attraktivität beim Recruiting. »32 % der 18- bis 34-Jährigen und 19 % der 35-Jährigen« (Owl Labs, 2022) suchen aktiv nach Arbeitsstellen, die hybride Arbeitsweisen anbieten. Die Tendenz ist steigend! Zudem würden 39 % der Jobinteressierten ein Jobangebot ausschlagen, wenn flexible Arbeitszeiten oder -orte nicht angeboten werden (Owl Labs, 2022). Dies ist insbesondere bei der Generation Z und den Millennials zu beobachten. Diese Generationen sind die Zukunft der Arbeitswelt. Wieso die Chance verpassen, als attraktiver Arbeitgeber zu gelten und somit Toptalente für sich zu akquirieren? Die große Hybrid-Work-Trend-Studie von Microsoft hat ergeben, dass 77 % der Gen Z mit einem Unternehmen in Verbindung treten wollen, wenn bei LinkedIn-Posts »Flexibilität« als Keyword auftritt. Das Angebot von Hybrid Work zeigt Jobinteressierten, aber auch außenstehenden Personen, dass der potenzielle Arbeitgeber zukunftsorientiert denkt und handelt, was zusätzlich auch noch das Unternehmensimage verbessert (Qualtrics, 2022).

Aber nicht nur die Steigerung der Attraktivität eines Unternehmens steht beim Recruiting-Potenzial im Mittelpunkt, sondern auch die globale Akquise von Talenten, ohne dass ein Umzug nötig ist. Durch Hybrid Work ist man nicht mehr orts- und zeitgebunden, was Toptalenten die Möglichkeit gibt, sich auch im Ausland auf Stellen zu bewerben, für die dann kein Umzug notwendig ist. Der Vorteil für Unternehmen ist hier, dass man sich beim Recruiting nicht mehr örtlich einschränken muss. Man eröffnet sich somit unzählige Möglichkeiten, die im Hinblick auf den Fachkräftemangel auch unbedingt genutzt werden müssen. Es geht nicht mehr um Nice-to-have, sondern um die Möglichkeit, überhaupt weiter zu wachsen. Wer möchte nicht das volle Potenzial an Talent Acquisition ausschöpfen?

Hybrid Work bietet unzählige Zukunftspotenziale, die das eigene Unternehmen intern wie extern auf ein ganz neues Level heben können. Der größte Druckpunkt für Unternehmen kommt momentan aus dem Bereich Recruiting. Gerade jüngere Mitarbeitende starten mit einem völlig neuen Mindset ins Berufsleben. Galten früher Werte wie eine lange Betriebszugehörigkeit oder hohe Kontinuität im Lebenslauf zu erstrebenswerten Zielen, ist heute der Wunsch nach Selbstbestimmung, Freiheit und dem Leben im »Hier und Jetzt« das Ziel vieler Berufstätiger. Unternehmen müssen auf diesen Mindshift reagieren, um im freien Markt weiterhin attraktiv zu bleiben. Eine Anpassung erscheint auch hier unumgänglich. Hybrid Work bietet für viele Menschen das berühmte »best of both worlds«. Haben wir nicht alle das Beste verdient? Das Beste aus beiden Welten? Orts- und zeitungebunden? Arbeiten dann, wenn das Potenzial für einen selbst am besten abrufbar ist. 69 % der Unternehmen, die hybride Arbeit noch nicht umgesetzt haben und für tägliche Büroarbeit plädieren, werden laut einer Accenture Studie langfristig ein negatives oder gar kein Wachstum haben (Smith/Silverstone/Whittall/Shaw/McMillian, 2021a).

Dabei ist es aber dringend notwendig, nicht nur auf den Schein nach außen (also zum Beispiel im Recruiting), sondern auch auf das Sein im Inneren bei den eigenen Mitarbeitenden zu achten.

Herausforderungen in hybriden Arbeitsmodellen

Trotz aller Vorteile gibt es aber natürlich auch Herausforderungen, die vor allem dann entstehen, wenn in Unternehmen eine gewisse »Laissez faire«-Haltung vorherrscht. Einfach nur ein Arbeitsmodell als hybrides Arbeitsmodell zu betiteln, wenn auch remote gearbeitet werden kann, ist nicht hybrides Arbeiten. Es muss gut durchdacht und geplant werden. Die wichtigste Ressource eines Unternehmens muss hier in den Mittelpunkt gestellt werden: Nämlich die Mitarbeiter:innen. Mit ihnen gemeinsam muss dann im nächsten Schritt ein passendes und sinnvolles Arbeitsmodell ausgearbeitet werden. Nur so kann sichergestellt werden, dass man »the best of both worlds« umsetzt. Die Realität, die wir heute in vielen Unternehmen beobachten können, ist allerdings eine andere. 74 % der Studienteilnehmer einer großen Studie »Status quo von Hybrid Work in Deutschland« aus dem Jahr 2022 gaben an, dass sie »besorgt sind, dass ihr Unternehmen Arbeitsplätze, Anforderungen und Richtlinien nicht an die Hybridarbeit anpasst« (Owl Labs, 2022). Diese Studie zeigt, dass ein großer Handlungs-bedarf im Bereich Hybrid Work und dessen Umsetzung gegeben ist und auch von den Unternehmen ernst genommen werden muss. Dabei ist eine der großen Herausforderung genau diese Selbsterkenntnis.

Denn oft gibt es eine große Diskrepanz zwischen der Sichtweise von Führungskräften und der Unternehmensleitung auf der einen Seite und Mitarbeitenden auf der anderen Seite (Bath, 2022). Mit diesen Biases und unterschiedlichen Sichtweisen ist es sehr schwer, eine erfolgreiche Transformation und Umsetzung eines hybriden Arbeitsmodells positiv und Mitarbeitenden-zentriert in die Wege zu leiten. Diese Diskrepanzen gilt es zu minimieren. Wie dies getan wird und welche Faktoren bei der Entwicklung eines hybriden Arbeitsmodells betrachtet und einbezogen werden müssen, kann den nachfolgenden Kapiteln entnommen werden.

Auch bringt Hybrid Work ein gewisses Maß an Paradoxen innerhalb der Mitarbeiterschaft mit sich. Auf der einen Seite lieben wir die Flexibilität, zu jeder Zeit und an jedem Ort zu arbeiten, und würden diese auch nicht mehr missen wollen. Auf der anderen Seite sind wir nicht besonders gut darin, diese Freiheit zu unserem eigenen Wohl zu managen. 50 % der Deutschen geben an, sich ständig überarbeitet und gestresst zu fühlen (Microsoft, 2021). Sich gegenüber der Arbeit abzugrenzen, klare Pausenzeiten einzuhalten und am Wochenende nicht ständig die E-Mails im Auge zu behalten – das ist für viele mittlerweile nicht mehr möglich. Dabei ist es nicht zwingend das Unternehmen, das ständige Erreichbarkeit einfordert – vielmehr sehen wir, dass sich selbst zu strukturieren, Arbeit zu priorisieren und sich auch abzugrenzen eine Fähigkeit ist, die zum einen charakterlich bedingt und zum anderen durch gesunde Verhaltensweisen auch eingeübt werden will.

Schrumpfende Netzwerke, ein Abnehmen an Zufallsbegegnungen am Arbeitsplatz sowie weniger enge Beziehungen zu Kolleg:innen werden vermehrt nachgewiesen (Microsoft, 2021). Doch diese Faktoren sind von hoher Bedeutung, da sie sich positiv auf Innovationskraft, Well-Being, Bindung an das Unternehmen und Performance auswirken (Nelson, 2020).

Auch hier liefern Studien ein Paradoxon: Fast alle bewerten die Beziehungen zu ihren unmittelbaren Kolleg:innen als genauso gut wie vor der Pandemie. Aber wir können nichts vermissen, an das wir uns nicht mehr erinnern. Die Gespräche mit Fremden an der Kaffeemaschine, das Zunicken auf dem Flur oder die Begegnung mit einem Kollegen, den man seit Jahren nicht gesehen hat – all diese Momente haben eine große positive Wirkung auf Teams und Organisationen. Hier bedarf es einer klaren Intention, diese Beziehungen zu erhalten oder wiederzubeleben – das muss nicht immer in Präsenz sein, aber es will geplant, organisiert und orchestriert werden.

Die wohl größte Herausforderung, die es zu bewältigen gilt, ist die »Fokuskrise«, in der sich viele Wissensorganisationen mittlerweile befinden. Anstatt konzentriert an einer Aufgabe oder einem Konzept auf einem Softwarecode zu arbeiten, hängen Experten in einem Onlinemeeting nach dem anderen und lassen sich ständig von E-Mails und Chatnachrichten unterbrechen. Im Schnitt schauen Wissensarbeiter alle sechs Minuten in ihren Posteingang und die längste zusammenhängende Zeit, die Menschen konzentriert auf eine Aufgabe verwenden, ist im Durchschnitt 20 Minuten (Newport, 2021). Viel zu kurz, um im Gehirn die notwendigen Strukturen zu schaffen, um wirklich tief konzentriert in eine Aufgabe einzutauchen. Eine Mammutaufgabe, diese negative Entwicklung wieder zurückzudrehen.

2 Hybrid Work gestalten: welche Faktoren ein gutes hybrides Arbeitsmodell bestimmen

Johanna Bath und Vanessa Kolodziej

Wie aus dem vorherigen Kapitel entnommen werden kann, ist Hybrid Work ein Arbeitsmodell, das sehr zukunftsträchtig und nachhaltig, aber auch von Komplexität geprägt ist. Was bestimmt diese Komplexität? Wenn wir zurück zur Definition von »Hybrid Work« springen, sehen wir, dass Hybrid Work ein flexibles, orts- und zeitunabhängiges Arbeitsmodell ist. Die Mitarbeiter:innen können sowohl vom Büro, von zu Hause oder einem dritten Ort, wie zum Beispiel von Co-Working Spaces, von anderen Unternehmens- oder auch Kundenstandorten aus arbeiten. So weit, so einfach. Dennoch impliziert die einfache Frage des »Wo« viele weitere Fragen: Denn passend zum »Wo« muss entschieden werden, wann woran und mit wem am besten und produktivsten gearbeitet werden kann. Und vor allem, warum. Auch vor der Zeit flächendeckender hybrider Arbeit waren diese Fragen schon relevant, aber diese Frage wurde standardmäßig mit »Büro« und »9 to 5« beantwortet. Dieser Autopilot wurde durch die Pandemie abgeschaltet und damit verlangen die Fragen jetzt nach explizite(re)n Antworten.

Eine Studie von McKinsey zeigte klar: Unternehmen, die nach der ersten Phase der Pandemie aktiv ein neues Arbeitsmodell (»Post-Covid Policy«) erarbeitet und dieses auch proaktiv an die Mitarbeiter:innen kommuniziert haben, erreichten bessere Performance- und Commitment-Werte als Unternehmen, die dies nicht taten. So bekundeten die Mitarbeitenden, dass sie ein stärkeres Gefühl der Zugehörigkeit hätten, sich besser unterstützt fühlten, und sie schätzen sogar ihre individuelle Leistung als besser ein (Alexander/Smet/Langstaff/Ravid, 2021).

Dabei ist einer der größten und auch am weitesten verbreitete Fehler, die Antwort auf diese Frage nur in der Büroinfrastruktur zu suchen. Nach dem Motto: »Wir arbeiten nun auch hybrid, denn bei uns werden derzeit die Arbeitsflächen umgebaut, damit sie uns noch mehr bei der Arbeit unterstützen und hybride Arbeit fördern.« Solche Vorgehensweisen sind mit Vorsicht zu genießen. Natürlich profitiert Hybrid Work von einer unterstützenden Infrastruktur, aber bevor die Räumlichkeiten an die Bedürfnisse der Mitarbeitenden angepasst werden können, müssen viele weitere Schritte im Voraus geklärt sein. Beispielsweise, wie das Arbeitsmodell die Unternehmensstrategie unterstützen soll und welche Rolle Kultur und Führung in der Zusammenarbeit spielen. Und genau dieses Zusammenspiel bringt Komplexität. Um ein hybrides Arbeitsmodell zu gestalten, müssen neben Strategien, Führungsinstrumenten, Kommunikation und

Zusammenarbeit auch Prozesse und die Infrastruktur, die den Mitarbeitenden und Teams das hybride Arbeiten ermöglichen, angepasst werden.

Doch es gibt gute Anhaltspunkte, wie ein gelungenes Arbeitsmodell gestaltet werden muss. Gerade in den Vereinigten Staaten wird seit Jahrzehnten in den Bereichen Organisationsentwicklung und Motivationspsychologie sowie in vielen verwandten Themengebieten in Forschung investiert und darüber publiziert. Weltweit kommen Expert:innen zu ähnlichen Resultaten. Ein gutes Arbeitsmodell muss mehrere Dimensionen und darunterliegende Faktoren adressieren. Silos und Bereichsgrenzen dürfen bei der Entwicklung und Weiterentwicklung keine Rolle spielen. Der Kunde (in diesem Fall die Mitarbeitenden) muss konsequent ins Zentrum gerückt werden. An seiner Employee Experience muss eine Ausrichtung stattfinden.

In diesem Buch stellen wir ein Modell mit vier Dimensionen vor (an dem sich auch die weitere Kapitelstruktur orientiert): Führung, Kommunikation, Zusammenarbeit und Infrastruktur. Dabei spielen nicht nur die Dimensionen und deren Faktoren eine Rolle, sondern auch die Reihenfolge. So stehen am Anfang die Übersetzung der Unternehmensstrategie in eine Arbeitsplatzstrategie sowie das entsprechende Führungsverhalten und das Rolemodelling. Die unterstützende Infrastruktur, wie Büros oder Tools, kommen bewusst zum Schluss, wenn alle Bedarfe der Organisation bereits bekannt sind. Jede Dimension steht für sich und gleichzeitig gibt die Reihenfolge eine sinnvolle Projektstruktur vor, bei der das Ergebnis bzw. die Ausgestaltung einer Dimension die Ausgangslange für die Gestaltung der nächsten Dimension ergibt.

2.1   Führung

Die Führung spielt die zentrale Rolle in einer erfolgreichen Transformation hin zu einem neuen Arbeitsmodell. Dennoch schlafen viele Organisationen den Dornröschenschlaf, wenn es um die Erkenntnis geht, welche hohe Bedeutung ein Arbeitsmodell für ein Unternehmen hat. Noch viel zu oft wird die Qualität der Arbeit im Unternehmen als reines HR-Thema angesehen, das man als Nice-to-have-Thema dann umsetzt, wenn gerade Zeit und Geld übrig sind. Viel zu wenig wird erkannt, dass das Arbeitsmodell ein strategischer Stellhebel ist, der direkt genutzt werden muss, um die Unternehmensziele zu erreichen.

Aber auch in Unternehmen, die diese Selbsterkenntnis bereits haben, stehen sich Führungsteams oft ungewollt selbst im Weg. Grund dafür ist der »Perception Gap« – der Wahrnehmungsunterschied zwischen Führungskräften und Mitarbeitenden –, der immer wieder nachgewiesen werden kann. Eine Microsoft-Studie zum »Work Trend Index« fand heraus: Nur 12 % der Führungskräfte haben volles Vertrauen in ihre Mitarbeiter:innen, dass diese produktiv arbeiten. Bei den Mitarbeitenden sind es hingegeben 87 %, die angeben, mindestens genauso produktiv zu arbeiten wie vor der Pandemie (Microsoft, 2022b).

Das A und O, um den Perception Gap zu überwinden, ist es, regelmäßig mit den Mitarbeitenden in Kontakt zu treten und sie nach ihrer Arbeitssituation sowie nach ihrer Wahrnehmung der Führung und Zusammenarbeit zu befragen. Die MIT Sloan School of Management hat herausgefunden, dass sogenannte Pulse Checks eine wertvolle Methode sind, um einen Einblick in die Arbeitssituation, aber auch Verbesserungsvorschläge der Mitarbeiter:innen zu erhalten (Gray/Cross/Arena, 2021). Durch das Sammeln von Pulse Checks der Mitarbeitenden aus dem Unternehmen kann zudem festgestellt werden, wo das Unternehmen als Ganzes steht und welche Maßnahmen notwendig sein könnten, um die Transformation hin zu einem neuen Arbeitsmodell weiterhin erfolgreich umzusetzen (Gray/Cross/Arena, 2021). Solche Pulse Checks bieten nicht nur Vorteile für den Arbeitgeber, sondern zeigen auch den Mitarbeiter:innen, dass der Arbeitgeber an einer erfolgreichen Umsetzung interessiert ist und dabei nicht nur die Umsetzung an sich sieht. Sie haben damit den Vorteil, sowohl intern als auch extern aufzuzeigen, dass ein Unternehmen seine Mitarbeitenden ins Zentrum stellt und diese in die kontinuierlichen Veränderungen der Arbeitswelt einbezieht.

Aus diesen Checks kann das Unternehmen wichtige Erfahrungen, Bedürfnisse oder auch Verbesserungsvorschläge extrahieren. Durch die gezielte Auswertung können Pläne und Maßnahmen entwickelt werden, um weiterhin die geforderte Flexibilität hybriden Arbeitens umsetzen zu können und den Mitarbeitenden eine Orientierungshilfe zu geben, während man von ihnen lernt und sich weiterentwickeln kann (Microsoft, 2021). Aus externer sowie aus interner Sicht wird somit ein Image geformt, in welcher Weise und wie gut ein Unternehmen bei plötzlich auftretenden Veränderungen reagiert und wie gut es diese annimmt. Zudem kann kontinuierlich durch innerhalb von Pilotprojekten getestet werden, welche Maßnahmen zielführend sind, um die Organisation weiterzuentwickeln. Dies führt laut Microsoft dazu, dass ein Unternehmen nachhaltig an Attraktivität gewinnt und damit Talente an sich binden oder auch neue Toptalente akquirieren kann (Microsoft, 2021).

Eine Transformation beinhaltet auch immer eine Skilltransformation – das spielt in allen Unternehmensbereichen eine Rolle, besonders jedoch im Bereich der Führung, da das gesamte Konzept »Führung« neu gedacht werden muss. Gerade die neu gewonnene Flexibilität durch Hybrid Work muss gemanagt werden – ein Skill, den viele Führungskräfte noch nicht ausreichend beherrschen. Eine BCG-Studie, die sich mit der Thematik auseinandersetzt, wie hybride Arbeit in Zukunft aussehen und funktionieren soll, fand heraus, dass der wichtigste Muskel, der zu Beginn in einer Transformation trainiert werden muss, in der Unterstützung der Führungskräfte liegt, die neue Herausforderung ihre Mitarbeiter:innen an unterschiedlichen Orten und Zeiten führen zu können (Vaduganathan/Bailey/Lovett/Breitling/Laverdiere/Lovich, 2021).

Daher müssen sich Führungskräfte der Herausforderung bewusst sein, dass neben dem Faktor Zeit auch die Entfernung eine Komplexität und einen Einfluss auf die Zusammenarbeit im Team mitbringt, deren Auswirkungen gemildert werden müssen (Hirsch, 2022).

Beispielsweise steht in hybriden Arbeitsmodellen das Delegieren von Aufgaben nicht mehr als Key Skill im Mittelpunkt, sondern das Führen mit Authentizität, emotionaler Intelligenz und Offenheit für Veränderungen. Zusätzlich werden der Aufbau von Mitarbeiternähe sowie die daraus resultierende Vertrauenskultur als wichtige Elemente der Zukunft gesehen. In der neuen volatilen Welt, in der viele Veränderungen in kurzer Zeit stattfinden, sind solche Skills maßgebend für eine erfolgreiche Führung – gerade in Bezug auf eines der Kernelemente, nämlich der Fähigkeit, eine Vertrauenskultur zu schaffen, sodass sich Mitarbeiter:innen selbstbestimmt fühlen und ohne ständigen und direkten Austausch einander in ihrer Arbeit vertrauen können.

Doch bisher wurde noch nicht viel in diese Skilltransformation investiert. Mit dem Begriff »ungenügend« wurde das Ergebnis aus einer Capgemini-Studie zur Thematik, inwiefern Führungskräfte auf die veränderten Anforderungen in einer hybriden Arbeitswelt vorbereitet sind, zusammengefasst. Nur 34 % der Unternehmen haben Schulungsprogramme, in denen die Kernfähigkeit »Aufbau einer Vertrauenskultur« erlernt und entwickelt werden kann. 84 % der Befragten aus der Studie gaben an, dass sie diese Fähigkeit als wesentliche Kompetenz von Führungskräften ansehen (Capgemini, 2021, S. 1). 75 % der Befragten halten darüber hinaus »emotionale Intelligenz« für eine der zukünftig wichtigsten Skills einer Führungskraft (Capgemini, 2021, S. 2). Aber auch hier enttäuscht die Faktenlage, da nur 27 % der Unternehmen Schulungen und Weiterentwicklungsmaßnahmen zum Bereich »emotionale Intelligenz« anbieten (Capgemini, 2021, S. 2).

Solche Skills sind maßgebliche Erfolgsfaktoren, um eine gute Mitarbeiterführung zu ermöglichen. Es ist bekannt, dass eine gute Mitarbeiterführung zentral ist, da hier Fehlzeiten, Arbeitsunfälle, Kunden- und Mitarbeiterzufriedenheit gesteuert werden können – Faktoren, die einen großen Einfluss auf die Wettbewerbsfähigkeit haben (Tödtmann, 2022). Die volkswirtschaftlichen Fluktuationskosten schlechter Mitarbeiterführung und ihrer Auswirkungen werden auf zwischen 93 und 115 Milliarden Euro jährlich geschätzt (Tödtmann, 2022). Jeder Schwabe würde bei diesen Zahlen erst einmal zusammenzucken und schnellstmöglich Veränderungen anstreben. Eine McKinsey-Studie belegt, dass mehr als die Hälfte der Mitarbeiter:innen, die ein Unternehmen in den letzten sechs Monaten verlassen haben, dies getan haben, weil sie sich von ihrer Führungskraft oder ihrem Unternehmen nicht wertgeschätzt oder dazugehörig gefühlt haben (Smet/Dowling/Mugayar/Marino, 2022). Bekanntermaßen verlassen Mitarbeitende nicht nur Unternehmen, sondern in erster Linie ihre Führungskraft.

Ein Satz, der nicht nur eine Phrase auf Social Media ist, sondern jetzt auch mit Zahlen belegt werden kann.

Blickt man hinter den gesamten Themenbereich »Skilltransformation«, kommen immer wieder die Begriffe »Kultur« und »Werte« auf, die im hybriden Arbeiten ganz klar die Richtung hin zu Vertrauenskultur und Vertrauen schaffende Werte weisen. Das Capgemini Research Institute hat hierzu in seiner Studie zu »Re-Learning Leadership« herausgefunden, dass 80 % der Mitarbeiter:innen, die in einem führenden Unternehmen im Bereich hybrides Arbeiten tätig sind, sich selbstbefähigt und wertgeschätzt fühlen, was einen großen Einfluss auf die allgemeine Leistung hat (Crummenerl/Paolini/Perronet/Zillmann et al., 2021, S. 17). Ein Unternehmen muss hierzu aber erst einmal eine kulturelle Grundlage schaffen und diese auch erfolgreich im Unternehmen implementieren. Dazu müssen Entscheidungen getroffen werden, die mit dem zuvor definierten Purpose eines Unternehmens übereinstimmen müssen.

Purpose – ein Buzzword, das jedoch unheimlich wichtig im Bereich der Führung ist. Denn in einer Organisation müssen klare Ziele und auch Zielstellungen definiert sein, damit adäquate und nachhaltige Entscheidungen getroffen werden können, die die definierten Ziele unterstützen. Das Capgemini Institute belegt, dass sich Mitarbeiter:innen durch das Definieren und vor allem durch das Leben nach klaren Zielen mit dem Unternehmen identifizieren und sich auch stärker an das Unternehmen binden (Crummenerl/Paolini/Perronet/Zillmann et al., 2021, S. 22). Mitarbeiter:innen, die keinen Sinn oder auch keine eigene Beteiligung an den Unternehmenszielen sehen, würden um 630 % wahrscheinlicher den Job wechseln als Mitarbeiter:innen, die einen Sinn und auch eine eigene Beteiligung an den Unternehmenszielen sehen (Bock, 2021). Dieses Ergebnis wird durch die bereits aufgeführte Studie des Research Institute von Capgemini gestützt. 80 % der Mitarbeiter:innen, die in einem führenden hybrid organisierten Unternehmen tätig sind, vertreten die Meinung, dass ihre Führungskraft nach den definierten Zielen des Unternehmens führt und zu positiver Kommunikation, einem soliden Werteverständnis und einer verlässlichen Vertrauenskultur anregt (Crummenerl/Paolini/Perronet/Zillmann et al., 2021, S. 22). Dies hat auch eine psychologische Auswirkung, wie eine Studie der Harvard Business Review gezeigt hat, da sich neben dem steigenden Zugehörigkeitsgefühl auch das Wohlbefinden verbessert und weniger Fälle von Burn-out, Entfremdung oder auch schlechterer Leistung auftreten (Chamorro-Premuzic/Berg, 2021).

Neben der Kultur, dem Führungsverständnis und der zielorientierten Führung kommt zuletzt auch der Vorbildfunktion (Rolemodelling) der Führungskräfte eine hohe Bedeutung zu. Gerade in der Transformation oder Optimierung eines Arbeitsmodells ist es von nicht zu unterschätzender Bedeutung, ob es den Führungskräften gelingt, ihren Mitarbeitenden das Arbeiten mit dem neuen Arbeitsmodell positiv vorzuleben. Hybrid Work ist nichts, was man den Mitarbeiter:innen per Betriebsvereinbarung oder

Prozessbeschreibung diktieren kann. Es muss sowohl vom Unternehmen als auch von den Führungskräften implementiert, umgesetzt und vorgelebt werden.

Gerade einmal 28 % der Führungskräfte haben bisher eine Orientierungshilfe zum hybriden Arbeiten entwickelt, in der festgelegt ist, wann und wieso Mitarbeiter:innen ins Büro kommen sollen (Microsoft, 2022, S. 16). 74 % der Befragten haben in der Studie über den Stand von hybridem Arbeiten in Deutschland im Jahr 2022 angegeben, dass sie besorgt sind, weil die Unternehmen ihre Richtlinien oder auch Anforderungen an hybride Arbeitsmodelle nicht angepasst haben (Owl Labs, 2022). Dabei ist zu betonen, dass diese Ergebnisse oft nicht auf den mangelnden Willen der Akteure zurückzuführen sind, sondern die Verantwortung für die Ausgestaltung des Arbeitsmodells oft immer weiter nach unten delegiert wurde, gleichzeitig aber weder in einen vernünftigen Rahmen (Hybrid Work Framework) noch in ein Upskilling der Führungskräfte investiert wurde.

Alle genannten Argumente zeigen, dass jede Transformation bei der Führung beginnt. So wird ein Grundgerüst gebaut, das den nächsten Dimensionen als Orientierungshilfe dient.

2.2   Kommunikation

Es kann niemanden, der sich mit Transformation im Unternehmenskontext beschäftigt, überraschen, dass Kommunikation die zweite wichtige Dimension in unserem Modell darstellt. Es gilt hier genauso wie in vielen anderen Bereichen: »Communication is key«.

Leider passiert es in der Praxis aber noch viel zu oft, dass eine wirkliche Verzahnung der Kommunikation – mit der strategischen Ausrichtung des Unternehmens und dem daraus abgeleiteten Arbeitsmodell – nicht konsequent genug umgesetzt wird. Ohne klare Richtlinien und auch Spielregeln kann gar nicht richtig kommuniziert werden.

Und nicht nur die interne Unternehmenskommunikation ist hier von Bedeutung. Gerade bei hybriden Arbeitsmodellen, bei denen Mitarbeiter:innen arbeiten können, wo und wann sie am produktivsten sind, müssen Kommunikationsregeln klar sein. Maßgeblich zu betrachten und neu zu bedenken sind Aspekte wie Spielregeln, Teilen von Arbeitsergebnissen und auch die Verschiebung der zeitlichen Achse durch synchrone oder auch asynchrone (Zusammen-)Arbeit.

Eine McKinsey-Studie hat herausgefunden, dass die kontinuierliche Kommunikation mit Mitarbeitenden über neue Rahmenbedingungen, Veränderungen im Unternehmen oder auch andere zukünftig auftretende Themen die Mitarbeiter:innen bindet und ihnen das Gefühl gibt, ein Teil des Unternehmens zu sein. Dieses Inklusionsgefühl steigert deren Well-Being und die Produktivität um fast das Fünffache im Vergleich zur vorherigen Leistung (Alexander et al., 2021).

Die kontinuierliche Kommunikation über aktuelle und zukunftsentscheidende Themen ist damit äußerst wichtig. Es geht dabei aber nicht darum, auf jede Frage eine Antwort zu haben. Auch zuzugeben, dass man bestimmte Entwicklungen noch nicht absehen kann oder dass es sich bei einer bestimmten Maßnahme um ein Pilotprojekt mit offenem Ausgang handelt, ist wertvoll, um Mitarbeiter:innen an sich zu binden und zusätzlich noch bessere Arbeitsergebnisse zu erzielen. Problematisch wird es eher, wenn vage, oberflächlich oder auch schlicht gar nicht über zukünftige Themen, Visionen oder Entwicklungen kommuniziert wird. Dies kann dazu führen, dass Mitarbeiter:innen Ängste oder auch Sorgen am Arbeitsplatz haben. Diese Emotionen sind dafür bekannt, die Arbeitsleistung, die mentale Gesundheit, zwischenmenschliche Beziehungen sowie das Verbundenheitsgefühl mit dem Unternehmen negativ zu beeinflussen (Alexander/Smet/Langstaff/Ravid, 2021). Laut einer McKinsey-Studie wird durch schlechte oder auch vage Unternehmenskommunikation und deren negativen Auswirkungen auf die Gesundheit sowie auf interne und externe Unternehmensbeziehungen global bis zu eine Billion US-Dollar an Arbeitsleistung eingebüßt (Alexander/Smet/Langstaff/Ravid, 2021). Dieses Geld könnte man sicher besser investieren!

Auch in einem weiteren Punkt ist die Dimension »Kommunikation« im Unternehmen maßgebend. Denn 74 % der Arbeitnehmer:innen befürchten, dass Maßnahmen zu hybridem Arbeiten im Unternehmen ergriffen werden, mit denen sie nicht einverstanden sind oder die nicht transparent, fair oder bewusst getroffen wurden (Owl Labs, 2022). Um dieser Angst zu begegnen, hilft auch hierbei eine kontinuierliche Kommunikation über Prozesse und Zwischenergebnisse, um Mitarbeiter:innen auf Entscheidungswegen zu begleiten und deren Inklusion im Unternehmen zu gewährleisten. Grundsätzlich will die Mehrheit der Mitarbeitenden bei Unternehmensprozessen mitgenommen werden, wirklich ein Teil des Unternehmens sein und ihr zukünftiges Arbeitsumfeld mitgestalten.

Die Einführung von Regeln und auch Rahmenbedingungen ist gerade beim Themenbereich Kommunikation maßgebend. Nur 27 % der Unternehmen haben laut Microsoft ihre Meeting-Etikette ans hybride Arbeiten angepasst (Microsoft, 2022, S. 19). Das führt dazu, dass über 44 % der befragten hybrid arbeitenden Mitarbeitenden sich bei Meetings nicht einbezogen fühlen, was nicht nur zu einer Leistungsminderung, sondern auch zu einem verminderten Wohlbefinden beiträgt (Microsoft, 2022). Die Beiträge zu Meetings werden homogener, Gegenstimmen melden sich seltener zu Wort und Vorteile, die durch die Diversität des Denkens entstehen, werden nicht genutzt. Durch klare Regelungen zur Meeting-Etikette schafft man dagegen ein allgemeines

Verständnis, wie die Kommunikation untereinander, gerade im hybriden Umfeld, verlaufen sollte.

Klare Regelungen müssen aber auch geschaffen werden, um Arbeitsergebnisse jederzeit im eigenen Team sowie team- oder auch unternehmensübergreifend sinnvoll zu teilen. Wenn wir hybride Arbeit näher betrachten, gibt es neben Off- und Online-Meetings noch viele weitere Arten von Kommunikation, die fast täglich verwendet werden, zum Beispiel E-Mails, Chats, Video- und Telefonanrufe oder auch Dokumentationen bzw. Arbeitsergebnisse, die weitergereicht werden. Alle Arten von Kommunikation haben ihre eigenen Herausforderungen. Dementsprechend muss klar kommuniziert werden, wie, wann und wo die Arbeitsergebnisse und Informationen geteilt werden. Leider gibt es hier keine optimale vorgefertigte Lösung, da jedes Unternehmen unterschiedliche Kommunikationskanäle und auch ein unterschiedliches Projekt-Workflow- und Wissensmanagement hat. Resultierend aus dieser Situation müssen die richtigen (IT-)Anwendungen an die Hand gegeben werden, um die Auffindbarkeit von Informationen sicherstellen zu können. Denn wer kennt nicht die tägliche Herausforderung, dass es unzählige Laufwerke, Sharepoints oder auch Tools gibt, in denen unterschiedliche Arbeitsergebnisse abgelegt werden und bei denen der Überblick leicht verloren geht? Dies führt zu Stress und Frustration unter den Mitarbeitenden, was zugleich die Arbeitsleistung und Motivation mindert.

Solche Frustrations- und Stresssituationen können auch entstehen, wenn die Führungskraft zum Bottleneck wird, weil sie zu wenig Präsenz für ihre Mitarbeiter:innen zeigt – sei es, um Feedback zu geben, Aufgaben und Projekte zu organisieren oder Entscheidungen zu treffen. Dazu müssen die Mitarbeitenden aber die Chance bekommen, mit ihren Führungskräften in Kontakt zu treten. Gerade im hybriden Umfeld, in dem viele Veränderungen erst einmal durch Experimentieren getestet werden müssen, ist eine einfache Kontaktaufnahme zur Führungskraft maßgebend. Solche sogenannten Touchpoints mit Führungskräften helfen dabei, die einzelnen Arbeitssituationen der Mitarbeiter:innen besser zu verstehen, aber auch Zweifel und Stress durch gezielte Maßnahmen abzubauen. Somit kann eine bessere Arbeitsumgebung geschaffen werden, es können aber auch Diskrepanzen zwischen Sichtweisen abgebaut werden.

Die Beziehung zur direkten Führungskraft kann zusätzlich noch durch den sogenannten Proximity Bias negativ beeinflusst werden. Diese unbewusste Voreingenommenheit sorgt nämlich dafür, dass Mitarbeitende oder Kolleg:innen, mit denen wir eine große räumliche Nähe teilen, unbewusst und unbeabsichtigt bevorzugt werden. Somit fühlen sich Mitarbeiter:innen in remoten Arbeitsphasen leicht benachteiligt, ungesehen oder auch gestresst, wenn sie nicht die Möglichkeit haben, sich mit der Führungskraft auszutauschen. Und auch Führungskräfte neigen in diesen Situationen eher zur Ungleichbehandlung, sei es weil sie Aufgaben an die immer gleichen Mitarbeiter:innen verteilen oder bestimmten Meinungen mehr Gehört schenken als anderen.

Neben diesen menschlichen Seiten der Kommunikation ist auch die Zunahme der Meetinganzahl von großer Bedeutung. Die durchschnittliche Meetingzeit auf der Plattform Teams von Microsoft ist seit Februar 2020 auf bis zu 252 % gestiegen (Microsoft, 2022, S. 22), die Meetinganzahl um bis zu 153 % (Microsoft, 2022, S. 22). Dies ist eine Veränderung im synchronen Arbeiten, die nicht unbedingt förderlich ist, da erforscht wurde, dass bei einer 40-Stunden-Woche im Schnitt um die 21,5 Stunden ausschließlich in Meetings verbracht werden. Bei Personen mit Schnittstellen- oder Kommunikationsfunktionen (z. B. Projektleiter:innen) kann die durchschnittliche Meetinglast sogar bis zu 33 Stunden betragen (Reclaim.ai, 2021). Die restliche Zeit wird für das Abarbeiten von täglich anfallenden Aufgaben genutzt.

Auch wenn kontinuierliche Kommunikation Vorteile mit sich bringt, muss an der Kommunikationsart noch viel verändert werden. Kommunikation im Rahmen von Meetings, in denen synchron gearbeitet wird, ist in Zeiten von hybridem Arbeiten nicht mehr die einzige gewinnbringende Kommunikationsform. Die Veränderung zum hybriden Arbeiten beinhaltet, wie schon zu Beginn des Kapitels erwähnt, einen Shift der Arbeitszeiten, die gerade bei Kommunikationsformen mit adaptiert werden muss. Dies ist jedoch keine einfache Veränderung, da viele die synchrone Arbeitsform seit dem Beginn ihres Arbeitslebens kennen und für das asynchrone Arbeiten erst einmal eine Eingewöhnungszeit benötigen. Jedoch ist das asynchrone Arbeiten eine wichtige Veränderung, die eingeführt werden muss, da bereits vor der Pandemie und den neuen Arbeitsformen 71 % der befragten Manager bei einer MIT-Sloan-Studie angaben, dass Meetings meist unproduktiv und auch kostspielig waren (Laker/Pereira/ Budhwar/Malik, 2022). Es gilt, die Kommunikationsformen zu erweitern, diese Erkenntnisse zu nutzen und Verbesserungen einzuführen.

Dieser Einblick in die Dimension »Kommunikation« zeigt, dass hier weitreichende Anpassungen stattfinden müssen, wenn ein hybrides Arbeitsmodell erfolgreich eingeführt werden soll. Höchste Zeit also, die Kommunikation als strategisches Instrument zu erkennen und als solches zu nutzen.

2.3   Zusammenarbeit

Motivierende Kommunikation, bewusste Teambeziehungen sowie cross-funktionaler Austausch sind Faktoren, die maßgeblich für die Zusammenarbeit in einem Team sind. Viele kennen das Gefühl, dass zwischenmenschliche Kontakte während des remote Arbeitens in der Corona-Zeit verkümmert sind. Oft bleibt trotz guter Vorsätze zu wenig Zeit und Muße, Arbeitskolleg:innen anzurufen und ein persönliches Gespräch zu führen – so wie damals in den physischen Kaffeepausen. Und auch die berüchtigten Bürotage werden oft eher in Online-Meetings verbracht, als dass sie gezielt genutzt werden, um sich mit neuen Kontakten zu vernetzen bzw. alte Kontakte wiederaufleben zu lassen.

Beim hybriden Arbeiten muss darauf geachtet werden, dass die Zusammenarbeit nicht durch die räumliche Distanz leidet, sondern sowohl off- als auch online florieren kann. Dazu sind unterschiedliche Faktoren entscheidend: bewusst Teambeziehungen zu pflegen, cross-funktionale Beziehungen aufzubauen oder regelmäßige Kontaktmomente zu etablieren. Viele Führungskräfte stehen hier vor Herausforderungen, da im hybriden Arbeiten Maßnahmen zur Verbesserung der Zusammenarbeit nicht mit einer Kaffeemaschine oder dem Aufstellen eines Tischkickers gelöst werden können.

Und noch eine weitere Zielgruppe muss beim Thema Zusammenarbeit in den Fokus rücken: Neue Kolleg:innen wollen ongeboardet werden und möglichst schnell möglichst viele neue Beziehungen knüpfen. Die erste Zeit ist für neue Mitarbeitende meist nicht einfach. Neben dem Kennenlernen von neuen Fachaufgaben stoßen sie unter Umständen zu einem Team, das bereits seit einiger Zeit zusammenarbeitet und sich im besten Fall sogar untereinander schon gut kennt. Gerade im hybriden Arbeiten, bei dem man nicht alle wichtigen Kontakte vor Ort treffen kann, kommt es hier zu einer größeren Herausforderung. Wie soll man am Anfang auch wissen, mit wem man öfter zu tun haben wird und mit wem man sich gut auf zwischenmenschlicher Basis versteht? Das Onboarding muss dementsprechend an das hybride Arbeiten angepasst werden, um gerade in einem Umfeld, in dem nicht alle physisch vor Ort ansprechbar sind, eine Umgebung zu schaffen, in der man sich als neue:r Mitarbeitende:r unterstützt und vernetzt fühlt und in der somit Vertrauen entstehen kann.

Wie wir bereits aus den anderen Dimensionen hybriden Arbeitens lernen konnten, ist insbesondere der Aufbau einer Vertrauenskultur maßgeblich. Das Capgemini Research Institute hat herausgefunden, dass es eine Korrelation zwischen einem an das hybride Arbeitsmodell angepassten Onboarding-Prozess und dem Binden eines Mitarbeitenden an ein Unternehmen durch das verstärkte Gefühl von Unterstützung, durch Lernbereitschaft und Weiterentwicklungswillen gibt (Crummenerl/Paolini/Perronet/Lamothe et al., 2021, S. 26). Attribute, die mit dem Bild des Mitarbeitenden der Zukunft verbunden werden. Eine Microsoft-Studie, die sich mit dem hybriden Onboardingprozess von morgen beschäftigt hat, hat herausgefunden, dass neue Mitarbeiter:innen eine dreieinhalbfach höhere Zufriedenheit in Bezug auf ihr Unternehmen geäußert haben, wenn der Vorgesetzte eine aktive Rolle beim Onboarding-Prozess gespielt hat (Microsoft, o. J.). Auch 1:1-Meetings zu Beginn der Onboarding-Phase sind ein gutes Mittel, um die Zusammenarbeit in einem Team mit neuen Teammitgliedern zu stärken. Eine gute und starke Zusammenarbeit in einem Team verbessert die Leistung und Motivation aller Mitarbeitenden und sorgt für eine angenehme Arbeitsatmosphäre sowie eine Vertrauenskultur, die gerade beim flexiblen Arbeiten maßgebend ist (Microsoft, o. J.).

Jedoch haben 43 % der befragten Führungskräfte einer Hybrid-Work-Studie von Microsoft angegeben, dass Teambuilding die größte Herausforderung bei Remote und Hybrid Work darstellt, da sich viele Mitarbeiter:innen beispielsweise nicht mehr überraschend beim Mittagessen oder auch an der Kaffeemaschine treffen und Small Talk betreiben (Microsoft, 2022, S. 28). Dabei können vergleichbare Anlässe der Kommunikation gerade bei hybriden Arbeitsteams gut inkludiert werden, indem kurze wöchentliche oder monatliche Meetings geplant werden, in denen sich die Mitarbeitenden nur über persönliche Themen austauschen. Auch kleine sportliche Aufgaben zu Beginn eines Meetings wie gemeinsame Stretching-Übungen, Energy Boosts sowie kurze persönliche Austauschminuten können helfen, die Arbeitsatmosphäre aufzulockern und den Zusammenhalt im Team zu stärken.

Ganz klassisch hat man auch die Möglichkeit, Teamevents außerhalb der Arbeitszeit zu veranstalten: zum Beispiel ein Bar-Abend, gemeinsames Bowling oder auch andere Aktivitäten. Mit solchen Teamaktivitäten können den Teamzusammenhalt und das Teambuilding unterstützt werden. Dabei muss die Führungskraft nicht notgedrungen zum Eventmanager und Alleinunterhalter werden – das Team kann ermutigt werden, selbst aktiv zu werden, zum Beispiel, indem man dezentrale Budgets für solche Aktivitäten bereitstellt. Auch bestimmte Interessengruppen, wie Auszubildende, Neueinsteiger etc., können so ermutigt werden, selbst die Initiative zu ergreifen. Dennoch ist auch die Führungskraft – deutlich stärker als in der Vergangenheit – gefragt, einen aktiven Part für die Verbesserung der Zusammenarbeit im Team zu übernehmen.

Wichtig ist auch, dass man über den Tellerrand schaut und nicht nur die internen Teambeziehungen stärkt, sondern den Mitarbeitenden auch die Möglichkeit gibt, sich mit anderen außerhalb ihres Teams zu vernetzen. 76 % der Mitarbeiter:innen, die auch Beziehungen zu Kolleg:innen außerhalb ihres Teams aufbauen, fühlen sich in ihrer Arbeit mehr erfüllt, haben weniger Stress und sehen der Zukunft positiver entgegen (Crummenerl/Paolini/Perronet/Lamothe et al., 2021, S. 26).

Eine Führungskraft, der es gelingt, zusammenarbeitsfördernd zu führen, ist tendenziell auch in der Lage, für ihre Mitarbeiter:innen eine bessere Arbeitsumgebung zu schaffen und sie somit zu besseren Arbeitsleistungen zu bringen. Dementsprechend ist es wichtig, Zusammenarbeitsthemen gerade beim hybriden Arbeiten nicht den Mitarbeiter:innen zu überlassen, sondern als Führungskraft – sei es beim Onboarding oder beim Initiieren von besseren oder auch neuen Teambeziehungen – zu unterstützen. Durch diese Unterstützung kann ein besonderer Mehrwert für die Mitarbeiter:innen, das Team und das Unternehmen geschaffen werden.

2.4 Infrastruktur

»Hallo? Kann man mich hören? Könnt ihr mich alle sehen? Seht ihr meinen Bildschirm? Sorry, meine Internetverbindung ist heute schwach.« Keiner hat wohl die letzten beiden Jahre ohne diese typischen Sätze erlebt. Die Dimension »Infrastruktur« ist auf der einen Seite die am wenigsten strategisch geprägte der vier Dimensionen, aber mit Faktoren wie IT-Infrastruktur, Bürogestaltung und Prozessveränderung im Unternehmen trägt sie dennoch stark zum Funktionieren des hybriden Arbeitens – vor allem in der Praxis – bei. Und auch hier kommt man nicht darum herum, Bestehendes zu hinterfragen und konsequent an die Anforderungen der hybriden Zusammenarbeit anzupassen. Interessanterweise ist gerade dieser operative Druck so groß, dass viele Unternehmen sich direkt auf diese Dimension stürzen. Sie hat auch den Vorteil, dass man oft nach nur kurzer Zeit etwas Sichtbares und Greifbares vorfindet – wie zum Beispiel eine neue Kaffeeküche oder ein neues IT-Tool –, anders als bei den Dimensionen »Führung« oder »Kommunikation«, durch die ein Kulturwandel nur schrittweise vonstattengeht.

Leider führt diese Wahrnehmung dazu, dass die anderen drei Dimensionen oft übersprungen werden und Unternehmen direkt zur Anschaffung neuer IT-Tools oder dem Umbau der Räumlichkeiten springen, ohne vorher genau zu überlegen, welche Strategie, welche Kultur, welche Werte oder auch welches Verständnis von Kommunikation und Zusammenarbeit vorherrschen soll. Wie kann ich meinem Team beispielsweise eine neue und auch sinnvolle Bürofläche bieten, wenn ich noch nicht einmal seine Bedürfnisse oder seine Art der Zusammenarbeit kenne? Erst muss eine Transformation des Mindsets, der Kultur und der Werte erfolgen, bevor eine Transformation« der physischen Welt gewinnbringend durchgeführt werden kann. Deshalb ist es wichtig, diese Dimension immer zuletzt zu betrachten.

Bevor wir zu Themen wie Büroumbau kommen, müssen wir zunächst auf interne und externe Prozesse eingehen. Viele Prozesse müssen neu bedacht werden, da neue KPIs, Tools oder auch Rahmenbedingungen für das hybride Arbeiten eingeführt werden. Diese müssen adäquat angepasst werden, um einen reibungslosen Ablauf und auch eine optimale Unterstützung beim hybriden Arbeiten gewährleisten zu können. Nur mit geeigneten Prozessen, Voraussetzungen und Rahmenbedingungen kann produktiv gearbeitet werden. Das Capgemini Research Institute hat herausgefunden, dass 80 % der Mitarbeiter:innen der besten hybriden Arbeitgeber, die ihre Prozesse, Leadership-Trainings und Rahmenbedingungen radikal an die hybride Arbeit angepasst haben, eine produktive Arbeitsumgebung vorfinden. Dagegen treffen Mitarbeiter:innen bei Arbeitgebern, die nicht zu den Hybrid-Work-Pionieren gehören und ihre Prozesse nicht angepasst haben, nur zu 56 % auf eine solche Arbeitsumgebung (Crummenerl/ Paolini/Perronet/Zillmann et. al., 2021, S. 17). Zusätzlich waren 70 % der befragten Mitarbeiter:innen der Meinung, dass Arbeitgeber Prozesse und Rahmenbedingungen schaffen müssen, die eine mitarbeiterzentrierte Führung ermöglichen, um die Kultur hin zu hybridem Arbeiten zu transformieren (Crummenerl/Paolini/Perronet/Zillmann et. al., 2021, S. 24). Wichtig ist auch hier, dass solche Prozesse während und nach ihrer Veränderung ständig überprüft und neu evaluiert werden. Nur so werden erfolgreiche und optimal angepasste Prozesse ermöglicht.

Da beim hybriden Arbeiten das gesamte Unternehmenskonstrukt mitarbeiterzentrierter gestaltet werden soll, ist die HR-Abteilung maßgeblich in die Herausforderung »Unternehmenstransformation« involviert. Talentakquise, Mitarbeiterbindung, Mitarbeiter-Well-Being, aber auch das interne Lernen und Weiterentwickeln sowie die Vernetzung der Mitarbeitenden untereinander werden die Aufgaben der Zukunft sein. Eine weitere große Aufgabe wird es sein, den Leistungsevaluationsprozess und die Evaluationskriterien anzupassen und Führungskräfte dafür zu schulen. Das fängt schon damit an, dass Führungskräfte sich ihrer hybriden und remoten Biases (wie zum Beispiel dem Proximity Bias) oder auch ihrer Voreingenommenheit gegenüber bestimmten Arbeitsformen bewusst werden müssen (Hirsch, 2022). All das sind Aufgaben, die in der Vergangenheit nicht in diesem Ausmaß oder kaum behandelt wurden, jetzt aber maßgebend sind. Auch hier müssen das Mindset, die Kultur und auch die Prozesse im HR-Bereich verändert werden.

Wenn wir aber wieder zurück zu unserem Problem vom Beginn kommen – »Hallo? Könnt ihr mich sehen und hören?« –, dann stoßen wir auf einen weiteren Faktor: die Infrastruktur- und die IT-Ausrüstung. 72 % der Mitarbeiter:innen haben heutzutage technische Probleme oder besitzen keine adäquate Ausrüstung, um überhaupt remote arbeiten zu können (Lurse AG, 2022, S. 3). Zusätzlich hat Microsoft herausgefunden, dass selbst nach der remoten Arbeitsphase während der Corona-Zeit immer noch 42 % der Mitarbeitenden angeben, dass sie nicht mit dem essenziellen Homeoffice-Zubehör ausgestattet sind (Anderson/Patton, 2022). Zahlen, die einen den Kopf schütteln lassen. Heutzutage gibt es unzählige Möglichkeiten, die Mitarbeiter:innen bei ihrer Arbeit durch eine adäquate Ausrüstung zu unterstützen. Wie sollen Mitarbeiter:innen denn Leistung bringen, wenn sie nicht die richtigen technischen Voraussetzungen haben?

Außerdem machen sich viele Unternehmen zu wenig Gedanken darüber, was das Büro für die Mitarbeiter:innen in Zukunft symbolisieren soll. Gerade in Zeiten von hybridem Arbeiten sollte das Büro zu einem Ort werden, an dem gemeinsam an Ideen oder auch Problemen gearbeitet wird, an dem sich Kreativität ungehindert entfalten kann und an dem auch schnell andere Meinungen eingeholt werden können. Es soll aber auch ein Ort sein, an dem man sich ganz ungezwungen z. B. an Kaffeebars mit neuen Mitarbeiter:innen spontan vernetzen und ins Gespräch kommen kann.

Dies sind alles Aspekte, die im Homeoffice oder auch beim remote Arbeiten meist zu kurz kommen, da diese Orte gut für konzentriertes Arbeiten und gerade für nichtkreative Aufgaben oder maximale Flexibilität im Tagesplan geeignet sind. Der Schlüssel für Arbeitsplätze ist es, Ökosysteme zu erbauen, die den physischen, kognitiven und emotionalen Bedürfnissen der Mitarbeiter:innen entsprechen und ihnen die Möglichkeit geben, selbst zu entscheiden, wo und wie sie arbeiten wollen (Steelcase, 2022). Auch die physische Arbeitsumgebung im Büro muss also flexibler werden. Es ist wichtig, dass sich Unternehmen Gedanken machen, wie solche Räume auch mit Inhalten gefüllt werden können, sodass Mitarbeiter:innen sinnvoll und gern ins Office kommen.

2.5 Literatur

Alexander, Andrea/Smet, Aaron de/Langstaff, Meredith/Ravid, Dan (2021): What employees are saying about the future of remote work, McKinsey & Company, https://www.mckinsey.com/capabilities/people-and-organizational-performance/our-insights/what-employees-are-saying-about-the-future-of-remote-work, abgerufen am 10.10.2022

Anderson, Brad /Patton, Seth (2022): In a Hybrid World, Your Tech Defines Employee Experience, https://hbr.org/2022/02/in-a-hybrid-world-your-tech-defines-employee-experience, abgerufen am 20.09.2022

Bath, Johanna (2022): Defizitäre Arbeitsorganisation: Hybride Hindernisse, manager-Seminare.de (297). https://www.managerseminare.de/ms_Artikel/Defizitaere-Arbeitsorganisation-Hybride-Hindernisse,283113, abgerufen am 30.12.2022

Bloom, Nicholas A./Liang, James/Roberts, John /Ying, Zhichun Jenny (2013): Does Working from Home Work? Evidence from a Chinese Experiment, Stanford NBER Working Paper Series (18871).

Bock, Laszlo (2021): 5 New Rules for Leading a Hybrid Team. Harvard Business Review, https://hbr.org/2021/11/5-new-rules-for-leading-a-hybrid-team, abgerufen am 22.08.2022

Chamorro-Premuzic, Tomas/Berg, Katarina (2021): Fostering a Culture of Belonging in the Hybrid Workplace, https://hbr.org/2021/08/fostering-a-culture-of-belonging-in-the-hybrid-workplace, abgerufen am 10.10.2022

Cisco (2022a): Employees are ready for hybrid work, are you? Cisco Global Hybrid Work Study 2022, https://www.cisco.com/c/dam/m/en_us/solutions/global-hybrid-work-study/reports/cisco-global-hybrid-work-study-2022.pdf, abgerufen am 16.09.2022

Cisco (2022b). Your employees are ready for hybrid work – are you? Cisco Global Hybrid Work Study 2022. https://www.cisco.com/c/m/en_us/solutions/global-hybrid-work-study.html#blade-1, abgerufen am 16.09.2022

Crummenerl, Claudia/Paolini, Stephan/Perronet, Catherine/Zillmann, Johann/Buvat, Jerome/Sengupta, Amrita/Shah, Hiral/Nambiar, Roopa (2021): Re-Learning Leadership: Creating the hybrid-workplace leader. Capgemini Research Institute. https://www.capgemini.com/de-de/wp-content/uploads/sites/5/2021/12/Report-New-Leadership-Skills.pdf, abgerufen am 24.08.2022

Hirsch, Arlene S. (2022): Preventing Proximity Bias in a Hybrid Workplace, SHRM. https://www.shrm.org/resourcesandtools/hr-topics/employee-relations/pages/preventing-proximity-bias-in-a-hybrid-workplace.aspx, abgerufen am 10.10.2022

Laker, Ben/Pereira, Vijay/Budhwar, Pawan/Malik, Ashish (2022): The Surprising Impact of Meeting-Free Days, https://sloanreview.mit.edu/article/the-surprising-impact-of-meeting-free-days/, abgerufen am 10.10.2022

Lurse AG (2022): Spotlight (01), https://www.lurse.de/wp-content/uploads/2022/03/WEB_Lurse-Spotlight_01-2022_RZ-1.pdf, abgerufen am 13.10.2022

Microsoft (o. J.): Strategies for Onboarding in a Hybrid World, https://www.microsoft.com/en-us/worklab/strategies-for-onboarding-in-a-hybrid-world, abgerufen am 09.09.2022

Microsoft (2022): Great Expectations: Making Hybrid Work Work, https://www.microsoft.com/en-us/worklab/work-trend-index/great-expectations-making-hybrid-work-work, abgerufen am 10.10.2022

Nelson, Shasta (2020): The business of friendship: Making the most of our relationships where we spend most of our time, HarperCollins Leadership. New York: HarperCollins Focus LLC.

Newport, Cal (2021): A world without email: Reimagining work in an age of communication overload, New York: Portfolio/Penguin.

Owl Labs (2022): State of Hybrid Work 2022: Germany, https://owllabs.de/state-of-hybrid-work/2022, abgerufen am 10.09.2022

Qualtrics (2022): Hybrid work: definition, tips and strategies: Has the nature of work changed forever? What will the new ›business as usual‹ be? We think it will be hybrid working, Here's why, https://www.qualtrics.com/experience-management/employee/hybrid-work/, abgerufen am 25.12.2022

Reclaim.ai (2021): Productivity Trends Report: One-on-One Meeting Statistics, https://reclaim.ai/blog/productivity-report-one-on-one-meetings, abgerufen am 11.11.2022

Smith, Christie/Silverstone, Yaarit/Whittall, Nicholas/Shaw, Dave/McMillian, Kent (2021a): The future of work: A hybrid work model, Accenture. https://www.accenture.com/us-en/insights/consulting/future-work, abgerufen am 02.09.2022

Smith, Christie/Silverstone, Yaarit/Whittall, Nicholas/Shaw, Dave/McMillian, Kent (2021b): The Future Of Work: Productive anywhere, Accenture, 1–24, https://www.accenture.com/_acnmedia/PDF-155/Accenture-Future-Of-Work-Global-Report.pdf#zoom=40, %20 S. 8, abgerufen am 19.10.2022

Steelcase (2022): 360 Steelcase Global Report: Engagement and the Global Workplace: Key findings to amplify the performance of people, teams and organizations, https://cdn2.hubspot.net/hubfs/1822507/2016-WPR/Americas/Final_Executive_Summary_PDF.pdf?__hstc=&__hssc=&hsCtaTracking=66a4e6be-c464-49a4-8a48-50ef3a9cbd49%7C08ef6620-295c-45e8-9b38-dd8884bba72c, abgerufen am 10.12.2022

Vaduganathan, Nitthya/Bailey, Allison/Lovett, Sibley/Breitling, Frank/Laverdiere, Renee/Lovich, Deborah (2021): The How-To of Hybrid Work, BCG, https://www.bcg.com/de-de/publications/2021/identifying-postpandemic-work-model, abgerufen am 04.09.2022

Führung in hybriden Arbeitsmodellen

3 Die Kunst, hybrid zu führen

Katrin Winkler, Sandra Niedermeier, Svenja König

Führungskräfte sehen sich zunehmend mit der Herausforderung konfrontiert, Mitarbeitende hybrid, also virtuell und in Präsenz zu führen. Sie müssen versuchen, im Führungskontext das Beste aus zwei Welten zu kombinieren (Winkler et al., 2022). Die vielfältigen und besonderen Schwierigkeiten bei der Führung hybrider Teams unterstreicht eine kleinere Befragung des Instituts für Führungskultur im digitalen Zeitalter (IFIDZ, 2021). Lediglich ein Anteil von 9 % der insgesamt 159 Befragten nimmt hier beim Arbeiten in hybriden Teams ausschließlich Chancen wahr (ebd.).

Laut der Online-Umfrage »Future of Leadership« von softgarden (2021), als Teil einer dreiteiligen Umfrage »The New Era of Work« mit 3.561 Bewerbenden und 251 HR-Verantwortlichen, bildet die Führung auf Distanz/virtuelle Führung mit 80,2 % (trifft eher/voll zu) aus Sicht der befragten Bewerbenden eine der Top 3 Herausforderungen für Führungskräfte. Die Ergebnisse zeigen gleichzeitig, dass die Befragten mit einer Mehrheit von 59 % der Überzeugung sind, dass ihre Führungskräfte »gar nicht« oder »eher nicht« auf die Herausforderung »Führung auf Distanz/virtuelle Führung« vorbereitet sind. Mehrheitlich ziehen die befragten Bewerbenden in Zweifel, dass ihre Führungskräfte zum Umgang mit Führung auf Distanz/virtueller Führung in der Lage sind. Ähnlich skeptisch zeigen sich auch die befragten HR-Verantwortlichen, unter denen ein Anteil von 59,4 % die Führungskräfte im eigenen Unternehmen »gar nicht« oder »eher nicht« auf das Thema »Führung auf Distanz/virtuelle Führung« vorbereitet sieht. 96 % der befragten Bewerbenden wie auch 98,7 % der HR-Verantwortlichen befürworten eine Weiterbildung der Führungskräfte als Möglichkeit zu deren Vorbereitung auf die zukünftigen Herausforderungen. Auch wenn die softgarden-Studie (2021) von der Herausforderung »Führung auf Distanz/virtuelle Führung« spricht, kann sie auf den hybriden Kontext übertragen werden.

Zugleich machen die Ergebnisse der globalen Studie »Relearning Leadership: Creating the Hybrid Workplace Leader« des Capgemini Research Institute (2021) eine bestehende Diskrepanz zwischen den in einer neuen hybriden Arbeitswelt von Führungskräften erwarteten wichtigsten Fähigkeiten und dem derzeitigen Leistungsniveau der Führungskräfte sichtbar. Während beispielsweise ein Anteil von 75 % der 459 befragten Mitarbeitenden in nicht aufsichtsführenden Positionen »emotionale Intelligenz« als eine von Führungskräften zu entwickelnde Schlüsseleigenschaft betrachtet, sind nur 47 % der Ansicht, dass die Führungskräfte in diesem Bereich wirklich kompetent sind (Capgemini Research Institute, 2021). Auch hier steht die Weiterbildung für Führungskräfte im Fokus. Insbesondere müssen Führungsprogramme Schulungen zu zukunftsrelevanten Fähigkeiten integrieren, einschließlich Komponenten wie Transparenz, Mut und Vertrauen.

Als entsprechenden Anknüpfungspunkt setzt sich dieser Beitrag im Folgenden genauer mit spezifischen Fähigkeiten der Führung hybrider Teams auseinander. Zugleich wird eine Verbindung zu konkreten Aufgaben der Führung hergestellt.

3.1 Was Führungskräfte herausfordert

Das nachfolgende Kapitel betrachtet nun zunächst die oben genannten Herausforderungen, die auf Führungskräfte zukommen. Im Fokus stehen dabei die Kompetenzen und Anforderungen, die an die Führung in einer zunehmend digitalisierten Arbeitswelt gestellt werden.

3.1.1 Mindset in einer digital orientierten Welt

Digitalorientierte Kompetenzen wie beispielsweise »IT-Kompetenz« stellen zentrale Führungskompetenzen des digitalen Zeitalters dar. Das bringt auch für Führungskräfte hybrider Teams die Anforderung an den Aufbau und die kontinuierliche Weiterentwicklung eines digitalen Mindsets mit sich. Dazu zählt, mit einer ausgeprägten digitalen Haltung Offenheit und Neugierde gegenüber der Digitalisierung und ihren Auswirkungen zu zeigen. In einem zweiten Schritt umfasst das digitale Mindset weiterhin den Besitz eines ausgeprägten digitalen Verständnisses. Dies ist charakterisiert durch ein fundiertes Wissen und inhaltliches Begreifen der Digitalisierung. Eine dritte Komponente besteht im effektiven reflektierenden und ethischen Handeln sowie im Umgang mit digitalen Sachverhalten. Die Notwendigkeit zu einem solchen digitalen Verhalten entsteht dadurch, dass es nicht ausreicht, auf der Stufe einer digitalen Haltung und eines digitalen Verstehens stehen zu bleiben, sondern dass es vielmehr gilt, das digitale Verhalten mit der Umsetzung in ein entsprechendes Handeln auch »auf die digitale Straße [zu] bringen« (Liebermeister, 2019). Hierbei ist es wichtig herauszustellen, dass das digitale Handeln nicht auf das eigene Handeln begrenzt ist, sondern auch beinhaltet, das digitale Handeln anderer zu dulden (ebd.).

3.1.2 Menschenorientiertes Handeln

Neben der Entwicklung eines digitalen Mindsets besteht eine wesentliche Anforderung an Führungskräfte darin, den Fokus ihres Handelns auf den Menschen – als Treiber und Realisator der Digitalisierung – zu richten. Liebermeister (2019) zufolge besteht eine Aufgabe darin, zu einem »erstklassige[n] Menschenkenner« zu werden.

Neben dem Verständnis und Wissen über die Bedürfnisse der Mitarbeitenden schließt dies in gleicher Weise die Gestaltung einer wertschätzenden Kultur ein. Dies erfordert Übung, beispielsweise durch aktives Zuhören und Ehrlichkeit, um nicht zuletzt durch die Kenntnis und das Respektieren der Bedürfnisse der Mitarbeitenden auch die notwendige Grundlage für eine effektivere und nachhaltigere Führung zu schaffen. (ebd.)

3.1.3   Teamkultur herstellen

Eine weitere Herausforderung stellt der Aufbau eines gemeinsamen Kontextwissens dar, das die Voraussetzung für einen vollständigen Wissenstransfer ist. Hieraus ergeben sich Anforderungen an eine besondere Sensibilität in der Kommunikation, um bei bei einem Wissenstransfer über soziale, organisatorische und kulturelle Grenzen hinaus die Entstehung von Missverständnissen und Konflikten zu vermeiden (Leitner/ Tuppinger, 2004).

Heterogenität und unterschiedliche kulturelle Hintergründe beeinflussen den Aufbau der Teamkultur. Hybride Teams arbeiten hier unter erschwerten Bedingungen, da sich ihre »Online- und Offline-Zusammensetzung« (Bernardy et al., 2021, S. 120) zum Teil täglich ändert. Die auf einen Teil des Teams beschränkte Möglichkeit einer reichhaltigeren Face-to-Face-Kommunikation führt hier dazu, dass sich Teamkognitionen und -emotionen unter den Mitgliedern des Gesamtteams sehr unterschiedlich entwickeln (ebd.). In diesem Zusammenhang stellt Weise (2021) eine zentrale Herausforderung für Führungskräfte in der Auseinandersetzung mit neuen Wegen für die Gestaltung einer standortunabhängigen kohäsiven Arbeitsplatzkultur heraus, welche die Zusammenarbeit und effektive Kommunikation unterstützt.

Die Gestaltung einer unterstützenden Kultur trägt zu einem Gefühl psychologischer Sicherheit bei, das von der Wahrnehmung der Teammitglieder bestimmt wird, offen und authentisch miteinander umgehen zu können (ebd.).

3.1.4   Vertrauen schaffen

Neue Formen der medienvermittelten persönlichen Interaktion zwischen Führungskräften und Beschäftigten haben zugleich zur Folge, dass Mitarbeitende nicht mehr im direkten Einflussbereich der Führungskraft stehen und sich durch die gegebene räumliche Distanz ein Stück weit auch deren direkter Kontrollmöglichkeit entziehen. Hier ist ein Umdenken erforderlich – vom direkten Führungsverhalten mit klassischen Vorgaben und Strukturen hin zu einem auf Vertrauen basierenden und die Mitarbeitenden zu eigenständigem Handeln ermächtigenden Führungsansatz. (Kunze et al., 2021)

Eine zentrale Rolle für die Ausbildung von Vertrauen nimmt dabei auch der faire Umgang mit allen Mitarbeitenden ein. Diesbezüglich ist eine besondere Herausforderung hinsichtlich des Phänomens der »**Proximity Bias**« – Verzerrung durch Nähe – zu betonen, welches im Kontext hybrider Teamarbeit dazu führt, dass bei Mitarbeitenden im Büro eine höhere Arbeitsproduktivität wahrgenommen wird, mit der Folge, dass sie häufiger für wichtige Aufgaben und Rollen ausgewählt werden. Eine Erklärung dafür ist, dass uns Menschen, die uns physisch nahe sind und die wir häufiger sehen, auch stärker in Erinnerung bleiben. (Petrick-Löhr, 2021)

Auch wenn Vertrauen und eigenverantwortliches Handeln der Mitarbeitenden dadurch an Bedeutung gewinnen, ist es für die Zusammenarbeit in hybriden Teams ebenso wichtig, entsprechende Prozesse und gemeinsame Vereinbarungen zu etablieren und eine klare Struktur für die Zusammenarbeit zu schaffen. So entsteht ein Ausgleich organisationaler Unterschiede und es bietet sich die Möglichkeit, sich auf die Bearbeitung der eigentlichen Aufgabe zu konzentrieren. Hierbei besteht eine zentrale Herausforderung für die Führungskraft darin, eine angemessene Balance zu schaffen, um zu vermeiden, dass die Festlegung solcher Standards zu einer Einschränkung des Raums für Kreatives und Neues führt. (Herrmann et al., 2012)

3.1.5 Mentale Modelle teilen

Als Folge der räumlichen Distanz, wie sie in der hybriden Zusammenarbeit zu den Mitarbeitenden besteht, sieht sich die Führungskraft schließlich auch mit besonderen Herausforderungen im Aufbau substanzieller, zielorientierter und persönlicher Führungsbeziehungen konfrontiert (Kunze et al., 2021).

Die Aufteilung in Präsenz- und virtuelle Arbeitssituationen bringt erschwerte Bedingungen für die Entwicklung geteilter mentaler Modelle mit sich, während sie gleichzeitig eine große Bedeutung für die Zusammenarbeit hybrider Teams haben (Bernardy et al., 2021). Der Begriff »mentale Modelle« stammt aus der Kognitionspsychologie und gibt eine Erklärung dafür, wie wir die Wirklichkeit wahrnehmen, Probleme lösen und Informationen verarbeiten. Mentale Modelle sind eine Sammlung von Annahmen, wie unser Denken über und in der Welt funktioniert. Mentale Modelle haben dabei eine direkte Auswirkung auf unsere Art zu arbeiten. Denn sie bestimmen das Denken, das Handeln und Treffen von Entscheidungen. Mentale Modelle in Teams können nach Happ et al. (2015) sehr unterschiedlich sein, je nachdem,

- ob die Teammitglieder über ausreichend Wissen verfügen (Qualität des Wissens) und
- ob das Wissen bei allen Teammitgliedern gleichermaßen repräsentiert ist (Ähnlichkeit des Wissens).

Verfügen Teammitglieder über ein ausreichendes und von allen geteiltes Wissen über die Teamaufgabe und ihre jeweiligen Rollen, spricht man von »gut abgestimmten mentalen Modellen« oder »geteilten mentalen Modellen«.

Unter »geteilten mentalen Modellen« lassen sich also kollektive Wissensstrukturen eines Teams verstehen. In Anlehnung an Bernardy und Kollegen (2021, S. 119) umfassen sie die nachfolgenden Elemente:

Situatives Verständnis	Gemeinsames Verständnis der aktuellen situativen Anforderungen
Geteilte Aufgabenmodelle	gemeinsames Verständnis der anstehenden Ziele, Strategien und Aufgaben
Geteilte Teammodelle	gemeinsames Verständnis der Rollen und Verantwortlichkeiten im Team
Gemeinsame temporale Modelle	Gemeinsames Verständnis der zeitlichen Abhängigkeiten
Geteilte IKT-Modelle	gemeinsames Verständnis zum Einsatz digitaler Medien

Elemente geteilter mentaler Modelle, eigene Darstellung in Anlehnung an Bernardy et al., 2021, S. 119

Geteilte mentale Modelle sind gekennzeichnet durch eine Vielzahl ihnen zugeschriebener positiver Wirkungen – z. B. Verminderung des Kommunikationsbedarfs sowie weniger Unsicherheiten im Umgang miteinander. Ein gutes Beispiel liefern geteilte Vorstellungen über die Art und Weise, wie Aufgaben zu erledigen sind. Jede:r hat andere Vorstellungen davon, wie an eine Aufgabe heranzugehen ist. Dies gilt auch in hybriden und virtuellen Kontexten. Insbesondere bei virtuellen Teams konnten starke Zusammenhänge zwischen geteilten mentalen Modellen und effizienten Koordinationsprozessen gefunden werden (Ellwart et al., 2014): Wenn im Team ein gemeinsames Verständnis von Aufgaben, Abläufen und dem Wissen der anderen Teammitglieder existiert, geht damit auch die wahrgenommene und tatsächliche Überforderung durch Information zurück. Teammitglieder können einfacher, effizienter und zielgerichteter kommunizieren (Happ et al., 2015). Zugleich ermöglichen mentale Modelle den Teammitgliedern die Vorhersage und Erklärung des Verhaltens der anderen Mitglieder und unterstützen so eine effiziente Zusammenarbeit und damit auch die Teameffektivität (Bernady et al., 2021).

In Zusammenhang mit Teamarbeit, vor allem im agilen Umfeld, ist oft von »shared mental models« die Rede. Das sind mentale Modelle, wie man zusammenarbeitet. Diese mentalen Modelle sind wie kleine Programme, etwa für das Abhalten eines Meetings (Hofert/Visbal, 2021).

In hybriden Teams gestaltet sich die Ausbildung solcher geteilten mentalen Modelle, wie zuvor aufgezeigt, als besondere Herausforderung. Gründe hierfür können der erhöhte virtuelle Anteil der Zusammenarbeit und damit eine verminderte Kommunikationshäufigkeit sowie der vorrangig auf Sach- und Fachthemen bezogene Austausch sein. Das kann dazu führen, dass für die Ausbildung geteilter Modelle besonders wichtige gemeinsame Erfahrungen sowie ein intensiver Austausch insbesondere zu Beginn der Teamarbeit oft nur eingeschränkt möglich sind. (Bernardy et al., 2021)

3.1.6 Was Führungskräfte können sollten

Aus den zuvor betrachteten Herausforderungen stellen sich Anforderungen an spezifische Kompetenzen, wie sie sowohl die Mitglieder hybrider Teams als auch die Führungskraft mitbringen müssen. Die Betrachtung solcher spezifischer Kompetenzen der Führung hybrider Teams soll den Gegenstand des folgenden Kapitels bilden. Dafür wird Bezug auf das Modell der **7 Ds der hybriden Führung** genommen, in dem wesentliche Kompetenzen in der Diversitätssensibilität, Distanzüberbrückung, Dialogfähigkeit, Digitalkompetenz, Disziplin, Dynamisierungsfähigkeit und Delegationsfähigkeit gesehen werden (Winkler et al., 2022). Jede dieser Kompetenzen wird im Folgenden detailliert dargestellt. Dies bildet die Grundlage, um daraus anschließend konkrete Handlungen abzuleiten, die sich in Verbindung mit der jeweiligen Kompetenz für das Management hybrider Teams ergeben.

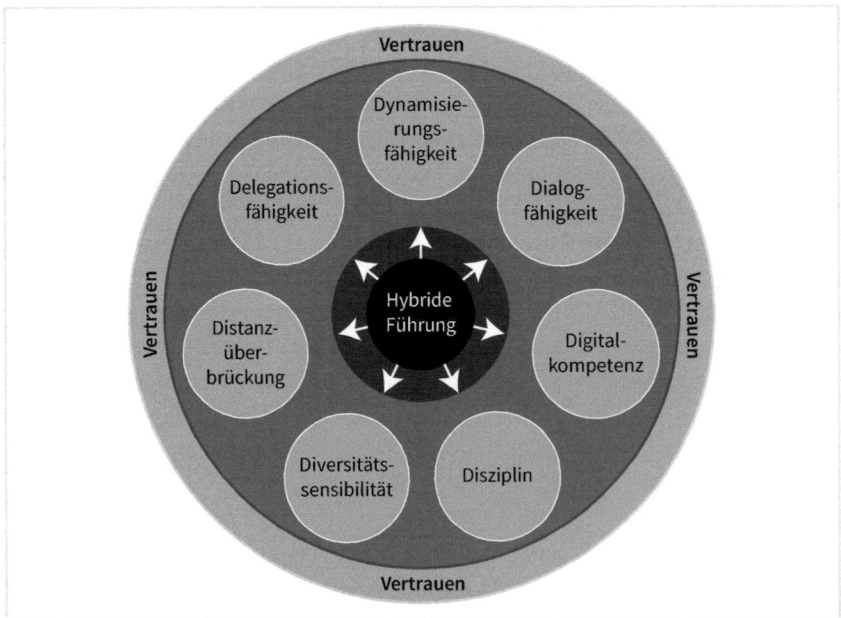

Die 7 Ds der hybriden Führung, eigene Darstellung in Anlehnung an Winkler et al., 2022, S. 27

Im Folgenden werden die einzelnen Elemente genauer betrachtet. Dies beinhaltet eine begriffliche Erklärung sowie die grundlegenden Merkmale des Elements.

3.1.6.1   Diversitätssensibilität

Diversitätssensibilität zeigt sich in einer Haltung der Führungskraft, die davon geprägt ist, dass sie jeden und jede als gleich wichtig anerkennt und auf diese Weise Respekt und Wertschätzung für die unterschiedlichen Stärken und individuellen Persönlichkeiten der einzelnen Mitarbeitenden deutlich macht. Daher verlangt Diversitätssensibilität von der Führungskraft, sich offen für andere Perspektiven zu zeigen sowie ein Bewusstsein für die eigene kulturelle Prägung und die eigenen Stärken und Schwächen zu entwickeln. Einhergehend damit ist sie ebenso gefordert, die eigenen Sichtweisen und (unbewussten) Vorurteile zu hinterfragen, um damit nicht zuletzt auch andere zu kritischer Reflexion zu ermutigen. Das grundlegende Merkmal der Diversitätssensibilität einer Führungskraft ist damit die Wahrnehmung der »Farbenvielfalt« der Mitarbeitenden.

3.1.6.2   Distanzüberbrückung

Da hybride Teams aus Mitgliedern, die vor Ort zusammenarbeiten, und solchen, die aus der Ferne mitarbeiten, bestehen, ist die Präsenz der Führungskraft besonders entscheidend, um die räumliche Distanz zu überbrücken. Für die Führungskräfte ergibt sich daraus die Aufgabe, eine eigene Identität herauszuarbeiten und diese auch aktiv zu gestalten, um sowohl online als auch offline wahrgenommen zu werden. Vor diesem Hintergrund lassen sich nach Hildebrandt und Kollegen (2013) schließlich drei Formen der Präsenz unterscheiden: die **soziale Präsenz** (Social Presence), die **kognitive Präsenz** (Cognitive Presence) und die **Führungspräsenz** (Leadership Presence):

- Die soziale Präsenz ist zunächst auf das »Fühlen bzw. Mitfühlen« bezogen. In der virtuellen Interaktion kann sich dies insbesondere in affektiven Reaktionen, wie beispielsweise Emotionen oder Humor widerspiegeln.
- Die kognitive Präsenz ist charakterisiert durch das »Verstehen« und »das menschliche Vermögen, Bedeutungen und Wissen aus einem Prozess der Reflexion und Kommunikation in einem virtuellen Rahmen zu ziehen« (Lippold, 2021, S. 80).
- In der Führungspräsenz werden die soziale und kognitive Präsenz zusammengeführt. Mit dem aktiven Bemühen der Führungskraft um die technischen und kulturellen Rahmenbedingungen, die eine Interaktion in der Gruppe ermöglichen, sorgt sie sowohl im Analogen als auch im Virtuellen für ein Gefühl der Orientierung. (ebd.)

Empathiefähigkeit

Ein wesentliches Element zur Distanzüberbrückung ist Empathie. Die darunter verstandene Fähigkeit, sich in andere Menschen hineinzuversetzen und einzufühlen, nimmt für das Verständnis der neuen Realitäten, mit denen die Mitarbeitenden in der hybriden Zusammenarbeit konfrontiert sind, sowie für die Möglichkeit, sie bei ihren individuellen Herausforderungen zu unterstützen, einen hohen Stellenwert ein (Hartwich, 2021).

Hierbei charakterisiert sich das empathische Führungsverhalten einer Führungskraft durch aktives Zuhören und das Stellen von Fragen sowie durch die Zeit, die sie sich für die Mitarbeitenden nimmt (ebd.).

In der Studie »Work.Reworked 2020« von Microsoft, KRC Research und der Boston Consulting Group wurde ausführlich die Rolle und Auswirkungen der Empathiefähigkeit auf die Zufriedenheit der Belegschaft und die Zusammenarbeit untersucht. Danach erhöht empathisches Führungsverhalten die Zufriedenheit der Mitarbeitenden und leistet einen Beitrag zu einem offeneren und proaktiveren Handeln der Belegschaft. Auf diese Weise unterstützt ein empathisches Führungsverhalten die Effizienz der Zusammenarbeit. (ebd.)

Im Zusammenhang mit der Charakterisierung eines empathischen Führungsverhaltens durch die Zeit, die man sich für die Mitarbeitenden nimmt, und die Fähigkeit, sich in sie hineinzuversetzen und sich in sie einzufühlen, kann auf eine wesentliche Kompetenz in der individuellen Berücksichtigung der Mitarbeitenden (**Individual Consideration**) verwiesen werden, die auch ein Element der 5 Is der transformationalen Führung ist (Winkler/Bramwell, 2020).

Durch die räumliche Distanz ist die Kontrollmöglichkeit der Führungskraft vermindert. Deshalb sollte die Führungskraft über die Fähigkeit verfügen, die Teammitglieder auf ein gemeinsames Ziel hin zu orientieren.

Zielorientierung

Damit ein erfolgreiches Führen mit Zielen möglich ist, sollte die Führungskraft ein niedriges Kontrollbedürfnis sowie Gelassenheit im Umgang mit den verschiedenen Wegen zeigen, die die Mitarbeitenden wählen, um ihr jeweiliges Ziel zu erreichen. Um zu gewährleisten, dass den Mitarbeitenden alle Ziele bekannt sind und sie sie verinnerlicht haben, sollten sie ihnen plausibel vermittelt werden. Dafür ist es entscheidend, dass die Ziele klar und präzise formuliert sind.

Zugleich zeigt sich die Kompetenz zielorientierter Führung dadurch, dass die Ziele auf der Grundlage des hierfür notwendigen Sach-, Methoden- und Wertewissens bestimmt werden. Dies ist wesentlich, da die Qualität des Zielsetzungsprozesses in hohem Maße ausschlaggebend für die Leistung des Teams ist. Damit Ziele bei den Mitarbeitenden erfolgreich verankert werden können, sollte die Führungskraft ihr eigenes Wirken an klar beschriebenen Zielen und Resultaten ausrichten und nicht an spontanen Aktionen. (Mair, 2015)

3.1.6.3   Dialogfähigkeit

Ein weiteres wichtiges Element in der Führung hybrider Teams ist die Dialogfähigkeit. Sie zeigt sich in einem kontaktfähigen, vertrauenswürdigen und offenen Umgang mit den Vorschlägen und Beschwerden der Mitarbeitenden. Sie zeigt sich außerdem darin, die eigenen Ansichten, Werthaltungen und Normen überzeugend kommunizieren zu können, sowie in der klaren Begründung notwendiger Arbeits- und Handlungsschritte. Die Befähigung, Sympathie und Anerkennung im Dialog mit anderen zu gewinnen, ist Teil der Dialogfähigkeit und basiert auf einer Grundhaltung, die von einer »Gewinner-Gewinner-Einstellung« und »Hilfe-Orientierung« gegenüber dem Dialogpartner geprägt ist. (ebd.)

In enger Verbindung mit der Dialogfähigkeit steht die Kommunikationsfähigkeit, also das Geschick einer Person, mit anderen erfolgreich zu kommunizieren. Sie spiegelt sich in einer wertschätzenden Haltung gegenüber dem Gesprächspartner wider sowie darin, anderen wohlwollend und offen gegenüberzutreten. Dazu gehört auch, auf das Gegenüber empathisch einzugehen, aufmerksam zuzuhören sowie möglichen Einwänden sachlich und frustrationstolerant zu begegnen. (ebd.)

Nicht zuletzt umfasst Kommunikationsfähigkeit auch das Vermögen, andere durch eine starke Identifikation mit den eigenen Argumenten zu überzeugen, sowie eine verständliche und zielgruppengerechte Ausdrucksweise. (ebd.)

3.1.6.4   Digitalkompetenz

Die Digitalkompetenz als weitere zentrale Anforderung des Managements hybrider Teams kann nach dem »Europäischen Rahmenplan zu digitalen Kompetenzen von Bürgerinnen und Bürgern« (BigComp) in die fünf Themenfelder
*   Informations- und Datenkompetenz,
*   Kommunikation und Kooperation,
*   Entwicklung/Erstellung von digitalen Inhalten,
*   Sicherheit und Datenschutz sowie
*   Problemlösungen
aufgeschlüsselt werden (Europäische Kommission, 2020). In einem sich an dieser Differenzierung orientierenden Kompetenzrahmen der Kultusministerkonferenz (KMK, 2017) erfolgt hierbei zu jedem der Bereiche noch einmal eine Bestimmung verschiedener Unterthemen sowie eine Benennung dazugehöriger konkreter Verhaltensanker.

So schließt Digitalkompetenz in Bezug auf das Themenfeld der Informations- und Datenkompetenz beispielsweise die Identifikation und Zusammenführung relevanter Quellen ein. Im Bereich der Kommunikation und Kooperation drückt sich Digitalkompetenz beim Unterthema »Zusammenarbeiten« in der Nutzung digitaler Werkzeuge bei der gemeinsamen Erarbeitung von Dokumenten aus. (ebd.)

3.1.6.5 Disziplin

Disziplin bestimmt sich im freiwilligen und selbstbestimmten Handeln der Führungskraft in Entsprechung zu einmal akzeptierten und persönlich angeeigneten Werten und Normen. Eine solche Fähigkeit der Führungskraft zeigt sich darin, dass sie fachlich-methodisch gewonnene Einsichten auch bei der Aussicht auf unangenehme persönliche Konsequenzen vertritt. Sie trägt außerdem Sorge für die Ausbildung verbindlicher Werthaltungen im Unternehmen oder in der Arbeitsgruppe. Schließlich reflektiert sich Disziplin auch in der Mithilfe, welche die Führungskraft bei der praktischen Umsetzung einmal erarbeiteter Werthaltungen und Normen leistet. (Mair, 2015)

Die Disziplin bei der Dokumentation von Informationen ist hier ein Beispiel mit Bezug auf das Wissensmanagement in hybriden Teams. Die Dokumentation dient der Vorbeugung einer Ungleichverteilung von Informationen und lässt zugleich die spezifische Vorbildfunktion und den Einfluss (**Idealized Influence**) erkennen, welche der Führungskraft im Vorleben der für eine gelingende Zusammenarbeit in hybriden Teams wichtigen Verhaltensweisen zukommt. (Bernardy et al., 2021)

3.1.6.6 Dynamisierungsfähigkeit

Als Folge der wachsenden Komplexität der Beziehungsnetzwerke in Unternehmen gewinnt die Fähigkeit zur Begeisterung anderer für sich und die eigenen Ideen zunehmend an Bedeutung (Liebermeister, 2021). Eine solche Bedeutung der Dynamisierungsfähigkeit zeigt sich dabei auch in einer wichtigen Aufgabe, wie sie von North und Maier (2018, S. 10) für das strategische Wissensmanagement benannt wird: die Ermutigung zu »Erneuerung, agilem Lernen und Reflexion«. Damit kann schließlich auch die Weiterentwicklung des Teams unterstützt werden.

Im Weiteren lässt sich Dynamisierungsfähigkeit zugleich in Verknüpfung mit einer wichtigen Funktion begreifen, wie sie Liebermeister (2019) in der Rolle der Führungskraft als Innovator betont. Im Kontext der stetigen Veränderungen durch die digitale Transformation bestimmt sich eine wichtige Fähigkeit der Führungskraft darin, ihr Denken und Handeln einem solchen Rhythmus anzupassen und dabei auch die eigenen Gedanken konsequent infrage zu stellen, sodass Raum für neue Ideen und Gedanken entsteht. All dies ist schließlich mit einer wichtigen Voraussetzung der Dynamisierungsfähigkeit verknüpft: mit einem gewissen Mut sowie Neugier. Liebermeister (2019) empfiehlt:

»Seien Sie [...] mehr innovativ als traditionell, mehr revolutionär als evolutionär,
mehr radikal als moderat und vor allem mehr disruptiv als optimierend.«
Liebermeister, 2019

3.1.6.7   Delegationsfähigkeit

Delegationsfähigkeit ist die Fähigkeit der Führungskraft, Aufgaben sinnvoll zu verteilen. Dadurch dass ein Teil der Verantwortung auf die Mitarbeitenden übertragen wird, sollen diese ermutigt und zur Selbstständigkeit angeregt werden – damit wird auch ein Beitrag zur Verbesserung der Zusammenarbeit geleistet. Die effektive Delegation von Führungsaufgaben ist mit der Anforderung an die Führungskraft verknüpft, die Stärken und Schwächen ihrer Mitarbeitenden differenziert einzuschätzen. Nur so kann die richtige Person für die richtige Aufgabe gefunden werden. (Mair, 2015)

Darüber hinaus stellt sich eine vertrauensgeprägte Grundhaltung als wichtig für eine vertrauensvolle Einbindung der Mitarbeitenden in Verantwortung und deren Beteiligung an Entscheidungen dar (ebd.). Dies steht in Verbindung mit einer aus der eingeschränkten Kontrollmöglichkeit in der virtuellen Zusammenarbeit folgenden Notwendigkeit, auf das Vermögen der Teammitglieder zu vertrauen, Aufgaben auch eigenverantwortlich zu lösen (Bernardy et al., 2021). Nicht zuletzt besteht eine wichtige Aufgabe der Führungskraft zur Ermöglichung der Delegation von Führungsaufgaben auch darin, die Mitarbeitenden kontinuierlich und verständlich zu unterweisen (Mair, 2015).

Im Anschluss an diese Betrachtung der Kernkompetenzen der hybriden Führungskraft ist es abschließend wichtig, die Aufmerksamkeit auf deren Einbettung in den Rahmen eines tiefen gegenseitigen Vertrauens als Kern des hybriden Teams zu lenken. Die vertrauensgeprägte Grundhaltung der Führungskraft ist hierbei nach Herrmann und Kollegen (2012, S. 40) von der Annahme geprägt, »dass [die] Mitarbeiter/innen leistungswillig sind, dass sie das gemeinsame Ziel realisieren wollen und sich dafür engagieren und dass sie [die Führungskraft] bei Abweichungen oder Schwierigkeiten informieren, so dass [diese] intervenieren oder nachsteuern [kann]«.

3.2   Wie Führungskräfte den Herausforderungen begegnen

Nachdem im vorherigen Kapitel unter Bezugnahme auf die 7 Ds der hybriden Führung (Diversitätssensibilität, Distanzüberbrückung, Dialogfähigkeit, Digitalkompetenz, Disziplin, Dynamisierungsfähigkeit und Delegationsfähigkeit) die benötigten Kompetenzen betrachtet wurden, werden nun konkrete Aufgaben und Handlungsanweisungen angesprochen.

3.2.1 Diversitätssensibilität

Im Zusammenhang mit der Diversitätssensibilität der Führungskraft besteht eine zentrale Aufgabe darin, bewusst mit sprachlichen und kulturellen Unterschieden umzugehen. Von einer Sensibilität für Effekte, die aus unterschiedlichen Haltungen

- zu Macht und Hierarchie,
- zu Kollektivismus und Individualismus,
- zu Unsicherheitsvermeidung und Risikobereitschaft,
- zu Abhängigkeit von Kontextinformationen und unterschiedlichen Vorstellungen

resultieren können, ausgehend, impliziert Diversitätssensibilität, dass für alle Teammitglieder solche Medien zur Teilnahme an der Kommunikation ausgewählt werden, die die unterschiedlichen Bedürfnisse der verschiedenen kulturellen Prägungen an die Kommunikation berücksichtigen. Ein flexibel eingesetzter Medienmix ist dabei wichtig, um Transparenz über die unterschiedlichen kulturellen Kontexte herzustellen. Auf diese Weise gilt es, als Führungskraft auch über die Distanz zu verdeutlichen, dass man ein Verständnis für die lokalen Strukturen besitzt, in denen die Teammitglieder agieren und beurteilt werden, und aktiv zu signalisieren, dass man sich die spezifische Situation der einzelnen Teammitglieder klar vor Augen führt. Damit verbunden besteht die Notwendigkeit, untereinander Nachvollziehbarkeit über die Sinnhaftigkeit der Eigenheiten im Handeln herzustellen. Vor dem Hintergrund der höheren Bedeutung, die in der mediengestützten Kommunikation den sprachlichen Kenntnissen zukommt, ist überdies auf die Empfehlung von Herrmann und Kollegen (2012) hinzuweisen, häufig Möglichkeiten für einen synchronen und »gesprochenen« Austausch anzubieten. (ebd.)

Eine besondere Bedeutung der Diversitätssensibilität der Führungskraft ist schließlich auch in einer Situation gegeben, in der die Führungskraft vor die Aufgabe der Neubildung eines hybriden Teams gestellt ist.

3.2.2 Distanzüberbrückung

Der Aufbau von **Vertrauen** und Zusammenhalt im Team bildet einen wesentlichen Erfolgsfaktor virtueller Teamarbeit. Dies leistet einen Beitrag dafür, effektiver zu kommunizieren sowie eine höhere Bereitschaft zu zeigen, Wissen miteinander zu teilen (Bernardy et al., 2021). Eine wichtige Aufgabe der Führungskraft, um Vertrauen bei den Mitarbeitenden zu fördern, besteht darin, sie mit aufrichtigem Interesse nach ihren individuellen Umständen und zugleich möglichen Sorgen zu fragen und ihnen Unterstützung anzubieten (Knight, 2020). Es ist wichtig, dass die Mitarbeitenden das Gefühl haben, dass man sich darum bemüht, eine für jedes Teammitglied annehmbare Situation zu gestalten (ebd.). An dieser Stelle lässt sich eine Verbindung zum Element der individuellen Berücksichtigung (Individual Consideration) des Modells der transformationalen Führung herstellen. Schließlich wird Vertrauen auch durch Fairness in der Leistungsbeurteilung lokaler Teammitgliedern und Remote-Teammitglieder sowie im Umgang mit deren unterschiedlichen Bedürfnissen aufgebaut. Eine solche Fairness schließt dabei auch ein, Transparenz darüber schaffen, welchen Beitrag jedes Teammitglied zum Erreichen der Gesamtziele leistet und in welcher Form es diesen leistet.

Einen konkreten Ansatz stellt vor diesem Hintergrund das Konzept des Management by Interdependence dar. Dies ist von dem Kerngedanken geprägt, durch eine Steigerung der erlebten Zusammengehörigkeit einen Ausgleich für die räumliche und zeitliche Distanz zwischen den Projektmitarbeitenden zu schaffen (Hertel/Orlikowski, 2018). Mit der Aufgabeninterdependenz, der Zielinterdependenz und der Ergebnisinterdependenz werden dafür innerhalb dieses Konzeptes drei verschiedene Ansatzpunkte betrachtet (ebd.).

3.2.3 Dialogfähigkeit

In Zusammenhang mit der Dialog- und Kommunikationsfähigkeit trägt die Führungskraft eine wichtige Verantwortung für die Erarbeitung einer klaren Kommunikationsstrategie. Hierbei werden für alle Mitarbeitenden konkrete Erwartungen an die Erreichbarkeit abgestimmt. Unter diesem Aspekt hebt Deligiannis (2020) auch die eindeutige Festlegung von Arbeitszeiten hervor. Über die Frage hinaus, wann Kommunikation stattfinden soll, ist es wichtig, sich über die Frage, wie Kommunikation erfolgen soll, auszutauschen. In diesem Zusammenhang ist die Aufstellung gemeinsamer Regeln darüber, welche Medien grundsätzlich zur Kommunikation genutzt und für welchen spezifischen Zweck sie eingesetzt werden sollen, wichtig. Daran anschließend bedarf es zugleich Überlegungen zu der Frage, welche Mitarbeitenden Zugang zu welchen Informationen benötigen und welche Mitarbeitende an welchen Meetings teilnehmen sollen. (Knight, 2020)

Zur Förderung des Aufbaus von gegenseitigem Vertrauens als Fundament einer effektiven und erfolgreichen Kommunikation im Team hebt Minder (2020) zudem die Notwendigkeit hervor, eine begrenzte Anzahl kritischer Treffen in Präsenz stattfinden zu lassen. Als ein Beispiel dafür weist sie auf das erste Zusammenkommen nach der Neubildung eines Teams hin. Davon ausgehend sollte die Entwicklung eines Zeitplans für die Durchführung regelmäßiger persönlicher Treffen folgen, um dort den Arbeitsfortschritt, die Ziele und die Prozesse im Team im direkten Austausch zu besprechen.

Minder (2020) macht zudem darauf aufmerksam, dass kontinuierliches Feedback bedeutsam ist. Den hohen Stellenwert gegenseitiger Rückmeldung – auch über interne Prozesse und Gruppenkohäsion – zeigen bereits Ergebnisse einer Untersuchung von Geister, Konradt und Hertel (2006) auf (Kunze et al., 2021).

3.2.4 Digitalkompetenz

Die Digitalkompetenz der Führungskraft ist mit der wichtigen Aufgabe verknüpft, »die Prozesse des hybriden Teams auch IT-seitig abzubilden« (Görner, 2021). Hierbei zeigt es sich als unumgänglich, mit der Etablierung eines digitalen Kollaborationstools, wie beispielsweise dem Planner in Microsoft Teams, die notwendige Struktur und Transparenz für Zusammenarbeit in verteilten Arbeitsorganisationen herzustellen. Wenn die Führungskraft Digitalkompetenz besitzt, kann sie die durch eine solche Software angebotenen Möglichkeiten nutzen, die unterschiedlichen Charaktere im Team gezielt anzusprechen. (ebd.)

Auf die wichtige Aufgabe des Aufbaus einer **informationstechnologischen Infrastruktur** wird bereits von Minder (2020) hingewiesen. Sie unterstreicht eine wesentliche Bedeutung, die eine gute technische Infrastruktur neben der zuvor betrachteten Herstellung von Transparenz als Schlüsselelement für den Aufbau von **Wissenskompetenz** hat. Dabei betont sie den wichtigen Beitrag, den die Infrastruktur zur Förderung des stringenten Austauschs und der Vernetzung der geografisch verteilten Teammitglieder sowie zur Festlegung von Normen und Mustern leistet.

Eine zentrale Herausforderung und zugleich Kompetenz der Führungskraft ist hierbei, unter Berücksichtigung verschiedener Faktoren – wie beispielsweise der Größe des Teams – ein für ihr Team am besten funktionierendes System auszuwählen. Ein Kriterium für dessen Eignung liegt darin, dass es von den Teammitgliedern ressourcenschonend übernommen und verstanden werden kann (ebd.).

3.2.5 Disziplin

Um Vertrauen und Verbundenheit im Team aufbauen zu können, bedarf es als wichtiger Basis schließlich auch eines **gemeinsamen Verständnisses** des Sinns und des Ziels der Zusammenarbeit. Dieses gemeinsame Verständnis ist der Ausrichtungspunkt für das gemeinsame Handeln.

Hervorzuheben ist in diesem Zusammenhang die spezifische Vorbildfunktion und der bedeutsame Einfluss (**Idealized Influence**) der Führungskraft. Beides wird durch das

Vorleben von Verhaltensweisen, die für eine erfolgreiche Zusammenarbeit in hybriden Teams wichtig sind, ausgeübt (Bernardy et al., 2021).

Außerdem ist es ratsam, mit der Gestaltung entsprechender Rahmenbedingungen für Orientierung zu sorgen. Nach Herrmann und Kollegen (2012) bedarf es positiver Rahmenbedingungen, um Verlässlichkeit zu gewährleisten sowie das gegenseitige Vertrauen zu stärken – eine wichtige Basis für den Aufbau von Arbeitsbeziehungen, die sich auch in schwierigen und stressigen Zeiten als tragfähig erweisen. Dazu sind ihnen zufolge Vereinbarungen in den folgenden Bereichen notwendig:

An erster Stelle stehen **Vereinbarungen zu Erreichbarkeit und Verlässlichkeit**. Dazu gehört beispielsweise die Festlegung von Kernzeiten gemeinsamer Anwesenheit am Schreibtisch/PC, da es trotz der Möglichkeit der asynchronen Bearbeitung von Aufgaben immer wieder notwendig ist, sich direkt auszutauschen. Damit ist Verlässlichkeit bei der Erreichbarkeit gegeben. Darüber hinaus sollten Vereinbarungen zur verbindlichen »Abmeldung« getroffen werden – hier sollte auch der Umgang mit Kurzabwesenheiten in den Blick genommen werden. Damit auch in der asynchronen Kommunikation Verlässlichkeit gewährleistet ist, bedarf es der Bestimmung klarer Regeln im Hinblick auf die Bereitstellung und Rezeption von Informationen. Nicht zuletzt sollten auch Strategien berücksichtigt werden, durch die der Belastung durch einen Überfluss an Informationen entgegengewirkt wird.

Neben Vereinbarungen zur Erreichbarkeit und Verlässlichkeit bedarf es zugleich klarer **Vereinbarungen zur Dokumenterstellung, Dateiablage und Kalendernutzung**. Falls entsprechende Strukturen im Unternehmen nicht bereits etabliert sind, besteht eine wichtige Aufgabe darin, Ordnerstrukturen und Benennungsregeln zu entwerfen und einzurichten, um die einheitliche Nutzung einer gemeinsamen Datenablage zu gewährleisten. Im Weiteren schließt dies bei der Arbeit an einem gemeinsamen Dokument mit ein, Regeln zum Umgang mit verschiedenen Versionen festzulegen. Schließlich sind hier ebenso Vereinbarungen zum Umgang mit Transparenz und Privatsphäre, beispielsweise in Bezug auf Kalendereinträge, wichtig.

Im Weiteren müssen klare **Vereinbarungen zum Umgang mit Teamgrenzen** und der Umgebung des Teams getroffen werden. Hier gilt es beispielsweise, sich mit der Frage auseinanderzusetzen, an welchen Kriterien sich die Zugehörigkeit von Personen zum Kernteam oder gegebenenfalls einem erweiterten Team definieren soll. Außerdem sollte die Frage geklärt werden, wie das Team mit Informationen umgehen will sowie wie Transparenz nach außen hergestellt werden darf/soll. Besondere Herausforderungen für die Abgrenzung gegenüber anderen Teams bestehen hierbei, wenn Teammitglieder nicht nur in ein Team, sondern in ein weiteres oder in mehrere andere Teams eingebunden sind.

Abschließend umfasst die Gestaltung positiver Rahmenbedingungen für eine erfolgreiche virtuelle Zusammenarbeit **Vereinbarungen zum Umgang miteinander**. Hierbei geht es um Verabredungen, die in Beziehung zu allgemeinen Abläufen und dem grundsätzlichen Umgang miteinander in Form von Teamregeln stehen. Wichtig ist hier auch die Berücksichtigung einer Regel zur regelmäßigen Reflexion der Kooperationsweise im Team, die in virtuellen Teams einen besonderen Stellenwert einnimmt. Weiterhin betreffen wesentliche Regeln in diesem Bereich den Umgang und das Management von Konflikten.

3.2.6 Dynamisierungsfähigkeit

In Zusammenhang mit der Dynamisierungsfähigkeit der Führungskraft kann die Ermutigung zu »Erneuerung, agilem Lernen und Reflexion« (North/Maier, 2018, S. 10) als wesentliche Aufgabe für das Management hybrider Teams betrachtet werden. Ein wichtiges Instrument ist hier die Gestaltung lernförderlicher Arbeitsbedingungen.

3.2.7 Delegationsfähigkeit

Im Zusammenhang mit der Delegationsfähigkeit der Führungskraft besteht eine bedeutende Aufgabe im **Empowerment** der Mitarbeitenden. Mit einem Fokus darauf gilt es, die notwendigen Rahmenbedingungen für eine erfolgreiche Delegation zu schaffen – gemeinsam mit einer hohen Vertrauensfähigkeit. Dabei wird Empowerment mit der »Weitergabe von Entscheidungsbefugnissen und Verantwortung durch Vorgesetzte an Mitarbeiter« (Bartscher/Nissen, 2018) assoziiert und zeigt sich »[...] in einer (weitgehend) selbstbestimmten Gestaltung des Arbeitsablaufs, dem Zugang zu gewünschten Informationen und intensivierter (aufgabenbezogener) Kommunikation mit Kollegen und Vorgesetzten« (ebd.).

Im Folgenden soll eine genauere Betrachtung des Gedankens des Opportunity Marketplace die Basis dafür darstellen, konkrete Möglichkeiten zur Steuerung eines Bedeutsamkeits-, Kompetenz-, Selbstbestimmungs- und Einflusserlebens zu verdeutlichen – wichtige Faktoren des Erlebens von psychologischem Empowerment (Spreitzer, 2008). Schrage et al. (2020) zufolge ist »Opportunity Marketplace« die Bezeichnung für digitale Plattformen oder virtuelle Orte, an denen Organisationen ihren Mitarbeitenden Möglichkeiten zur beruflichen Weiterentwicklung, zu Mentoring, Projektteilnahme und Networking bieten. Die Mitarbeitenden wiederum können daraus die für sie relevantesten Möglichkeiten auswählen.

Auf diese Weise sollen Opportunity Marketplaces die Gestaltung erfolgreicher Austauschprozesse zwischen Unternehmen und Mitarbeitenden fördern, weil sie in ihrem

Kerngedanken schließlich auch von der Frage geprägt sind, wie Führungskräfte ihren Mitarbeitenden dabei helfen können, bessere Investitionen in sich selbst zu tätigen. Ebenso ist die Frage bestimmend, wie Führungskräfte ihre Mitarbeitenden zur Bewertung, Auswahl und Nutzung von Chancen befähigen und anregen können. (ebd.)

3.3   Fazit

> »*Effective Leadership of a hybrid team, in essence, comes down to practising* **fairness** *and* **inclusiveness** *with every member of your staff, irrespective of where they are working.*«
> Deligiannis, 2020

Von den vorangegangenen Betrachtungen ausgehend, stellt Minder (2020) heraus, dass ein keine Möglichkeit gibt, einen für die Führung hybrider Teams universellen oder einzig wahren Führungsstil zu bestimmen. Vielmehr bedarf es für die effektive Zusammenarbeit hybrider Teams einer Zusammenführung von Elementen mehrerer Führungsstile und deren bedarfsgerechter und angemessener Anwendung. Gleichwohl unterstreicht Lee (2014, zit. nach Minder, 2020) die guten Möglichkeiten, die Elemente transformatorischer und transaktionaler Führung für eine Anwendung in hybriden Umgebungen bereitstellen. In ähnlicher Weise heben bereits Purvanova und Bono (2009) eine positive Korrelation zwischen transformationaler Führung und der Leistung virtueller Teams hervor. Als Kern eines solchen positiven Zusammenhangs lassen sich nach Balthazard und Kollegen (2009) mit diesem Führungsstil einhergehende Wirkungen betrachten, die in einer Verringerung der Teamisolation, einer erhöhten Teambindung sowie einem Gefühl der Wertschätzung bestehen.

Zugleich erlaubt es die transformationale Führung, eine wichtige Balance zwischen dem Fokus auf der Geschäftsentwicklung einerseits und menschenorientierten Aufgaben, wie sie beispielsweise im Teambuilding und Coaching bestehen, andererseits zu schaffen (Winkler/Bramwell, 2021).

Die Wichtigkeit der Herstellung eines solchen Gleichgewichts verdeutlicht sich auch im Prinzip der Ambidextrie. Dieses zeigt sich in der Fähigkeit von Führungskräften zum »beidhändigen« Agieren, indem sie mit der einen Hand als Leader ihre Mitarbeitenden zu Kreativität und Innovativität ermutigen sowie deren Selbstverantwortung steigern und gleichzeitig mit der anderen Hand als Manager durch die Gestaltung effizienter Strukturen die Leistungsfähigkeit des Teams sicherstellen. (Görner, 2021)

Ein Überblick über die zentralen Elemente, die es in der gleichzeitigen Rolle als Leader und Manager zu integrieren gilt, zeigt die nachfolgende Abbildung:

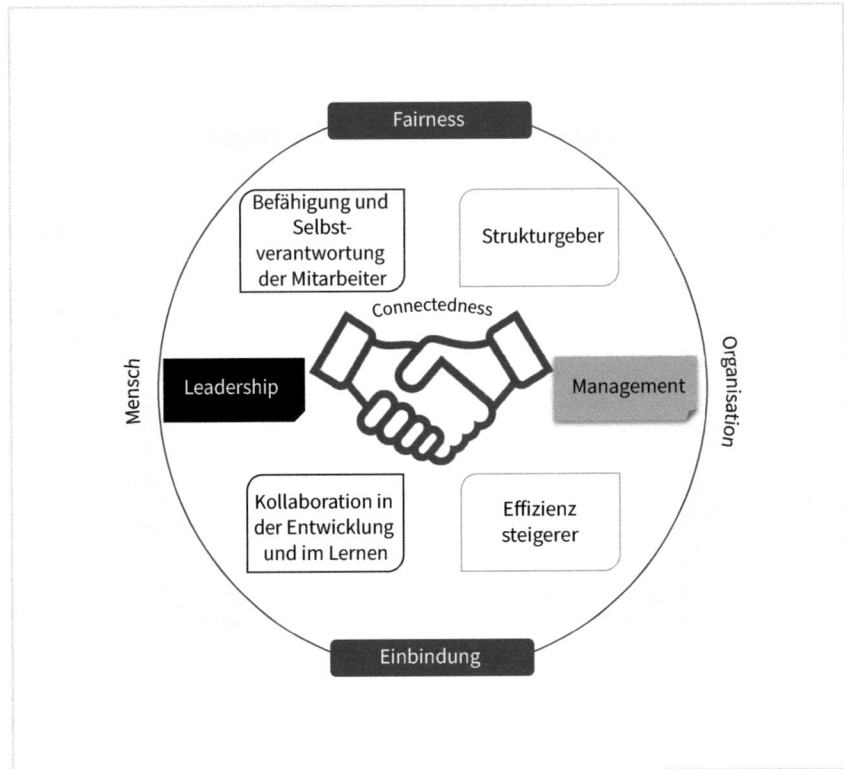

Connectedness, eigene Darstellung in Anlehnung an Winkler et al., 2022, S. 44

Im Erlernen einer solchen Beidhändigkeit lässt sich eine zentrale Anforderung betrachten, um hybride Teams ebenso kontext- wie personenbezogen zu führen und deren besonderer Komplexität flexibel zu begegnen (ebd.).

Schließlich kann eine Führungskraft, der diese Beidhändigkeit in der Führung des hybriden Teams gelingt, vielfältige Chancen ausschöpfen. Angesichts solcher Chancen soll nochmals herausgestellt werden, welchen Stellenwert die Auseinandersetzung mit dem Management und der Führung hybrider Teams einnimmt. Das Angebot hybrider Arbeitsmodelle steigert nicht nur die Arbeitgeberattraktivität, für (künftige) Mitarbeitende sind sie gar nicht mehr wegzudenken (Berger et al., 2021). So zeigen Ergebnisse einer Studie des Instituts für digitale Transformation in Arbeit, Bildung und Gesellschaft (2021), dass Mitarbeitende sich zunehmend wünschen, in einem hybriden Team zu arbeiten. In diesem Zusammenhang erwarten in der Microsoft Studie »Work. Reworked 2020« neun von zehn der dort befragten Führungskräfte, dass hybrides Arbeiten auch langfristig Bestand haben wird (Hartwich, 2021).

Die Beobachtung solcher Ergebnisse und Annahmen bedingt, dass sich Organisationen der zentralen Bedeutung hybrider Führung nicht werden verschließen können.

3.4   Literatur

Balthazard, Pierre A./Waldman, David A./Warren, John E. (2009): Predictors of the emergence of transformational leadership in virtual decision teams, The Leadership Quarterly 20(5), 651–663. https://doi.org/10.1016/j.leaqua.2009.06.008.

Bartscher, Thomas/Nissen, Regina (2018): Empowerment, Gabler Wirtschaftslexikon, online verfügbar unter https://wirtschaftslexikon.gabler.de/definition/empowerment-32955/version-256485 (abgerufen am 26.03.2023).

Berger, Stefan/Weber, Falk/Buser, Anja (2021): Hybrid Work Compass: Navigating the future of how we work, online verfügbar unter https://www.researchgate.net/publication/356840730_Hybrid_Work_Compass_Navigating_the_future_of_how_we_work/ (abgerufen am 26.03.2023).

Bernardy, Valeria/Müller, Rebecca/Röltgen, Anna T./Antoni, Conny H. (2021): Führung hybrider Formen virtueller Teams – Herausforderungen und Implikationen auf Team- und Individualebene, In: Susanne Mütze-Niewöhner/Winfried Hacker/Thomas Hardwig et al. (Hrsg.), Projekt- und Teamarbeit in der digitalisierten Arbeitswelt, Berlin, Heidelberg: Springer, S. 115–138.

Capgemini Research Institute (2021): Relearning Leadership: Creating the Hybrid Workplace Leader, online verfügbar unter https://www.capgemini.com/de-de/wp-content/uploads/sites/8/2022/04/Report-New-Leadership-Skills.pdf (abgerufen am 02.01.2023).

Deligiannis, Nick (2020): How to manage a hybrid team in the new era of work. siliconrepublic vom 2020, online verfügbar unter https://www.siliconrepublic.com/advice/hybrid-team-lead-how-to (abgerufen am 05.02.2022).

Ellwart, Thomas/Konradt, Udo/Rack, Oliver (2014): Team Mental Models of Expertise Location, Small Group Research 45(2), 119–153. https://doi.org/10.1177/1046496414521303.

Europäische Kommission (2020): Europäischer Referenzrahmen für digitale Kompetenzen der Bürgerinnen und Bürger, online verfügbar unter https://epale.ec.europa.eu/de/resource-centre/content/europaeischer-referenzrahmen-fuer-digitale-kompetenzen-der-buergerinnen-und (abgerufen am 05.02.2022).

Gerdenitsch, Cornelia/Korunka, Christian (2019): Digitale Transformation der Arbeitswelt, Berlin, Heidelberg: Springer.

Görner, Max (2021): Hybride Teams wirksam führen. Themenschmiede, online verfügbar unter https://www.themenschmiede.com/hybride-teams-wirksam-fuehren (abgerufen am 05.02.2022).

Happ, Christian/Rack, Oliver/Gurtner, Andrea/Ellwart, Thomas (2015): Die Kraft mentaler Modelle: Informationsüberflutung in Teams besiegen, online verfügbar unter https://www.researchgate.net/publication/284182328_Die_Kraft_mentaler_Modelle_Informationsuberflutung_in_Teams_besiegen (abgerufen am 26.03.2023).

Hartwich, Claudia (2021): Studie Work Reworked: Warum Empathie die wichtigste Führungskompetenz in der hybriden Arbeitswelt ist, Microsoft, online verfügbar unter https://news.microsoft.com/de-de/studie-work-reworked-warum-empathie-die-wichtigste-fuehrungskompetenz-in-der-hybriden-arbeitswelt-ist/ (abgerufen am 30.01.2022).

Herrmann, Dorothea/Hüneke, Knut/Rohrberg, Andrea (2012): Führung auf Distanz, Wiesbaden: Gabler.

Hertel, Guido/Orlikowski, Borris (2018): Projektmanagement in ortsverteilten »virtuellen« Teams, In: Monika Wastian/Isabell Braumandl/Lutz von Rosenstiel et al. (Hrsg.), Angewandte Psychologie für das Projektmanagement, Berlin, Heidelberg: Springer, S. 331–350.

Hildebrandt, Marcus/Jehle, Line/Meister, Stefan/Skoruppa, Susanne (2013): Closeness at a distance. Leading virtual groups to high performance, Faringdon, Oxfordshire: Libri Publishing.

Hofert, Svenja/Visbal, Thorsten (2021): Teams & Teamentwicklung, Wie Teams funktionieren und wann sie effektiv arbeiten, München: Verlag Franz Vahlen.

IDT – Institut für digitale Transformation in Arbeit, Bildung und Gesellschaft (2021): Working in Hybrid Teams – The new normal and how can it succeed, Unveröffentlichte Studie.

Institut für Führungskultur im digitalen Zeitalter (2021): Leadership-Trendbarometer Juni 2021 – Größte Herausforderungen beim Führen hybrider Teams, online verfügbar unter https://ifidz.de/digital-leadership-beratung-studien/leadership-development-berater/hybride-teams-fuehrung-fuehren-beratung-unternehmen/ (abgerufen am 14.10.2022).

Knight, Rebecca (2020): How to Manage a Hybrid Team, Harvard Business Review, online verfügbar unter https://hbr.org/2020/10/how-to-manage-a-hybrid-team (abgerufen am 26.03.2023).

Kultusministerkonferenz (2017): KMK-Kompetenzrahmen, online verfügbar unter https://www.kmk.org/fileadmin/Dateien/pdf/PresseUndAktuelles/2017/KMK_Kompetenzen_in_der_digitalen_Welt_-neu_26.07.2017.html (abgerufen am 05.02.2022).

Kunze, Florian/Hampel, Kilian/Zimmermann, Sophia (2021): Homeoffice und mobiles Arbeiten? Frag doch einfach! Klare Antworten aus erster Hand, München/Tübingen: UVK Verlag, Narr Francke Attempto Verlag GmbH + Co. KG.

Leitner, Werner/Tuppinger, Josef (2004): Wissenstransfer bei der virtuellen Teamarbeit, In: Corinna Engelhardt/Karl Hall/Johann Ortner (Hrsg.), Prozesswissen als Erfolgsfaktor, Wiesbaden: Deutscher Universitätsverlag, S. 245–266.

Liebermeister, Barbara (2019): Handlungsempfehlungen vom Institut als Ergebnis der Meta-Studie 2019, Institut für Führungskultur im digitalen Zeitalter, online verfügbar unter https://ifidz.de/ (abgerufen am 07.02.2022).

Liebermeister, Barbara (2021): Die Führungskraft als Influencer. die bank 01/2021, 66–69, online verfügbar unter https://www.die-bank.de/news/die-fuehrungskraft-als-influencer-18897/.

Lippold, Dirk (2021): Personalführung im digitalen Wandel. Von den klassischen Führungsansätzen zu den New-Work-Konzepten, Berlin/Boston: De Gruyter, Oldenbourg.

Mair, Michael (2015): Kompetenzatlas 2015, online verfügbar unter https://kompetenzatlas.fh-wien.ac.at/ (abgerufen am 01.02.2022).

Minder, Susanna (2020): Führung von Hybrid-Teams – Gedanken zum Umgang mit Führung in Zeiten der Corona-Pandemie, IUBH Discussion Papers – Gesundheit, No. 3/2020, IUBH Internationale Hochschule, online verfügbar unter https://res.cloudinary.com/iubh/

image/upload/v1615990147/Presse%20und%20Forschung/Discussion%20Papers/ Gesundheit/DP_Gesundheit_Vol1_3_Minder23092020_kqspx1.pdf (abgerufen am 05.11.2021).

North, Klaus/Maier, Ronald (2018): Wissen 4.0 – Wissensmanagement im digitalen Wandel, online verfügbar unter http://north-online.de/documents/North_WM-4-0_ Wissensmgmt-Wandel.pdf (abgerufen am 26.03.2023).

Petrick-Löhr, Christina (2021): Wenn Nähe die Wahrnehmung verzehrt. Personalwirtschaft v. 8.9.2021, online verfügbar unter https://www.personalwirtschaft.de/news/hr-organisation/proximity-bias-remote-worker-96257/ (abgerufen am 31.01.2021).

Purvanova, Radostina K./Bono, Joyce E. (2009): Transformational leadership in context: Face-to-face and virtual teams, The Leadership Quarterly 20(3), 343–357, https://doi.org/10.1016/j.leaqua.2009.03.004.

softgarden (2021): Umfrage: The New Era of Work, Teil 3: Future of Leadership, online verfügbar unter https://go.softgarden.com/de/study/future-of-leadership-teil-3/ (abgerufen am 02.01.2023).

Schrage, Michael/Schwartz, Jeff/Kiron, David/Jones, Robin/Buckley, Natasha (2020): Opportunity Marketplaces, Aligning Workforce Investment and Value Creation in the Digital Enterprise, MIT Sloan Management Review and Deloitte, online verfügbar unter https://www2.deloitte.com/content/dam/Deloitte/rs/Documents/human-capital/ DI_Opportunity-Marketplaces.pdf (abgerufen am 05.02.2022).

Spreitzer, Gretchen (2008): Taking stock, A review of more than twenty years of research on empowerment at work, In: The SAGE handbook of organizational behavior, Vol. 1: Micro approaches, Los Angeles: SAGE.

Webster, J./Wong, W. K. P. (2008): Comparing traditional and virtual group forms: identity, communication and trust in naturally occurring project teams, The International Journal of Human Resource Management 19(1), 41–62, https://doi.org/10.1080/09585190701763883.

Weise, Dirk F. K. (2021): Führen im hybriden Arbeitsumfeld 2021, online verfügbar unter https://www.weise-entwicklung.de/wp-content/uploads/2021/06/whitepaper_ hybrides_arbeitsumfeld.pdf (abgerufen am 31.01.2021).

Winkler, Katrin/Bramwell, Nicola (2020): Connectedness, Leadership for a changing world, Bornem, Linchpin Books.

Winkler, Katrin/Bramwell, Nicola (2021): Connecting Confidence and Aptitude, How to Succeed as a Woman in Leadership, Belgium: Linchpin Books.

Winkler, Katrin/König, Svenja/Heß, Claudia (2022): Management und Führung hybrider Teams, online verfügbar unter https://www.econstor.eu/handle/10419/251054 (abgerufen am 02.10.2022).

Kommunikation in hybriden Arbeitsmodellen

4 Die Rolle der internen Kommunikation

Sandra Niedermeier, Katrin Winkler, Svenja König

4.1 Die zunehmende Bedeutung der internen Kommunikation in der hybriden Arbeitswelt

Der internen Kommunikation kommt in der hybriden Arbeitswelt eine ganz neue Bedeutung zu. War sie zuvor einer von vielen Kommunikationskanälen, entwickelt sie sich zunehmend zu der Informationsquelle, die die Mitarbeitenden mit dem Unternehmen verbinden soll. Wird die Kommunikation vernachlässigt, besteht die Gefahr, dass wichtige Informationen nur Teile der Belegschaft erreichen oder untergehen (Micklethwait, 2021).

> »Es ist an der Zeit, die gesamte Organisation entlang der Frage ›Wie arbeiten wir zusammen?‹ strategisch aufzustellen. Und die Mitarbeitenden als Individuen mit ihren unterschiedlichen Bedürfnissen und Kenntnissen auf die digitale Reise zu nehmen.
> Hier ist die Interne Kommunikation künftig extrem gefordert. Sie steht vor der Herausforderung – und damit zugleich vor der Chance –, die Menschen und die gesamte Organisation für die hybride Arbeitswelt fit zu machen.«
>
> Mikša (2022)

Dieses Zitat von Mikša (2022) verdeutlicht eine Schlüsselrolle, die der internen Kommunikation bei der Neuaufstellung in puncto digitaler Kommunikation und Kollaboration für den Erfolg eines Unternehmens zukommt. Dies geht mit neuen Aufgaben, Herausforderungen, aber auch Chancen einher (ebd.).

Um Mitarbeitenden und Führungskräften Orientierung zu bieten und ihre Bereitschaft, die Prozessoptimierung mitzugestalten, zu fördern, identifiziert Buchholz (2021) die Notwendigkeit der internen Kommunikation, um Unternehmensprozesse und Zusammenhänge so transparent wie möglich zu machen. Aufgrund der Dynamik des Unternehmensumfeldes ist eine kontinuierliche Anpassung der Unternehmensprozesse erforderlich. Dazu bedarf es Mitarbeitender, die die Bereitschaft und Fähigkeit zur aktiven Beteiligung an solchen wiederkehrenden Anpassungsprozessen zeigen. Buchholz (2021) betont die Unerlässlichkeit der Kommunikation zur Förderung von Partizipation und Kollaboration, die ein Schlüsselelement in der Bewältigung der besonderen Herausforderungen der VUCA-Welt bilden. Wesentlich dafür sind Effekte der agilen Zusammenarbeit, die unterschiedliche Handlungsoptionen offerieren und auf diese Weise entscheidend für die Wettbewerbsfähigkeit sind (ebd.). Im Kontext der

Agilität hat die interne Kommunikation daher einen hohen Stellenwert (Einwiller et al., 2021b). Ein wichtiger Beitrag der organisationsinternen Kommunikation ist in der Reduzierung von Komplexität, der Begleitung von Aushandlungsprozessen und der Unterstützung selbstorganisierten Handelns entsprechend eines effektiven Einsatzes von Ressourcen zu sehen (Jecker/Huck-Sandhu, 2020).

Unter der Betrachtung neuer, agilerer und oftmals komplexerer Aufgaben ist ein Bewusstsein für die Rolle der internen Kommunikation über die Bereitstellung von Informationen hinaus in der Motivation der Mitarbeitenden zur aktiven Beteiligung und einer Stärkung des Zugehörigkeitsgefühls wesentlich. Organisationen sehen sich in der Gestaltung der internen Kommunikation zur Bewältigung des Spannungsfeldes aus Infektionsschutz, wechselnder Präsenz und Motivation herausgefordert. (Micklethwait, 2021)

In diesem Beitrag sollen nun – ausgehend von einer detaillierteren Betrachtung der konkreten Herausforderungen für die interne Kommunikation – entsprechende Ansätze und Möglichkeiten, um die Ziele der internen Kommunikation virtuell zu erreichen, aufgezeigt werden.

4.2 Grundlagen der organisationsinternen Mitarbeiterkommunikation

Bevor die spezifischen Herausforderungen näher betrachtet werden, mit der sich die interne Kommunikation im Kontext einer zunehmenden Virtualisierung konfrontiert sieht, soll ein gemeinsames Verständnis des Begriffs »organisationsinterne Mitarbeiterkommunikation« als zentraler Untersuchungsgegenstand dieses Beitrags hergestellt werden.

4.2.1 Begriffsbestimmung und Elemente der organisationsinternen Mitarbeiterkommunikation

Einwiller et al. (2021b, S. 5) zufolge beinhaltet die organisationsinterne Mitarbeiterkommunikation »alle kommunikativen und informativen Vorgänge, in denen Organisationsmitglieder in ihrer Rolle als Mitarbeitende adressiert werden oder selbst kommunizieren. Die handelnden Akteure sind Top-Manager und professionelle Kommunikationsabteilungen bzw. Kommunikatoren oder deren Dienstleister (Kommunikationsagenturen) ebenso wie Mitarbeitende auf allen Hierarchieebenen.«

Anhand dieser Begriffsbestimmung lassen sich gleich mehrere Ebenen der internen Kommunikation erkennen (Micklethwait, 2021). So werden von Einwiller et al. (2021b) als drei Elemente des Handlungsfeldes der organisationsinternen Mitarbeiterkommunikation bestimmt:

- die interne Unternehmenskommunikation
- die Führungskommunikation
- die interne Peer-to-Peer-Kommunikation

Nachfolgend werden diese Elemente im Einzelnen kurz genauer beschrieben:

Bausteine der organisationsinternen Mitarbeiterkommunikation

- **Interne Unternehmenskommunikation**

  Mit der internen Unternehmenskommunikation wird die »Kommunikation des Top-Managements bzw. der durch sie mandatierten Kommunikationsfachleute mit allen Mitarbeitenden ungeachtet ihrer Position oder Hierarchieebene [...] bezeichnet« (Einwiller et al., 2021b, S. 7). Sie beinhaltet dabei auch den speziellen Bereich der Führungskräftekommunikation. Nach Voß und Röttger (2021, S. 260) schließt diese zum einen die Kommunikation zwischen Unternehmensleitung und Führungskräften und zum anderen aber auch die Kommunikation der Führungskräfte untereinander ein. Als Ziel der Führungskräftekommunikation besteht dabei die Ausgestaltung der Führung im Unternehmen in solcher Weise, »dass sie im Sinne der Unternehmensleitung erfolgt« (ebd.).

  Dabei handelt es sich bei der internen Unternehmenskommunikation um denjenigen Funktionsbereich, der in der Unternehmenspraxis in der Regel als »interne Kommunikation« bezeichnet wird. Mithilfe der innerhalb der internen Unternehmenskommunikation durchgeführten oder unterstützten Informations- und Kommunikationsaktivitäten kommt ihr eine Orientierungs-, Informations-, Motivations- und Integrationsfunktion innerhalb der Organisation zu. Die Funktionen werden im nächsten Kapitel gemeinsam mit einer detaillierten Betrachtung der Ziele der internen Kommunikation noch einmal genauer in den Blick genommen.

- **Führungskommunikation**

  Als weiterer Baustein neben der internen Unternehmenskommunikation lässt sich die Führungskommunikation nach Sackmann (2021, S. 239) als »Kommunikation im Führungsprozess, die direkt/persönlich und indirekt/schriftlich/technisch vermittelt erfolgen kann, dem Erreichen von Zielen dient, hierfür den Organisationsmitgliedern die notwendigen Informationen bereitstellt und sich dabei unterschiedlicher Kommunikationsmedien und -instrumente bedient« definieren. Diese Begriffsbestimmung erfolgt ausgehend von einem breiter gefassten Verständnis von Führung als Einflussprozess zum Erreichen von Zielen (ebd.). So hat die Führungskommunikation zum Gegenstand, »das Potenzial der Mitarbeitenden [auf eine solche Weise] zu fördern, dass es für Organisationsziele fruchtbar gemacht wird« (Einwiller et al., 2021b, S. 6). Die Führungskommunikation richtet sich als Adressaten an sämtliche Mitglieder eines Unternehmens bzw. einer Organisation (ebd.).

- **Peer-to-Peer-Kommunikation**

  Unter der Peer-to-Peer-Kommunikation wird die »informelle Kommunikation im Kollegenkreis oder darüber hinaus mit anderen Organisationsmitgliedern« (Einwiller et al., 2021b, S. 6) begriffen. Sie erfolgt grundsätzlich in der Form von »Soft-communication«

(ebd., S. 11). Diese umfasst nach Kleinberger (2021, S. 454) »die ungesteuerte, spontane, allenfalls auch wenig strukturierte Kommunikation im Unternehmen zwischen den Mitarbeitenden auf allen hierarchischen Stufen«. Hierbei ist sie nicht auf den mündlichen Austausch beschränkt, sondern kann ebenso schriftlich erfolgen (Einwiller et al., 2021b). Die Kommunikation der Mitarbeitenden ist wichtig für den betrieblichen Alltag (Kleinberger, 2021) und kann durch die interne Unternehmenskommunikation mit dem Angebot entsprechender Plattformen für die interne Peer-to-Peer-Kommunikation sinnvoll unterstützt und gefördert werden (Einwiller et al., 2021b).

4.2.2 Herausforderungen der internen Kommunikation

Die zunehmend virtuelle Arbeitswelt bringt verschiedene Anforderungen bei der Kommunikation mit und zwischen den Mitarbeitenden mit sich. Als zehn große Herausforderungen der virtuellen Arbeitswelt für die interne Kommunikation lassen sich dabei nach Ergebnissen einer Umfrage der Universität Wien (Stranzl et al., 2021) die nachfolgenden Aspekte identifizieren:

Die erste Herausforderung betont die **Sicherstellung des technischen Zugangs** und zielt auf die Verfügbarkeit der notwendigen Hard- und Software ab (Stranzl et al., 2021). Auf eine solche Herausforderung, wie sie die besonderen Anforderungen an eine technisch reibungslose Funktionsfähigkeit der eingesetzten digitalen Tools bergen, nehmen auch Einwiller et al. (2021b) Bezug. Micklethwait (2021) verdeutlicht, dass mangelhafte technische Voraussetzungen zu einer Behinderung der internen Kommunikation und zusätzlich zu einer Verschlechterung des Informationsflusses innerhalb der Organisation führen.

Als weitere Herausforderung wird auf die **Mitgestaltung des virtuellen Arbeitsumfeldes** verwiesen. Unterschiedliche Wissensstände der Arbeitnehmenden darüber, wie Arbeit und Kommunikation digital und virtuell stattfinden können, bringen bei vielen Mitarbeitenden die Notwendigkeit der Schulung in der effektiven Nutzung digitaler Werkzeuge mit sich. Um die notwendige Unterstützung bereitzustellen, ist es wichtig, dass interne Kommunikationsexpert:innen und Kolleg:innen aus IT und HR zur gemeinsamen Gestaltung einer funktionierenden virtuellen Arbeitsumgebung eng zusammenarbeiten. (Stranzl et al., 2021)

Eine dritte Herausforderung ist überdies im **Gewinnen eines Einblicks in die Bedürfnisse und Schwierigkeiten der Mitarbeitenden** zu sehen. Dieser Einblick wird möglich, indem man mit den Mitarbeitenden in Dialog tritt – bzw. diese untereinander. Der Einblick entsteht nicht durch die reine Verteilung von Informationen. Es bedarf nicht nur inhaltlicher Informationen zur Tätigkeit von Mitarbeitenden, sondern umfassenderer Informationen über die Bedürfnisse, Wünsche und Schwierigkeiten der

Belegschaft, damit Fachleuchte für interne Kommunikation eine entsprechende Anpassung ihrer Kommunikationsformate und Botschaften vornehmen können. In diesem Zusammenhang wird zudem zur Verbesserung der Kommunikation und damit des Arbeitsklimas auf die wichtige Bedeutung hingewiesen, die das Zuhören sowie die Auswertung von Kommunikationsmaßnahmen und Mitarbeiterfeedback einnehmen. (ebd.)

Mit der Herausforderung der **mitarbeiterzentrierten Kommunikation** wird schließlich Bezug auf die Schwierigkeit genommen, die richtigen Kommunikationskanäle zu identifizieren und zu nutzen. Dies ist entscheidend, um Informationen an alle Mitarbeitenden weiterzuleiten und die richtige interne Zielgruppe mit den richtigen Botschaften zum richtigen Zeitpunkt zu erreichen. Gleichzeitig gilt es, Informationsflut zu vermeiden (ebd.). Bernardy et al. (2021) verweisen diesbezüglich auf die Gefahr einer weniger bewussten Verarbeitung von Informationen, die ein Überfluss an Informationen mit sich bringt, und bestimmen daraus zugleich im Hinblick auf bestehende Herausforderungen in einer Ungleichverteilung von Informationen die wichtige Aufgabe der Führungskraft, sich einen guten Überblick über den Informationsfluss im Team und dessen aktiver Steuerung zu bewahren.

So sind unter den Herausforderungen insbesondere auch neue Anforderungen für Führungskräfte zu betonen. Diese müssen sich verstärkt in einer Rolle als Beziehungsmanager mit der Aufgabe begreifen, den aktiven Austausch mit ihren Mitarbeitenden zu fördern (Einwiller et al., 2021b). Entsprechend bestimmen Stranzl et al. (2021) als eine der zehn Herausforderungen die **Unterstützung der Führungskräfte bei einer authentischen und transparenten Kommunikation**. In einem zunehmend virtuellen Arbeitsumfeld bedarf es anderer Kommunikationsstile und -fähigkeiten der Führungskräfte, wobei Transparenz, Authentizität und eine »angemessene« Emotionalität bestimmende Faktoren einer hohen Effektivität der Kommunikationsbemühungen von CEOs und anderen Topmanagern sind (ebd.). In Zeiten des Wandels stehen Führungskräfte viel mehr im Fokus und müssen, um als Vorbilder für ihre Mitarbeitenden zu agieren, die (neue) digitale Mentalität vertreten (ebd.). Auf eine entsprechende Anforderung an den Aufbau und die kontinuierliche Weiterentwicklung eines digitalen Mindsets, wie sie für Führungskräfte, insbesondere auch hybrider Teams, besteht, wird ausführlich im Beitrag »Führung in hybriden Arbeitsmodellen« dieses Buchs Bezug genommen.

Neben solchen spezifischen Anforderungen an eine Führungskraft ist eine weitere Herausforderung in der **Befähigung von Mitarbeitenden und Führungskräften zur effektiven Kommunikation** zu sehen (Stranzl et al., 2021). Diese steht im Zusammenhang mit Anforderungen, die die Arbeit in einem zunehmend virtuellen und flexiblen Arbeitsumfeld an einen selbstbewussteren Arbeits- und Kommunikationsstil stellt (Einwiller, 2022). Hierbei nehmen Fachleute für interne Kommunikation gemeinsam mit ihren Kolleg:innen aus der Personalabteilung die Rolle als Moderator:innen ein (Stranzl et al., 2021). Neben der Weiterbildung von Mitarbeitenden und Führungs-kräften in der effektiven Nutzung digitaler Tools und Anwendungen befähigen sie diese ebenso zu einer überzeugenden und effektiven Kommunikation innerhalb ihrer Teams und Abteilungen sowie mit anderen Organisationsmitgliedern (ebd.).

Als weitere Herausforderung heben Stranzl et al. (2021) als wichtigen Baustein für eine effektive und integrative Kommunikation die Bereitschaft interner Kommunikations-expert:innen, **neue Fähigkeiten zu erlernen**, hervor. Entscheidend dafür sind die in einem zunehmend virtuellen Arbeitsumfeld steigenden Anforderungen an interne Kommunikatoren. Diese bestimmen sich in hoher Innovativität, flexiblen Reaktionen auf die neuen Herausforderungen und Inspiration durch das Feedback der Mitarbei-tenden. (ebd.)

Überdies sieht sich die interne Kommunikation mit der Herausforderung bei der **Mi-nimierung des Risikos einer Zweiklassengesellschaft** konfrontiert. Im Kontext der zunehmenden Virtualität besteht die Gefahr, dass Mitarbeitende, die keinen Bürojob haben und ihre Arbeit vor Ort ausüben müssen, vom Kommunikationsfluss ausge-schlossen werden. Dies kann zur Entstehung einer Zweiklassengesellschaft innerhalb der Organisation führen. Kommunikationsfachleute müssen sich dieses Problem be-wusst machen und sich um die Entwicklung einer integrativen, alle Mitarbeitenden einbeziehenden Kommunikationsstrategie bemühen (ebd.). Hierbei ist es wichtig, bei der Entwicklung der Kommunikationsstrategie die Anforderungen unterschiedlicher Nachrichten an verschiedene Formate zu berücksichtigen (Daniel, 2020). Insbesonde-re zu Beginn stellt sich die Auswahl des passenden Tools für die jeweilige Aufgabe als herausfordernd dar. Dies ist insbesondere in den von den einzelnen Mitarbeitenden bevorzugten unterschiedlichen Kommunikationsmodi begründet (ebd.).

Eine Herausforderung besteht in der **Unterstützung des Kulturwandels**. Interne Kommunikationsfachleute sind gefordert, für die Entwicklung zukunftsfähiger Ar-beits- und Kommunikationsformen noch enger als bislang mit anderen Bereichen zu-sammenzuarbeiten, insbesondere der IT- und Personalabteilung. Sie müssen zugleich das Bewusstsein bilden und die gesamten Organisation in ihrer Veränderung hin zu einer Kultur der Flexibilität unterstützen. Dies ist in Organisationen mit einer starken Kultur der Präsenz besonders schwierig. (Stranzl et al., 2021)

Abschließend wird auf erhöhte Anforderungen, **die Ziele der internen Kommunika-tion zu erreichen**, die im Commitment, Engagement und in der Partizipation bestehen, hingewiesen (ebd.). Durch den eingeschränkten persönlichen Kontakt bei der virtu-ellen Zusammenarbeit wird die Bindung und Motivation der Mitarbeitenden (ebd.) sowie die Förderung der Integration, Identifikation und eine starke Unternehmens-kultur erschwert (Einwiller et al., 2021b). So müssen neue Formate entwickelt werden, die die Ansprache und Einbindung aller Mitarbeitenden, auch derjenigen, die vor Ort arbeiten, ermöglichen. Deshalb ist es notwendig, die spezifischen Bedürfnisse und Anliegen der Mitarbeitenden zu ermitteln (Stranzl et al., 2021). Herausforderungen, wie sie insbesondere für das Erreichen der entsprechenden Kommunikationsziele, wie beispielsweise die Aufrechterhaltung der emotionalen Bindung der Mitarbeitenden an das Unternehmen und die Förderung des Engagements sowie die Aufrechterhaltung und Pflege der Kommunikationsbeziehungen bestehen, werden auch von Einwiller (2022) betont.

Die genannten Herausforderungen sollen den Ausgangspunkt dafür bilden, um solche Ziele und Aufgaben der internen Kommunikation im Folgenden genauer in den Blick zu nehmen und davon ausgehend Gestaltungsmöglichkeiten und Wege, um diese Ziele virtuell zu erreichen, näher zu betrachten.

4.2.3   Ziele der internen Kommunikation

Zum Verständnis der Rolle, die die interne Kommunikation einnimmt, und der Veränderung dieser Rolle in einem zunehmend virtuellen Arbeitsumfeld hilft es, einen Blick auf die Ziele der internen Kommunikation zu werfen. Diese sind die Grundlage dafür, um daran anschließend neue Möglichkeiten und Ansätze zur virtuellen Lösung dieser Ziele zu betrachten.

Von einer Wirkung ausgehend, die kommunikative und informative Vorgänge sowohl auf die Mitarbeitenden selbst als auch auf die Leistungsfähigkeit und den Erfolg der Organisation haben, können in der Betrachtung entsprechender Ziele mitarbeiterbezogene und organisationsbezogene Ziele differenziert werden (Einwiller et al., 2021b).

Als zwei grundlegende Zielsetzungen im Bereich der mitarbeiterbezogenen Ziele sind nach Barkela et al. (2021) das **Wohlbefinden am Arbeitsplatz** und die **Arbeitszufriedenheit** zu betonen. Zugleich stellen sie zwei weitere wichtige Zielsetzungen in einem **Gefühl der Verbundenheit**, das die Mitarbeitenden mit der Organisation empfinden, sowie der **Motivation der Mitarbeitenden** heraus (ebd.).

In der Ausrichtung auf diese Ziele erfüllt die Mitarbeiterkommunikation eine **Integrations- bzw. Sozialfunktion** und eine **Motivationsfunktion** (Einwiller et al., 2021b). Indem die mitarbeiterbezogenen Ziele und Wirkungen weiterhin auf das Verhalten der Mitarbeitenden wie deren Arbeitsleistung, Fluktuationsneigung oder Bewerbungsabsicht wirken, beeinflussen sie schließlich indirekt auch die organisationsbezogenen Ziele und Wirkungen, d. h. die für den Organisationserfolg wichtigen materiellen und immateriellen Werte (ebd.). Barkela et al. (2021) ordnen Arbeitsleistung, Fluktuationsvermeidung (bzw. im positiven Sinne Loyalität) und Wissensmanagement den organisationsbezogenen Zielen zu. Zudem lassen sich auch immaterielle Werte wie Reputation, Marke und Unternehmenskultur den organisationsbezogenen Zielen zurechnen (Einwiller et al., 2021b). Im Hinblick auf die organisationsbezogenen Ziele hat die Mitarbeiterkommunikation eine Informations- und eine Orientierungsfunktion (ebd.). Mit dem Erreichen dieser Ziele ist es schließlich möglich, alle im Communication Value Circle (Zerfaß/Volk, 2019, S. 223) beschriebenen übergeordneten Kommunikationsziele zu realisieren.

Die nachfolgende Abbildung dient dazu, die zuvor beschriebenen Zusammenhänge noch einmal zu verdeutlichen:

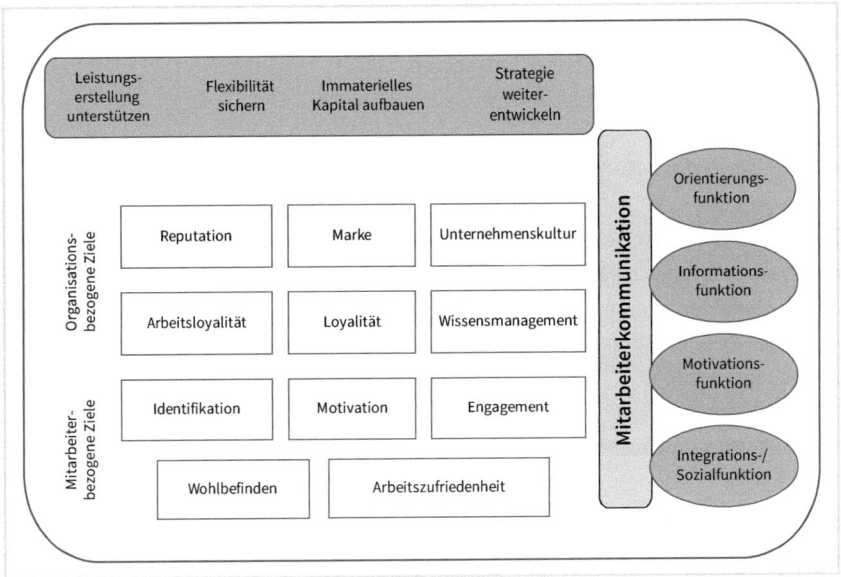

Ziele und Funktionen der organisationsinternen Mitarbeiterkommunikation, Quelle: Einwiller et al., 2021b, S. 16

Ausgehend von einer solchen übergeordneten Betrachtung werden im Folgenden vier Ziele der internen Kommunikation genannt (Stranzl et al., 2021):

Cohesion (Zusammenhalt)

Als ein wichtiges Ziel wird der Zusammenhalt herausgestellt (Ruga, 2014). Zusammenhalt meint das Ausmaß, in dem die Mitarbeitenden innerhalb der Organisation ein Gefühl der Zusammengehörigkeit empfinden. Der Zusammenhalt kann von einer niedrigen bis hohen Ausprägung variieren, wobei das Empfinden eines solchen Zusammenhalts dazu beiträgt, das grundlegende Bedürfnis nach Einbindung und Zugehörigkeit zu erfüllen (Stranzl et al., 2021). Aus dem wahrgenommenen Zusammenhalt lassen sich positive Effekte auf die Bereitschaft der Mitarbeitenden bestimmen, sich

z. B. ohne die Erwartung einer entsprechenden Gegenleistung über die geforderte Aufgabe oder Rolle hinaus für das Unternehmen einzusetzen.

Gleichzeitig ist eines der herausforderndsten Ziele für die Kommunikation, diesen Zusammenhalt zu schaffen. In der Studie der Universität Wien (Stranzl et al., 2021) zeigte sich beispielsweise, dass die seltene persönliche Interaktion mit Kolleg:innen dazu führt, dass die Mitarbeitenden ein geringeres Gefühl des Zusammenhalts empfinden. Ursächlich dafür ist eine durch die Remote-Arbeit nicht nur geschaffene physische Distanz, sondern ebenso psychische Distanz (ebd.).

Participation (Mitarbeiterbeteiligung)
Als weiteres Ziel der internen Kommunikation schließt die Mitarbeiterbeteiligung die Vielzahl eingesetzter Mechanismen ein, um Arbeitnehmende auf allen Ebenen der Organisation an organisatorischen Prozessen und Entscheidungen zu beteiligen (Wilkinson et al., 2010). Im Kontext interner Kommunikation bedeutet dies die direkte Beteiligung durch Interaktion zum Beispiel über interne soziale Medien (Stranzl et al., 2021). Mitarbeitende zur Beteiligung an organisatorischen Prozessen und Aktivitäten zu ermutigen ist wichtig (Einwiller et al., 2021a). So lassen sich in vielen Untersuchungen ganz generell positive Wirkungen auf die Zufriedenheit der Mitarbeitenden feststellen, wenn sie die Möglichkeit haben, sich aktiv an der Entscheidungsfindung zu beteiligen (Atouba, 2021).

Vor dem Hintergrund solcher positiven Wirkungen durch Beteiligung kann die räumliche Distanz in der virtuellen Zusammenarbeit die Beteiligung der Mitarbeitenden erschweren. So wird in den Aussagen einiger Mitarbeitenden aus der genannten Studie der Universität Wien deutlich, dass bei der Äußerung über virtuelle Kanäle Angst vor einer falschen oder unangemessenen Aussage bestehen kann (Stranzl et al., 2021). Zur Erleichterung der Beteiligung ist die interne Kommunikation gefordert, einen ähnlichen Wissensstand der Mitarbeitenden zu gewährleisten (ebd.).

Affective Commitment (Bindung und Identifikation)
Neben den Zielen des Zusammenhalts und der Mitarbeiterbeteiligung betonen Stranzl et al. (2021) ein drittes Ziel: Commitment. Sie verstehen darunter die individuelle emotionale Bindung an die und die Identifikation eines Mitarbeitenden mit der Organisation. Es ist der Wunsch, ein Mitglied der Organisation zu bleiben (Allen/Meyer, 1990). Als positive Wirkungen eines solchen Commitments zeigen bestehende Untersuchungen hierbei einen Schutz vor Stressfaktoren am Arbeitsplatz auf und verdeutlichen zugleich, dass sich Mitarbeitende mit einer emotionalen Bindung an die Organisation eher engagieren (Einwiller et al., 2021a; Meyer et al., 2002).

Während eine emotionale Bindung und Identifikation der Mitarbeitenden in Zeiten geringerer Virtualität durch Mitarbeiterveranstaltungen, Flurgespräche sowie abteilungsübergreifende Besprechungen vergleichsweise leicht zu erreichen war, ist dies nun zur Herausforderung geworden. Durch die räumliche Trennung von Kolleg:innen, wie sie die Telearbeit mit sich bringt, entstehen erschwerte Bedingungen für die Erzielung und Aufrechterhaltung des Commitments (Stranzl et al., 2021). Auch hier ist es das Ziel der internen Kommunikation, die Bindung und Identifikation der Mitarbeitenden zu gewährleisten. Hilfreich sind hier beispielsweise interne Social-Media-Aktivitäten.

Job Engagement and Motivation (Engagement und Motivation)
Ein viertes Ziel wird abschließend im beruflichen Engagement und der Motivation bestimmt. Dieses Ziel bemisst sich nach dem Grad der Aufmerksamkeit und Vertiefung der Mitarbeitenden in die Erfüllung ihrer Aufgaben (Saks, 2006). Es schließt kognitive, emotionale und Verhaltenskomponenten wie beispielsweise das Einbringen von Ideen ein. Dabei zeigt es sich, dass das Erreichen des Ziels von der erlebten Sinnhaftigkeit der Tätigkeit sowie der Verfügbarkeit arbeitsrelevanter physischer, psychischer und emotionaler Ressourcen abhängig ist (Kahn, 1990). Positive Wirkungen des Engagements sind im Wesentlichen mit einer höheren Arbeitszufriedenheit der Mitarbeitenden und besseren Leistungen sowie einer höheren Bereitschaft zu außerberuflichem Engagement verbunden (Biswas/Bhatnagar, 2013; Saks/Gruman, 2014). Positive Wirkungen zeigen sich auch darin, dass engagierte Mitarbeiter eher zu positiver Kommunikation über ihr Unternehmen neigen sowie ihren Job seltener kündigen (Kang/Sung, 2017; Shen/Jiang, 2019). Das Ziel, Engagement und Motivation kommunikativ zu fördern, ist eine wichtige Verantwortung der Führungskraft. Interne Kommunikator:innen nehmen dafür zunehmend die Rolle von Coaches ein, die Führungskräfte auf allen Hierarchieebenen befähigen, das Engagement und die Motivation der Mitarbeitenden zu fördern zu (Stranzl et al., 2021).

Bereits mehrfach wurde auf die Herausforderung hingewiesen, die die zunehmende Virtualisierung der Arbeitswelt – einhergehend mit einer größeren physischen Distanz und auch verstärkten emotionalen Distanzierung – für die Aufrechterhaltung der emotionalen Bindung mit sich bringt (Einwiller, 2022). Gleichzeitig wurde zuvor die Bedeutung betont, die die emotionale Bindung von Mitarbeitenden für einen besseren Schutz vor den Stressoren der Arbeitswelt einnimmt. Zugleich hat sie positive Wirkungen auf das Engagement der Mitarbeitenden (Einwiller et al., 2021a; Meyer et al., 2022).

Ergebnisse einer Befragung von 600 Mitarbeitenden an der Universität Wien (Einwiller, 2022) machten einen deutlich stärkeren Einfluss einer beziehungsorientierten Kommunikation auf die emotionale Bindung transparent. Als weiterer wichtiger Befund der Befragung zeigte sich zudem ein starker Einfluss, den die emotionale Bindung der Arbeitnehmenden, wie zuvor kurz skizziert, auf deren Arbeitsengagement hat (ebd.; Stranzl et al., 2021).

Diese Zusammenhänge sollen mit der nachstehenden Abbildung noch einmal verdeutlicht werden:

Zusammenhänge zwischen Kommunikation, Bindung und Engagement; eigene Darstellung in Anlehnung an Einwiller 2022, S. 25

Nach Einwiller (2022) sind zwei wichtige Dimensionen der beziehungsorientierten Kommunikation die Partizipation und die Wertschätzung. Darunter versteht Einwiller (2022) beispielsweise konkret das Einholen von Feedback der Mitarbeitenden und das Herausfinden ihrer Bedürfnisse sowie die Wertschätzung der Mitarbeitende durch Kommunikation mit ihnen. So zeigen die Ergebnisse der Befragung, dass eine Wertschätzung vermittelnde und auf Partizipation ausgerichtete Kommunikation ein starker Hebel zur Förderung der emotionalen Bindung und damit des Arbeitsengagements ist. Die interne Kommunikation hat demgegenüber die Aufgabe, Informationen zur Verfügung zu stellen sowie deren Relevanz, Verständlichkeit, Richtigkeit und Zuverlässigkeit abzusichern (ebd.).

Das folgende Kapitel ordnet nun jedem der genannten Ziele konkrete Maßnahmen der internen Kommunikation im hybriden Kontext zu.

4.2.4   Ziele der internen Kommunikation in hybriden Kontexten erreichen

Um die Hauptziele der internen Kommunikation unter anderem bei der Bindung und Partizipation der Mitarbeitenden zu erreichen, bedarf es Kreativität und neuer Ansätze (Akademische Gesellschaft für Unternehmensführung & Kommunikation, o. J.). Diese sollen anknüpfend an die vorherige Betrachtung der Ziele im folgenden Kapitel erläutert werden. Nachdem zuvor die beziehungsorientierte Kommunikation als wesentlicher Rahmen dargestellt wurde, geht es nachstehend darum, in einer differenzierten Betrachtung für jedes der einzelnen Ziele konkrete Maßnahmen aufzuzeigen.

Commitment (emotionale Bindung und Identifikation)

Zu der Frage nach der Unterstützung, die interne Kommunikation leisten kann, die Mitarbeitenden virtuell zum Engagement (im zuvor beschriebenen Verständnis) zu überzeugen, wird in einem Beitrag der Akademischen Gesellschaft für Unternehmensführung und Kommunikation (o. J.), in dem die Ergebnisse einer Umfrage der Universität Wien (Stranzl et al., 2021) zusammengefasst werden, das **Etablieren informeller Events** vorgeschlagen. Dazu gehören gemeinsame virtuelle Mittagessen oder auch Online-Escape-Room-Spiele zum Ausgleich des fehlenden persönlichen Kontakts. Darüber hinaus wird auf Möglichkeiten verwiesen, die Unternehmensveranstaltungen wie **virtuelle Townhall-Meetings** sowie **virtuelle Dialogformate** mit Führungskräften bieten, um Nähe zu schaffen und die Mitarbeitenden über Ziele, Werte und zukünftige Entwicklungen zu informieren (ebd.). Das Beispiel Microsoft zeigt, wie dort die Idee eines Townhall-Meetings mithilfe der App »Company Communicator« in die Praxis umgesetzt wurde – mit der Deutschland-Chefin Dr. Marianne Janik und dem Leadership Team auf der Bühne im #OfficeMitWindows in München und via Livestream (Microsoft, 2021). Diese Townhall-Meetings finden vierteljährlich für alle Mitarbeitenden in Deutschland statt. Die Meetings werden als Live-Event über Microsoft Teams organisiert, zu dem Moderator:innen und Sprecher:innen aus dem Homeoffice zugeschaltet werden (ebd.).

Abschließend wird die Bedeutung betont, die Anerkennung, Wertschätzung und Unterstützung – beispielsweise in Form der Auszeichnung besonderer Leistungen – insbesondere auf Distanz einnehmen, um das Engagement der Mitarbeitenden zu fördern (Akademische Gesellschaft für Unternehmensführung & Kommunikation, o. J.).

Daniel (2020) stellt dabei die besondere Bedeutung des Bewusstseins für den Tonfall heraus. Eine bewusste Kommunikation und das Entgegenbringen von Wertschätzung haben in der digitalen Zusammenarbeit einen höheren Stellenwert. Insbesondere bei überwiegend schriftlicher Kommunikation per E-Mail oder im Chat können harmlose Sätze durch das Fehlen von Tonfall, Mimik und Gestik oft härter als gemeint wirken. Entsprechend gibt Daniel (2020) den Tipp, »netter als nett [zu] sein« und in einer bewussten Einstellung auf das Gegenüber über die reine Information auf der Sachebene hinaus ebenso Wertschätzung zu vermitteln. Zugleich weist er daraufhin, dass ein Beitrag zur Pflege eines guten Klimas auch darin bestehen kann, dem Gegenüber Unterstützung anzubieten. (ebd.)

Engagement

Zur Frage, wie interne Kommunikation Führungskräfte zur Steigerung der Motivation ihrer Mitarbeitenden in einem virtuellen Arbeitsumfeld befähigen kann, verweist der zusammenfassende Beitrag der Akademischen Gesellschaft für Unternehmensführung und Kommunikation (o. J.) auf den Einsatz interner Kommunikator:innen in der Funktion als Führungskräfte-**Coach**. Darüber hinaus wird dort die Bedeutung regelmäßiger Treffen der Führungskräfte mit Kommunikationsexpert:innen betont, um gemeinsam Herausforderungen und Lösungen zu erörtern. Abschließend benennt der Beitrag als Instrument ebenso die Durchführung von Befragungen, um Aufschluss über die Bedürfnisse und Anliegen der eigenen Mitarbeitenden zu erhalten.

Beteiligung

Damit die interne Kommunikation sicherstellt, dass sich alle Mitarbeitenden gleichermaßen virtuell beteiligen können, betont der zusammenfassende Beitrag der Akademischen Gesellschaft für Unternehmensführung und Kommunikation (o. J.) die wichtige Rolle interner sozialer Medien. Dafür ist es wichtig, Dialogformate im Intranet und in internen sozialen Medien anzubieten, welche die Möglichkeit geben, Beiträge zu kommentieren, zu liken und zu teilen. Die Mitarbeitenden könnten zum Beispiel auch über die Fragen, die in den Dialogformaten mit Führungskräften gestellt werden sollen, abstimmen. Weitere Möglichkeiten eröffnen virtuelle Workshops zu bestimmten Themen und in kleinen Gruppen, um den Austausch unter den Mitarbeitenden zu fördern. Auch die Veröffentlichung von Blog-Beiträgen der Mitarbeitenden und Videostatements des CEO mit Kommentarfunktion können zu einer stärkeren Beteiligung der Mitarbeitenden beitragen.

Um Arbeitnehmende bestmöglich an der Kommunikation teilhaben zu lassen, empfiehlt Micklethwait (2021) ähnlich zu einer solchen Kommentarfunktion die Förderung von (regelmäßigen) Feedbackschleifen. Ein aktives Feedback nimmt einen wichtigen Stellenwert für die Gestaltung transparenter Meinungsprozesse ein (ebd.). Daniel (2020) betrachtet die Etablierung von Feedback-Loops auch in Zusammenhang mit einer höheren Bedeutsamkeit fairer Kommunikation:

> »Um Frustration zu vermeiden, gerade bei größeren Konferenz-Calls, bei denen einige der Teilnehmer vor Ort, andere extern zugeschalten sind, sollte bei der Kommunikation Fairplay herrschen. Unternehmen, die einen Übergang zu eher hybriden Arbeitspraktiken erwägen, müssen Kommunikationsmethoden ermöglichen, die Inklusivität und Mitarbeitergerechtigkeit auf Team- und Unternehmensebene fördern. Dafür sollten sie die Erfahrungen von Mitarbeitern in Heimarbeit berücksichtigen und sich in ihre Lage versetzen. Hier lohnt es sich einen Feedback-Loop zu etablieren, um frühzeitig auf mögliche Fehlentwicklungen einwirken zu können.«
>
> Daniel, 2020

Zusammenhalt

Bei der Frage nach dem Beitrag der internen Kommunikation zur Förderung des Zusammenhalts unter den Mitarbeitenden spielen virtuelle Veranstaltungen eine wichtige Rolle (Akademische Gesellschaft für Unternehmensführung & Kommunikation, o.

J.). So kann trotz fehlender Interaktion mit der Organisation ein Gefühl der Verbundenheit bei den Mitarbeitenden geweckt werden. Beispiele dafür sind After-Work-Drinks, virtuelles Yoga und virtuelles Kochen, die einen Beitrag zu einem Gefühl der Zugehörigkeit bei allen leisten können (ebd.).

Mikša (2022) betont die Förderung des Austausches zu sozialen Themen. Dabei gilt es, bewusst über reine Arbeitsinhalte hinauszugehen. Er verwendet dabei die Metapher der Unterhaltung am »digitalen Lagerfeuer«. Auch dabei nimmt die **interne Kommunikation eine wichtige Rolle** ein: Die Moderator:innen erkennen den Themenbedarf der Mitarbeitenden oder fragen ihn direkt ab, regen den Austausch an und fördern den Dialog. Vielfältige Möglichkeiten zur Überwindung der kommunikativen Distanz und zur Herstellung eines Gemeinschaftsgefühls stehen beispielsweise mit der Einrichtung von Mitarbeiter-Interessensgruppen, virtuellen Lunchdates oder einer Ideensammlung für nachhaltigeres Arbeiten zur Verfügung. (ebd.)

Darüber hinaus kann das Einschalten der Kamera aller Teilnehmerinnen und Teilnehmer bei Online-Meetings ein Beitrag zur Stärkung des Gemeinschaftsgefühls sein (Akademische Gesellschaft für Unternehmensführung & Kommunikation, o. J.). Auch andere Aspekte bei der Kommunikation in virtuellen Meetings sind wichtig:

Kommunikation in virtuellen Meetings

Erfolgreiche Kommunikation in virtuellen Meetings kann beispielsweise schon dadurch ermöglicht werden, wenn diejenigen Personen, die sich im selben Raum befinden, einen gemeinsamen Bildschirm nutzen. Dies steht in Zusammenhang mit einem erhöhten Umfang der indirekten Kommunikation, zu der die Menschen Zugang haben, z. B. wenn die Menschen Blickkontakt miteinander aufnehmen. Zugleich kann es hilfreich sein, auf eine Chatbox zu verzichten. Damit wird die Parallelkommunikation zwischen einzelnen Teilnehmenden verhindert. Auf diese Weise wird außerdem vermieden, dass unterschiedliche Eindrücke desselben Meetings entstehen.

Schließlich ist es wichtig, Zeit für Vernetzung und Beziehungsaufbau, losgelöst von geschäftlichen Themen, einzuplanen. Der Hintergrund dafür ist die wesentliche Bedeutung, die soziale Beziehungen haben, die durch informelle Interaktionen geschaffen werden, um sich bei der Arbeit Gehör zu verschaffen. Abschließend sollte ein Augenmerk darauf gelegt werden, klare Regeln für einen Redewechsel zwischen den Teilnehmenden zu gestalten. Auf diese Weise soll ein Beitrag dazu geleistet werden, das Chaos zu reduzieren und gleichzeitig ein Gefühl der Teilhabe und Teilnahme zu fördern. (West, 2021)

Zur Unterstützung des Aufbaus einer gemeinsamen Identität und damit des Zusammenhalts innerhalb der Belegschaft ist die Verwendung des Wortes »wir« in der Kommunikation von großer Bedeutung (Akademische Gesellschaft für Unternehmensführung & Kommunikation, o. J.).

4.3   Fazit

In den vorangehenden Ausführungen wurde insbesondere aus den Ergebnissen der Untersuchung der Universität Wien (Stranzl et al., 2021) deutlich, wie sich die interne Kommunikation vor dem Hintergrund der zunehmenden Virtualisierung in einem Transformationsprozess von einer Kultur der Präsenz zu einer Kultur der Flexibilität befindet. Stranzl et al. (2021) betonen in diesem Zusammenhang, dass die erfolgreiche Gestaltung einer hybriden Arbeitsumgebung auf den Beitrag interner Kommunikationsexpert:innen angewiesen ist. Mit ihrer Hilfe kann Kommunikation an den spezifischen Bedürfnissen der Mitarbeitenden nach Information, Beteiligung und Wertschätzung ausgerichtet werden. So wird im Zuge eines zunehmenden Stellenwertes der internen Kommunikation während der Pandemie darauf hingewiesen, dass internen Kommunikator:innen als Moderator:innen eine immer wichtiger werdende Rolle zukommt.

Zugleich sollte man sich Ergebnisse von Umfragen vor Augen führen, die zeigen, dass der laufende Veränderungsprozess der Virtualisierung und des hybriden Arbeitens nicht aufgehalten oder gar rückgängig gemacht werden kann. Einhergehend damit wird in einem Beitrag der Akademischen Gesellschaft für Unternehmensführung und Kommunikation (o. J.) – unter Bezugnahme auf die Ergebnisse der Umfrage der Universität Wien (Stranzl et al., 2021) – eine umso größere Bedeutung der Arbeit der internen Kommunikation betont. Wichtig sind hier im Einzelnen ein offenes Ohr für die Anliegen der Mitarbeitenden und deren Befähigung, selbstständig zu kommunizieren und neue Formate auszuprobieren.

So soll abschließend noch einmal die bedeutende Rolle hervorgehoben werden, die der internen Kommunikation im Kontext der zunehmenden Virtualisierung – über die Weitergabe von Arbeitsanweisungen und Informationen hinaus – dabei zukommt, das Zusammengehörigkeitsgefühl zu stärken und die Mitarbeitenden zur aktiven Beteiligung zu motivieren (Micklethwait, 2021).

Entsprechendes verdeutlicht die Betrachtung interner Kommunikator:innen als Business Partner für Management und HR in dem nachfolgenden Zitat:

> »Internal communicators aren't just a supplier of content and services, but they are a business partner for management and HR.«
>
> Stranzl et al., 2021, S. 4

4.4 Literatur

Akademische Gesellschaft für Unternehmensführung & Kommunikation (o. J.): Ziele der internen Kommunikation virtuell erreichen, online verfügbar unter https://www.akademische-gesellschaft.com/forschung/themen-ergebnisse/virtualisierung/interne-kommunikation/ziele/ (abgerufen am 23.10.2022).

Allen, Natalie J./Meyer, John P. (1990): The measurement and antecedents of affective, continuance and normative commitment to the organization, Journal of Occupational Psychology 63(1), 1–18. https://doi.org/10.1111/j.2044-8325.1990.tb00506.x.

Atouba, Yannick (2021): How does participation impact IT workers' organizational commitment? Examining the mediating roles of internal communication adequacy, burnout and job satisfaction, Leadership & Organization Development Journal 42(4), 580–592. https://doi.org/10.1108/LODJ-09-2020-0422.

Barkela, Berend/Glogger, Isabella/Maier, Michaela/Schneider, Frank M. (2021): Ziele und Wirkung der internen Organisationskommunikation, In: Sabine Einwiller/Sonja Sackmann/Ansgar Zerfaß (Hrsg.), Handbuch Mitarbeiterkommunikation, Wiesbaden: Springer Fachmedien, S. 171–188.

Bernardy, Valeria/Müller, Rebecca/Röltgen, Anna T./Antoni, Conny H. (2021): Führung hybrider Formen virtueller Teams – Herausforderungen und Implikationen auf Team- und Individualebene, In: Susanne Mütze-Niewöhner/Winfried Hacker/Thomas Hardwig et al. (Hrsg.), Projekt- und Teamarbeit in der digitalisierten Arbeitswelt, Berlin/Heidelberg: Springer, S. 115–138.

Biswas, Soumendu/Bhatnagar, Jyotsna (2013): Mediator Analysis of Employee Engagement: Role of Perceived Organizational Support, P-O Fit, Organizational Commitment and Job Satisfaction, Vikalpa: The Journal for Decision Makers 38(1), 27–40. https://doi.org/10.1177/0256090920130103.

Buchele, Mark-Steffen/Jansen, Sebastian/Zerfaß, Ansgar (2021): Wertschöpfung durch interne Kommunikation, In: Sabine Einwiller/Sonja Sackmann/Ansgar Zerfaß (Hrsg.). Handbuch Mitarbeiterkommunikation, Wiesbaden: Springer Fachmedien, S. 409–429.

Buchholz, Ulrike (2021): Interne Unternehmenskommunikation als Profession: Strukturen und Handlungsfelder, In: Sabine Einwiller/Sonja Sackmann/Ansgar Zerfaß (Hrsg.). Handbuch Mitarbeiterkommunikation, Wiesbaden: Springer Fachmedien, S. 27–42.

Daniel, Martin (2020): Mitarbeiterkommunikation am hybriden Arbeitsplatz, Human Resources Manager, online verfügbar unter https://www.humanresourcesmanager.de/content/mitarbeiterkommunikation-am-hybriden-arbeitsplatz/ (abgerufen am 23.10.2022).

Einwiller, Sabine (2022): Emotionale Bindung durch Mitarbeiterkommunikation in Zeiten von Virtualisierung, PERSONALquarterly (03/2022), 24–27, online verfügbar unter https://www.akademische-gesellschaft.com/fileadmin/webcontent/Presse/220706_Personalquarterly_Emotionale_Bindung_durch_Mitarbeiterkommunikation.pdf (abgerufen am 20.10.2022).

Einwiller, Sabine/Ruppel, Christopher/Stranzl, Julia (2021a): Achieving employee support during the COVID-19 pandemic – the role of relational and informational crisis communication in Austrian organizations, Journal of Communication Management 25(3), 233–255. https://doi.org/10.1108/JCOM-10-2020-0107.

Einwiller, Sabine/Sackmann, Sonja A./Zerfaß, Ansgar (2021b): Mitarbeiterkommunikation: Gegenstand, Bereiche und Entwicklungen, In: Sabine Einwiller/Sonja Sackmann/Ansgar Zerfaß (Hrsg.), Handbuch Mitarbeiterkommunikation, Wiesbaden: Springer Fachmedien, S. 3–26.

Herzfeldt, Erna/Sackmann, Sonja A. (2021): Kommunikation und Kooperation in virtuellen und internationalen Teams, In: Sabine Einwiller/Sonja Sackmann/Ansgar Zerfaß (Hrsg.), Handbuch Mitarbeiterkommunikation, Wiesbaden: Springer Fachmedien, S. 293–310.

Jecker, Constanze/Huck-Sandhu, Simone (2020): Von der Information zur Orientierung. Zur (neuen) Rolle der internen Kommunikation in Selbstorganisationen, In: Olaf Geramanis/ Stefan Hutmacher (Hrsg.), Der Mensch in der Selbstorganisation, Wiesbaden: Springer Fachmedien, S. 351–371.

Kang, Minjeong/Sung, Minjung (2017): How symmetrical employee communication leads to employee engagement and positive employee communication behaviors, Journal of Communication Management 21(1), 82–102. https://doi.org/10.1108/JCOM-04-2016-0026.

Kleinberger, Ulla (2021): Interpersonale und informelle Kommunikation am Arbeitsplatz, In: Sabine Einwiller/Sonja Sackmann/Ansgar Zerfaß (Hrsg.), Handbuch Mitarbeiterkommunikation, Wiesbaden: Springer Fachmedien, S. 451–461.

Micklethwait, James (2021): Hybrider Arbeitsplatz: 5 Grundsätze für eine erfolgreiche interne Kommunikation, t3n, online verfügbar unter https://t3n.de/news/hybrid-arbeitsplatz-remote-1410689/#Kommunikation_interaktiv_und_agil_gestalten (abgerufen am 20.10.2022).

Microsoft (2021): Wandel der Internen Kommunikation – zwischen emotionaler Nähe und räumlicher Distanz, online verfügbar unter https://news.microsoft.com/de-de/features/wandel-der-internen-kommunikation-zwischen-emotionaler-naehe-und-raeumlicher-distanz/ (abgerufen am 23.10.2022).

Mikša, Tim (2022): Hybrid Work Trends 2022 – neue Aufgaben und Chancen für die Interne Kommunikation, netmedianer GmbH, online verfügbar unter https://netmedia.de/aufgaben-und-chance-fuer-die-interne-kommunikation-2022 (abgerufen am 20.10.2022).

Ruga, Kristen (2014): Construct Validity Analysis of the Organizational Cohesion Scale. MASTERS THESES & SPECIALIST PROJECTS, Western Kentucky University, online verfügbar unter https://digitalcommons.wku.edu/theses/1353/ (abgerufen am 23.10.2022).

Sackmann, Sonja A. (2021): Führungskommunikation, In: Sabine Einwiller/Sonja Sackmann/Ansgar Zerfaß (Hrsg.), Handbuch Mitarbeiterkommunikation, Wiesbaden: Springer Fachmedien, S. 237–256.

Saks, Alan M. (2006): Antecedents and consequences of employee engagement, Journal of Managerial Psychology 21(7), 600–619. https://doi.org/10.1108/02683940610690169.

Saks, Alan M./Gruman, Jamie A. (2014): What Do We Really Know About Employee Engagement? Human Resource Development Quarterly 25(2), 155–182. https://doi.org/10.1002/hrdq.21187.

Shen, Hongmei/Jiang, Hua (2019): Engaged at work? An employee engagement model in public relations, Journal of Public Relations Research 31(1–2), 32–49. https://doi.org/10.1080/1062726X.2019.1585855.

Stranzl, Julia/Wolfgruber, Daniel/Einwiller, Sabine/Brockhaus, Jana (2021): Keeping up the spirit, Internal communication in an increasingly virtual work environment, Academic Society for Management & Communication, online verfügbar unter https://www.econstor.eu/bitstream/10419/247712/1/1780954808.pdf (abgerufen am 23.10.2022).

Voß, Andreas/Röttger, Ulrike (2021): Erfolgreiche Führungskräftekommunikation heute, In: Sabine Einwiller/Sonja Sackmann/Ansgar Zerfaß (Hrsg.), Handbuch Mitarbeiterkommunikation, Wiesbaden: Springer Fachmedien, S. 257–276.

West, Tessa (2021): Building Communication in a Hybrid World, 2021. Online verfügbar unter https://www.bowiestate.edu/calendar/index.php?eID=3697.

Wilkinson, Adrian/Gollan, Paul J./Marchington, Mick/Lewin, David (2010): Conceptualizing Employee Participation in Organizations. In: Adrian Wilkinson/Paul J. Gollan/Mick Marchington et al. (Hrsg.), The Oxford Handbook of Participation in Organizations, Oxford University Press, S. 3–26.

Wilkinson, Adrian/Gollan, Paul J./Marchington, Mick/Lewin, David (Hg.) (2010): The Oxford Handbook of Participation in Organizations, Oxford University Press.

Zerfaß, Ansgar/Volk, Sophia Charlotte (2019): Toolbox Kommunikationsmanagement, Wiesbaden: Springer Fachmedien.

5 IT-gestützte Arbeitskommunikation – Werkzeuge und Methoden

Claudia Heß und Sibylle Kunz

5.1 Digitale Tools in der heutigen Arbeitswelt

Heutzutage nutzen Teams in der Arbeitskommunikation verschiedenste digitale Tools, um sich möglichst einfach abzustimmen und effizient zusammenzuarbeiten (Riemer/Schellhammer, 2019, S. 1). Dabei handelt es sich häufig um Applikationen, die sowohl über den Browser als auch über Apps auf dem Smartphone oder Tablet genutzt werden können. Diese Tools müssen den Anforderungen gerecht werden, die Mitarbeitende und Teams an eine moderne, zeitgemäße Form der Kommunikation stellen. Viele Teams arbeiten heutzutage remote, asynchron (also zeitversetzt) und gegebenenfalls auch in unterschiedlichen Zeitzonen. Kommunikationstools wie z. B. Microsoft Teams, Trello oder Slack haben daher an Bedeutung gewonnen, während E-Mails als alleiniges Tool an Bedeutung verloren haben.

Nach über zwei Jahren Corona-Pandemie sind diese digitalen Tools aus dem Arbeitsleben nicht mehr wegzudenken (z. B. BITKOM e. V., 2022; Hirsch, 2022, S. 18). Mit der Rückkehr ins Büro und der Einführung von Mischformen der Arbeit in Büro und Homeoffice stehen Teams nun vor neuen Herausforderungen. Im Büro werden noch althergebrachte Kommunikations- und Kollaborationstools wie Whiteboards oder Flipcharts verwendet. Kommunikation findet nicht nur in Meetings, sondern auch in der Kaffeeküche oder per »Flurfunk« statt. Doch was passiert, wenn nicht mehr alle Kolleg:innen vor Ort sind? Dieser Beitrag beschäftigt sich damit, wie die Arbeitskommunikation in hybriden Arbeitsmodellen mithilfe von digitalen Tools gestaltet und optimiert werden kann. Dabei braucht es eine sinnvolle Auswahl geeigneter Tools und klare Vereinbarungen zur Nutzung, um nicht in einer »Nachrichtenflut« unterzugehen.

5.2 Einsatzdimensionen digitaler Tools

5.2.1 Synchrone versus asynchrone Zusammenarbeit

Traditionell fand analoge Zusammenarbeit an Dokumenten oder in Projekten in aller Regel synchron und am gleichen Ort statt. Mit zunehmender Digitalisierung und Flexibilisierung von Tätigkeiten arbeiten Teammitglieder nun immer öfter zu verschiedenen Zeiten oder von verschiedenen Orten aus, häufig auch in unterschiedlichen Zeitzonen. Eine solche asynchrone Zusammenarbeit benötigt allerdings andere Werkzeuge und zumeist schriftliche Kommunikationsformen, da die erforderlichen Informationen nur auf diesem Weg aufbewahrt werden können. E-Mails oder SMS-Nachrichten erlauben es beispielsweise, eine Reaktion sowohl in technischer wie auch in sozialer Hinsicht zu verschieben und Dinge zunächst einmal in Ruhe zu überdenken. Antwortfristen leiten sich dabei auch aus den Erwartungen des Gegenübers ab. Aber auch die synchronen Formate am selben Ort haben ihre Vorteile: Es findet soziale Interaktion statt, Körpersprache übermittelt einen Teil der Informationen, Emotionen lassen sich unmittelbar erfahren, es kann spontan über Dinge nachgedacht werden, Inhalte können gemeinsam z.B. an Flipcharts oder Whiteboards skizziert werden. Digitale Tools für synchrones Arbeiten können einen Teil dieser Vorteile realisieren, nonverbale und paraverbale Ebenen werden aber nur ansatzweise abgebildet (z.B. durch den Einsatz von Emojis, wobei auch diese unterschiedlich verstanden werden können) (Bauer/Müßle, 2020). Der sogenannten Kanalreduktionstheorie zufolge kann die Qualität der Kommunikation durch den Wegfall der Sinneskanäle hierdurch spürbar leiden (Petzold, 2002).

5.2.2   1:1- versus 1:n-/m:n-Kommunikation

Bei der Gestaltung von Kommunikation ist auch immer zu betrachten, wie viele Personen an der Kommunikation beteiligt sind, d.h. wie viele Personen Botschaften senden bzw. empfangen. Unterscheiden lassen sich die 1:1-, 1:n- und m:n-Kommunikation.

Bei der 1:1-Kommunikation, wie sie in einem Telefonat, einer direkten Mail ohne weitere Personen in Kopie oder Blindkopie oder einem Messenger stattfindet, gibt es jeweils nur eine Person, die sendet, und eine Person, die die Nachricht empfängt. Es entsteht ein Dialog zwischen beiden.

Bei der 1:n-Kommunikation empfangen mehrere Personen die Botschaft. Nicht immer ist hier ein Dialog intendiert – so sind z.B. auch Newsletter oder zielgruppengerichtete Mailings denkbar, auf die aber nicht geantwortet werden kann oder muss. Auch klassische Medien wie Rundfunk, Fernsehen oder Werbebriefe nutzen 1:n-Kommunikation.

In einem m:n-Kommunikationsgeschehen gibt es jeweils mehrere Personen, die Nachrichten senden und empfangen. Diese Form der Kommunikation findet sich heute auf vielen Internetplattformen, z.B. in Diskussionsforen, sozialen Medien oder virtuellen Workspaces wie dem Metaverse (vgl. hierzu Kap. 5.4.6).

Überproportionales Wachstum der Kommunikationsmöglichkeiten

Allerdings wächst mit der Zahl der an der Kommunikation Beteiligten auch die Zahl möglicher direkter Verbindungen – bei drei Teammitgliedern gibt es drei Möglichkeiten für eine 1:1-Kommunikation, bei vier sind es schon sechs Möglichkeiten, bei zehn Teammitgliedern theoretisch 45. Grundsätzlich gibt es für n Teilnehmende n*(n–1)/2 Möglichkeiten für direkte Dialoge. Das sorgt für viel Informationsaustausch abseits etablierter Kommunikationskanäle und macht es bisweilen schwierig, den jüngsten Stand eines Themas nachzuvollziehen.

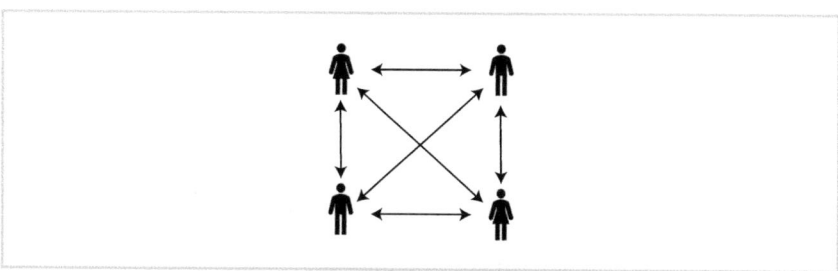

Mit der Zahl der Teammitglieder wächst die Zahl der direkten 1:1-Kommunikationsmöglichkeiten überproportional; eigene Darstellung

Digitale Werkzeuge lassen sich anhand ihrer Eignung für synchrone/asynchrone und 1:1-/1:n-/m:n-Kommunikation kategorisieren, wie die folgende Tabelle zeigt.

Anwendungen	synchron	asynchron
1:1	Telefonat, Videokonferenz, Messenger	E-Mail, Messenger
1:n, m:n	Videokonferenz, Audiokonferenz, Messenger, Werkzeuge und virtuelle grafische Räume für kreatives synchrones Arbeiten	Messenger, E-Mail, Diskussionsforen, Projektmanagement-Tools, Wikis

Digitale Tools und ihre Einsatzdimensionen

Welches Werkzeug jeweils das richtige ist, hängt insbesondere davon ab, welches Ziel mit der digitalen Zusammenarbeit erreicht werden soll. Darauf wird im folgenden Kapitel näher eingegangen.

5.3   Ziele digitaler Zusammenarbeit

In der Zusammenarbeit von Unternehmensteams lassen sich drei Kategorien unterscheiden, die jeweils unterschiedliche Zielsetzungen haben und durch spezielle digitale Tools unterstützt werden (Petry/Jäger, 2021, S. 36). Dies sind Kommunikation, Koordination und Wissensmanagement, wobei die Kategorien nicht trennscharf sind. Im Überschneidungsbereich der drei Kategorien liegt das Projektmanagement. Aufgrund seiner besonderen Anforderungen wird das Projektmanagement zusätzlich zu den drei anderen Kategorien separat betrachtet.

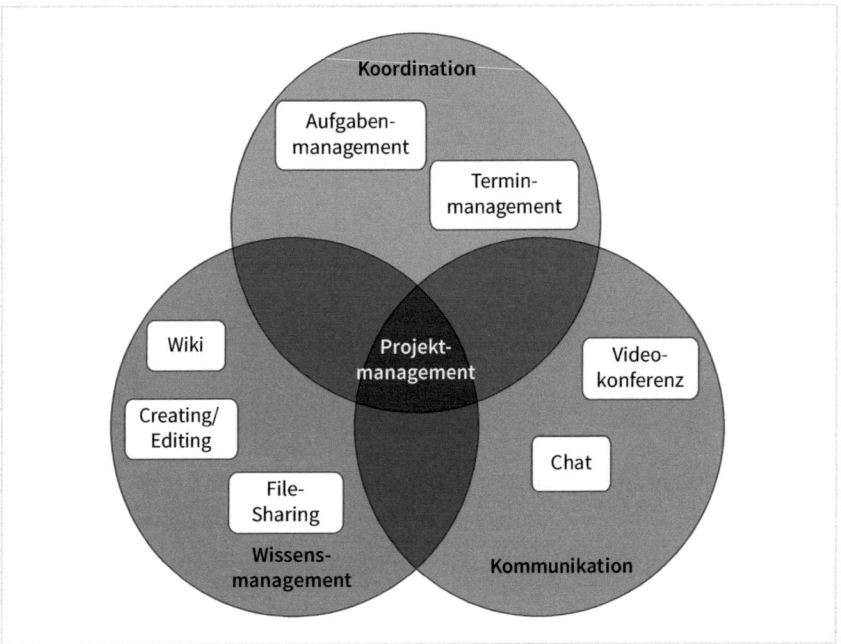

Unternehmensintern genutzte digitale Tools; eigene Darstellung in Anlehnung an Petry & Jäger, 2021, S. 36

5.3.1 Kommunikation

Paul Watzlawick, bekannter Kommunikationswissenschaftler, Psychoanalytiker, Soziologe, Philosoph und Autor vieler Bücher – prägte die Aussage: »Man kann nicht **nicht** kommunizieren« (Bender, 2018). Das gilt für die persönliche Kommunikation von Angesicht zu Angesicht, aber auch im virtuellen Raum. Hybrid arbeitende Teams wechseln zwischen beiden Formen, was eine Herausforderung für eine klare und unmissverständliche Kommunikation darstellt. Hinzu kommt, dass Nachrichten zum Teil schriftlich, zum Teil mündlich ausgetauscht werden. Außerdem variiert die Zahl der Beteiligten.

Anforderungen an digitale Lösungen für die Kommunikation
Damit die richtige Information zum richtigen Zeitpunkt an die richtige Zielgruppe gelangt, gibt es verschiedene Anforderungen, die digitale Tools in Bezug auf die Kommunikation unterstützen müssen:

- **interne und externe Kommunikation:** Ein geeignetes digitales Tool muss die Kommunikation innerhalb des Teams, aber auch über Unternehmensgrenzen hinweg unterstützen. So ist es gerade in der Projektarbeit nötig, dass Mitarbeitende mit Projektpartner:innen kommunizieren können, aber auch mit Lieferanten oder Kunden (z. B. GPM, 2019, S. 286 f.; Klötzer/Hardwig/Boos, 2017, S. 294; Flößer, 2014).
- **Austausch unter Nutzung verschiedener Medien:** Situationsabhängig wollen Mitarbeitende in verschiedener Form kommunizieren, d. h. mit Text wie in einem Chat, via Ton, also ähnlich einem klassischen Anruf, sowie mit Ton plus Bild wie in einer Videokonferenz. Dafür sollten keine verschiedenen Tools nötig sein.

Verschiedene Betriebssysteme

Verwendete Werkzeuge sollten unter verschiedenen Hardwareplattformen und Betriebssystemen lauffähig sein, da viele Mitarbeitende Mobilgeräte wie Smartphones oder Tablets sowie im Büro ein Notebook oder einen stationären PC benutzen. Als Betriebssysteme kommen dann Windows, iOS, Android oder Linux infrage. Ideal sind Werkzeuge, die im Browser und damit weitgehend unabhängig von einem Betriebssystem laufen.

- **Teilen von Arbeitsunterlagen:** Mitarbeitende möchten gemeinsam auf Dokumente (wie z. B. Präsentationsfolien) oder Whiteboards schauen bzw. diese auch gemeinsam bearbeiten können. Umgesetzt wird diese i. d. R. über das Teilen des Bildschirms (Screen Sharing).
- **Erreichbarkeit festlegen/erkennen:** In Zeiten der permanenten Erreichbarkeit ist es wichtig, dass Mitarbeitende Zeit haben, fokussiert und ohne Störungen an ihren Aufgaben zu arbeiten. Es ist daher wichtig, dass sie festlegen können, ob sie aktuell erreichbar sind. Umgekehrt möchten diejenigen, die Kontakt aufnehmen wollen, erkennen, ob die andere Person erreichbar ist.
- **schneller und zielgerichteter Austausch von Informationen:** Kommunikation kann direkt zwischen zwei Personen stattfinden oder mit mehreren Personen Dabei muss sowohl eine synchrone als auch eine asynchrone Kommunikation ermöglicht werden.
- **Nachvollziehbarkeit:** In Arbeitssituationen ist es häufig wichtig, nachvollziehen zu können, was mit wem vereinbart wurde. In der schriftlichen Kommunikation ist dies dokumentiert, bei einem Anruf oder Videochat nicht. Zu dem Aspekt der Nachvollziehbarkeit gehört auch, dass überprüft werden kann, ob jemand eine Information erhalten und gelesen hat. In Chats ist dies oft offensichtlich, da gelesene Nachrichten entsprechend markiert werden. Bei E-Mails ist dies schwieriger, da Lesebestätigungen auch verweigert werden können. Das hat umgekehrt aber auch den Vorteil, dass der Reaktionsdruck niedriger ist als im Chat.

Auswahl digitaler Lösungen für die Kommunikation

Grundsätzlich fallen in die Kategorie »Kommunikation« Tools für Chats, also Messenger, die es erlauben, Nachrichten in Echtzeit zu verschicken und zu empfangen, sowie Tools für Videokonferenzen (Petry/Jäger, 2021, S. 37). Diese Tools sind aus dem Arbeitsalltag nicht mehr wegzudenken. Beispielsweise setzen über 70 % der deutschen Unternehmen digitale Tools für Videokonferenzen (sehr) häufig ein (BITKOM e. V., 2022, S. 23). Auch Messenger-Dienste haben mit über 50 % eine große Verbreitung. Die nachstehende Tabelle gibt einen Überblick über aktuell häufig in Unternehmen eingesetzte Tools. Zoom führte dabei im August 2022 weltweit mit einem Marktanteil von über 70 % die Kategorie der Videokonferenz-Tools mit deutlichem Abstand an (Datanyze, 2022). Bei Messenger-Diensten sind solche Dienste zu unterscheiden, die sich primär an den Einsatz in Unternehmen richten, wie z. B. Microsoft Teams, und Dienste, die insbesondere auch im persönlichen Bereich verwendet werden, wie z. B. WhatsApp. Letztere werden von Unternehmen auch verstärkt zur Kommunikation mit Kundinnen und Kunden genutzt.

Tool-Kategorie	Beispiele
Videokonferenz	Zoom, Cisco Webex, GoToWebinar, ON24, Adobe Connect, Livestorm, Microsoft Teams, BigBlueButton
Messenger	Microsoft Teams, Slack, WhatsApp, Threema
Virtuelle Räume (meist zweidimensional dargestellt)	Mural, Wonder.me, Gather

Digitale Lösungen für die Kommunikation

Bei der Auswahl von Tools für die schriftliche Kommunikation sollte geklärt werden, welche Rolle E-Mails weiterhin in der Kommunikation spielen sollen. Ersetzen die neuen Tools E-Mails komplett oder teilweise? Ein Beispiel für eine Mischform ist, dass die Kommunikation innerhalb eines Projektteams nur noch über ein Tool wie Microsoft Teams stattfindet. Der Austausch mit unternehmensexternen Personen läuft hingegen weiterhin über E-Mails ab.

Zwei Features machen den Einsatz dieser digitalen Tools besonders interessant. Das erste ist die Möglichkeit, Informationen zu einem Thema gezielt in sogenannten Channels (Kanälen) zu bündeln. Informationen sind damit leicht auffindbar, insbesondere im Gegensatz zu E-Mail-Ketten. Außerdem haben auch Personen, die neu in das Team kommen, Zugriff auf alle Informationen. Der zweite Aspekt ist das sogenannte Mikroblogging, womit kurze Informationen geteilt werden. Zum Beispiel können Informationen kommentiert werden und so ein Diskussionsverlauf an einer Aufgabe oder einem Arbeitspaket dokumentiert werden.

5.3.2   Koordination

Unternehmensteams müssen die verschiedenen anstehenden Aufgaben untereinander koordinieren (Petry/Jäger, 2021, S. 37). Sie planen, welche Aufgaben durchgeführt werden müssen, legen fest, wer verantwortlich ist, sammeln die benötigten Informationen ein und dokumentieren den Fortschritt bei der Bearbeitung dieser Aufgaben.

Anforderungen an digitale Lösungen für die Koordination

*   **Aufgabenplanung und -verwaltung:** Aufgaben müssen definiert und konkretisiert werden. Das kann im einfachsten Fall in Form einer To-do-Liste oder einer Liste offener Punkte (LOP) geschehen. Diese stoßen bei einer gemeinsamen Bearbeitung von Aufgaben allerdings schnell an ihre Grenzen. Aufgaben müssen definiert, kategorisiert, priorisiert und anderen Personen zur Bearbeitung oder zum Review zugewiesen werden.
*   **Monitoring:** Wichtig ist, dass stets ein aktueller Überblick über alle Aufgaben und ihren Bearbeitungsstatus gegeben ist. Gern genutzt werden dafür Visualisierungen auf einer Zeitleiste. Kanban-Boards und Burn-down-Charts (z. B. Capterra, o. J.; Albers, 2016). Außerdem kann es hilfreich sein, Aspekte wie die Bearbeitungsdauer auszuwerten.
*   **Terminplanung:** Mitarbeitende müssen effizient Termine miteinander, aber auch mit Kolleg:innen außerhalb des Unternehmens vereinbaren können. Dafür braucht es einen Überblick über die eigenen Termine und freie Terminslots der Einzuladenden. Gegebenenfalls sollen auch Termine angeboten werden können, die z. B. Kunden für bestimmte Beratungs- oder Serviceleistungen buchen können. Dabei wird der eigene Kalender mit dem Tool synchronisiert und es werden Zeiten festgelegt, in denen prinzipiell Termine gebucht werden können.

Tool-Kategorie	Beispiele
Aufgabenmanagement	Outlook, Jira, Trello, Remember The Milk, To Do
Terminmanagement	Outlook, Calendly, YouCanBookMe, Doodle

Digitale Lösungen für die Koordination

5.3.3   Wissensmanagement

Viele Aufgaben heutzutage sind sehr wissensintensiv. Wissen wird sogar als dominanter Produktivfaktor bezeichnet (Krause, 2021, S. 20). Teams müssen daher sicherstellen, dass Wissen angemessen dokumentiert wird, dass alle Teammitglieder darauf zugreifen können und ein Wissenstransfer, z. B. bei der Einarbeitung eines neuen

Teammitglieds, erfolgen kann. Digitale Tools unterstützen Teams bei diesen Aufgaben eines professionellen Wissensmanagements (Petry/Jäger, 2021, S. 36).

Anforderungen an digitale Lösungen für das Wissensmanagement

Damit Wissen zur richtigen Zeit an der richtigen Stelle zur Verfügung steht, sollten folgende Anforderungen berücksichtigt werden:

- **multimediale Elemente:** Teams arbeiten mit verschiedenen Arten von Dokumenten wie Textdateien oder Präsentationen. Zudem gibt es Bilder und Videos oder Klänge. Werden ausschließlich zeitbasierte Medien (Filme, Audios) oder Fotos verwaltet, entstehen digitale Mediatheken.
- **gemeinsame Arbeit an Dokumenten:** Teams erstellen gemeinsam Dateien, deren finaler Stand in die Wissensbasis überführt wird. Daher spielt die Versionierung eine wichtige Rolle. Ein zentraler, ggf. cloudbasierter Ablageort und ein eindeutiges Rollenkonzept erleichtern das strukturierte Arbeiten. Einheitliche Dokumentationsstandards und -werkzeuge sorgen für Kontinuität in Aufbau und Erscheinungsbild.
- **Strukturierung von Wissen:** Beim Sammeln und Dokumentieren von Wissen werden interne und externe Quellen verwendet. Individuelles Wissen kann ebenso einfließen wie im Team vorhandenes Know-how. Wissenselemente können miteinander verknüpft werden. Hier hat sich spätestens mit Aufkommen des World Wide Web das Konzept des Hypertexts etabliert, sodass durch Klick auf Hyperlinks zwischen inhaltlich zusammenhängenden Themen gewechselt werden kann.
- **Umgang mit verschiedenen Geheimhaltungsstufen:** In Unternehmen gibt es sensible Daten, die nicht an die Öffentlichkeit gelangen dürfen. Die Vertraulichkeitsklassifizierung sagt aus, ob Informationen geheim, vertraulich, intern oder öffentlich zugänglich sind. Dabei ist anzumerken, dass sich der Grad der Vertraulichkeit über den Lebenszyklus einer Information ändern kann. So können beispielsweise Informationen über ein neues Produkt zu Entwicklungsbeginn geheim, im Laufe der Zeit dann einem größeren Kreis bekannt sein, bis sie spätestens bei der Ankündigung des Produktes öffentlich sind.
- **Umsetzung von Zugriffsrechten:** Der Zugriff auf Daten und Informationen kann auf einen bestimmten Kreis von Nutzenden eingeschränkt sein. Offensichtlich ist z. B., dass der Zugriff auf die Personalakte von Mitarbeitenden eingeschränkt sein sollte. In anderen Kontexten ist die Entscheidung, ob der Zugriff eingeschränkt sein sollte, schwieriger.

Wissen als Machtfaktor

Ein zu striktes »Need to know«-Prinzip kann dazu führen, dass Wissen als Machtfaktor missbraucht wird im Sinne »Ich weiß was, was du nicht weißt«, dass Dinge doppelt gemacht werden, weil niemand weiß, was es schon gibt, oder dass Ineffizienzen entstehen, da Informationen umständlich beschafft werden müssen.

- **effiziente Suchfunktionen im Wissensbestand:** Informationen müssen schnell auffindbar sein. Für die Suche nach Informationen im Internet gibt es effiziente Suchmaschinen mit einer intuitiven Benutzeroberfläche. Das erwarten Mitarbeitende auch von einer Suche in den internen Wissensbeständen des Unternehmens. Diese Suchfunktion muss die gleichzeitige Suche in verschiedene Datenquellen (z. B. Intranet, Projektwikis, Aufgabenlisten etc.) ermöglichen und verschiedene Formate finden. Dazu ist es auch sinnvoll, Dokumente mit entsprechenden Schlagworten versehen (»taggen«) zu können.
- **Einhaltung von Aufbewahrungs- und Löschpflichten:** Gesetzliche Aufbewahrungspflichten sowie Fristen für das Löschen von Daten müssen eingehalten werden.

Auswahl digitaler Lösungen für das Wissensmanagement

Eine in Unternehmen verbreitete digitale Lösung für das Wissensmanagement sind Wikis. In einem Wiki können Mitarbeitende partizipativ Wissen erstellen und bearbeiten. Zu diesem Zweck enthält das Wiki Webseiten, deren Inhalte leicht editiert werden können. Änderungen an diesen Seiten sind über eine Historie nachvollziehbar und bei Bedarf kann eine Seite auf eine frühere Version zurückgesetzt werden. Bekannt wurde das Konzept von Wikis durch die Online-Enzyklopädie Wikipedia.

Creating- bzw. Editing-Tools erlauben es, Dokumente wie Texte, Präsentationen oder Tabellen zu erstellen. Mithilfe von Tools für das Filesharing können Nutzende Dokumente ortsunabhängig auf jedem Computer, Notebook, Tablet oder Smartphone bearbeiten und für andere Personen freigeben.

Tool-Kategorie	Beispiele
Wiki	Confluence, Drupal Wiki, Wiki.js, DokuWiki
Creating/Editing	Microsoft Office, Open Office, Google Docs
File-Sharing	Microsoft OneDrive, WeTransfer, DropBox, Google MyDrive

Digitale Lösungen für das Wissensmanagement

5.3.4   Projektmanagement

Heutzutage arbeiten viele Organisationen projektorientiert, wobei sie sich in der Projektarbeit häufig auf Produkte, Kund:innen sowie Services fokussieren (Reinhardt, 2020, S. 133). Aus diesem Grund werden die spezifischen Anforderungen an digitale Tools für das Projektmanagement gesondert betrachtet. IT-basierte Lösungen unterstützen Projektleitung und Projektteams bei der Organisation aller Projektaufgaben. Je nachdem, ob das Projekt einem traditionellen, plangetriebenen Vorgehen folgt, agile Methoden einsetzt oder eine Mischung aus beidem, was als »hybrides Projekt-management« bezeichnet wird (Timinger, 2017), stehen bestimmte Aufgaben stärker im Vordergrund als andere.

Anforderungen an digitale Lösungen für das Projektmanagement

Digitale Lösungen unterstützen die Zusammenarbeit in Projektteams, auch wenn diese, wie es heutzutage häufig der Fall ist, an unterschiedlichen Standorten und oft sogar weltweit verteilt arbeiten (Klötzer/Hardwig/Boos, 2017, S. 293). Generell muss ein IT-basiertes Werkzeug für das Projektmanagement die folgenden Anforderungen unterstützen (z. B. Venzmer, 2021; Schoen/Stang/Henderson, 2019):

- **Projekt- und Aufgabenplanung:** Meilensteine und Arbeitspakete müssen defi-niert und konkretisiert werden. Zum Teil findet dies während der Projektplanung statt, aber auch im Laufe eines Projektes wie z. B. in einem agilen Projekt bei der Festlegung der Start- und Enddaten von Sprints. Während der Projektdurchfüh-rung muss es möglich sein, den Projektfortschritt zu verfolgen. Hier sind die Anfor-derungen relevant, die bereits in der Kategorie »Koordination« aufgezeigt wurden. Im Projektmanagement kommen dabei spezifische Ansichten wie Projektstruk-turpläne, Meilensteinpläne, Gantt-Diagramme, Netzwerkdiagramme oder Kan-ban-Boards zum Einsatz.
- **Ressourcenplanung:** Die für das Projekt benötigten Ressourcen wie Mitarbei-tende, Arbeitsmittel, Maschinen etc. müssen geplant und den entsprechenden Arbeitspaketen und Aufgaben zugeordnet werden.
- **Monitoring und Reporting:** Termine, Kosten, Inhalte und Auslastung der Mit-arbeitenden müssen über den Projektverlauf hinweg im Auge behalten werden. Spezielle Auswertungen und Dashboards zeigen wichtige Kennzahlen wie z. B. den Fertigstellungsgrad. Wiederkehrende Aufgaben im Projektcontrolling müssen unterstützt werden. So gibt es häufig vordefinierte Reports.
- **Dokumenten- und Wissensmanagement:** Projektteams arbeiten gemeinsam an Dokumenten. Darüber hinaus müssen Informationen auch z. B. mit den Auftrag-gebenden ausgetauscht werden. Die Anforderungen dazu entsprechen denen, die in der Kategorie »Wissensmanagement« aufgezeigt wurden.

Klassische **Projektmanagement-Software** (z. B. GPM, 2019, S. 277 f.) bietet seit mehr als 30 Jahren Funktionalitäten für die Planung, Steuerung und Überwachung von Pro-jekten. Auch Tabellenkalkulationssoftware ist im Projektalltag weitverbreitet. Aller-dings stoßen Projekte damit schnell an ihre Grenzen, wenn Pläne und Darstellungen komplexer werden und mehrere Personen gleichzeitig daran arbeiten (z. B. Tremel, 2017). Mittlerweile nutzen allerdings immer mehr Projektteams, v. a. agil arbeitende Teams, moderne Informations- und Kollaborationsplattformen (z. B. Timinger, 2017, S. 282). Die Nutzung dieser Tools ist nicht mehr auf das Projektmanagement be-schränkt, stattdessen werden sie von allen am Projekt beteiligten Personen genutzt (z. B. GPM, 2019, S. 279). Dies fördert die Realisierung agiler Werte und Prinzipien im

Projektalltag. Klassische Projektmanagement-Werkzeuge versuchen mittlerweile hier nachzuziehen und erweitern ihren Funktionsumfang (z. B. GPM, 2019, S. 287).

Ein weiterer Vorteil von Projektmanagement-Werkzeugen ist, dass alle Informationen, wie z. B. Projektpläne oder Besprechungsnotizen, an einem Ort gebündelt werden und damit leicht von allen auffindbar sind (z. B. Flößer, 2014, S. 2). Außerdem können Softwarelösungen für das Projektmanagement mit weiteren im Unternehmen eingesetzten IT-System integriert werden. Das bietet sich v. a. für Systeme wie für das Anforderungsmanagement oder für ERP-Systeme an.

Tool-Kategorie	Beispiele
Projektmanagement	Jira, Microsoft Project, Trello, Monday, Asana

Digitale Lösungen für das Projektmanagement

5.4 Tipps und Tricks für effizientere hybride Zusammenarbeit

In diesem Kapitel wird aufgezeigt, was Sie beim Einsatz digitaler Werkzeuge in der hybriden Zusammenarbeit unbedingt beachten müssen.

5.4.1 Das richtige Tool für die richtige Information

Legen Sie **Regeln für die Zusammenarbeit** im Team fest. Wann und für welche Zwecke soll E-Mail eingesetzt werden und wer steht jeweils im Verteiler? Wann sind kurze Absprachen im Messenger sinnvoll, die sich immerhin später noch nachvollziehen lassen? Und wann reicht ein schneller Telefon- oder Videoanruf? Hier entstehen keine schriftlichen Notizen, wichtige Absprachen müssen zusätzlich festgehalten werden.

Wichtige Dokumente und Daten sollten so früh wie möglich in **digitaler Form** vorliegen – gibt es noch Dokumente oder Bilder auf Papier, sollten diese gescannt bzw. konvertiert und archiviert werden. Die Festlegung auf weitverbreitete Dateiformate wie PDF, XML usw. hilft, spätere **Medienbrüche zu vermeiden**.

Grundsätzlich gilt: **Vermeiden Sie einen »Tool-Zoo«** aus zu vielen verschiedenen Werkzeugen, auch wenn die Versuchung groß ist, immer die neueste und modernste Software einzusetzen. Für jede Aufgabe, z. B. Dokumentenerstellung, Präsentationserstellung, Tabellenkalkulation, Video-Konferenzen usw., sollte es jeweils nur ein festgelegtes Tool geben, das für alle verfügbar ist und mit dem alle vertraut sind. Schnittstellen zwischen diesen Tools können dazu beitragen, dass Informationen nicht redundant erfasst werden. Dies können technische Schnittstellen sein, über die Informationen automatisch synchronisiert werden oder Plug-ins, welche die Nutzenden z. B. in ihr E-Mail-Programm oder ihren Browser integriert haben. Ein Beispiel für ein solches Plug-in besteht zwischen Microsoft Outlook und Trello. So können z. B. Karten in Trello aus E-Mails heraus erstellt werden. Weitere Auswahlkriterien für Tools sind u. a. auch die GUI und das »Look-and-Feel« des Tools. So kann es für ein junges Projektteam, das Trello, Slack und Monday gewöhnt ist, beispielsweise einen Bruch darstellen, wenn es zwischen diesen Tools und einem traditionelles Projektmanagement-Tool hin- und herwechseln muss. Des Weiteren beeinflussen technische Aspekte wie die zugrunde liegenden Plattformen die Auswahl der passenden Tools.

5.4.2 Zentrale Datenspeicherung

Sorgen Sie dafür, dass alle benötigten Daten jederzeit für alle Beteiligten zugänglich sind. Jeder muss jederzeit den jüngsten Stand an einer festgelegten Stelle finden können. Davon abweichende Speicherorte (z. B. lokale Festplatten) sind nicht akzeptabel – selbstverständlich auch nicht private Speichermedien (z. B. Dropbox oder USB-Stick). Wichtig ist auch ein durchgängiges Backup-Konzept: Relevante Daten müssen regelmäßig gesichert und an einem geschützten Ort aufbewahrt werden. Zugriff dürfen nur berechtigte Mitarbeiter haben, d. h. es sollte ein Rollen- und Berechtigungskonzept etabliert werden.

5.4.3 Priorisierbarkeit

Auch wenn Werkzeuge und Prozesse vorgegeben sind – jeder Mensch arbeitet anders. Es ist daher wichtig, dass jede:r eigene Kennzeichnungen vornehmen, die Priorisierung von Aufgaben festlegen oder Informationen für sich kategorisieren kann, z. B. durch die Verwendung automatischer »Sortierregeln« für eingehende E-Mails, farbliche Kennzeichnungen, eigene Ordnerstrukturen usw. Insbesondere Groupwaresysteme wie Slack oder Teams haben hier noch Nachholbedarf – eingehende Nachrichten sind über mehrere Kanäle verteilt, das Nachverfolgen fällt oft schwer, eine Priorisierung ist kaum möglich. Je Kanal kann konfiguriert werden, ob eingehende Nachrichten sofort eine Benachrichtigung der Nutzenden auslösen oder das System »stumm« bleibt – und beides hat Nachteile: Im ersten Fall permanente Unterbrechungen der Arbeit, im zweiten die Gefahr, Dinge zu versäumen und nicht mitzubekommen. Eine Priorisierung von Aufgabenpaketen kann gut über Projektmanagement-Tools vorgenommen und teamübergreifend zur Verfügung gestellt werden. Gleichzeitig sollte es individuell möglich sein, die eigene Arbeit betreffende Informationen auch selbst zu verwalten.

5.4.4   Nachvollziehbarkeit und Versionierung

Werkzeuge, die eine Änderungshistorie und die Versionierung von Dokumenten umfassen, erleichtern die Nachvollziehbarkeit von Entscheidungen und Projektfortschritten. Besonders ausgeprägt ist dies in der Softwareentwicklung. Aber auch bei Pflichtenheften, Verträgen u. Ä. ist es wertvoll, auf zuvor erarbeitete Stände zurückgreifen und Änderungen verfolgen zu können. Ein einfaches Änderungsmanagement erlauben schon gängige Office-Produkte. Sprechende Dateinamen und sinnvolle Ordnerstrukturen sind auch außerhalb von spezifischen Versionierungstools leicht umzusetzen – sofern alle sie gleichermaßen einhalten. Es sollte auch zu jedem Zeitpunkt ersichtlich sein, wer gerade an einer Datei arbeitet – entweder durch »Ein- und Auschecken« oder durch gezieltes Ermöglichen (und Anzeigen) paralleler Bearbeitung und Synchronisation von Änderungen.

5.4.5   Schulungsaufwand

Einigt sich ein Team auf ein Set von digitalen Werkzeugen, muss sichergestellt werden, dass es keine Ausnahmen aufgrund persönlicher Vorlieben für andere Tools gibt. Oft sind Bequemlichkeit und die Abneigung, sich in neue Anwendungen einarbeiten zu müssen, ein Grund, warum alte Werkzeuge weitergenutzt werden. Geben Sie daher allen im Team die Möglichkeit, den Umgang mit den verwendeten Werkzeugen zu lernen – entweder durch explizite Schulungsmaßnahmen oder durch gegenseitige Hilfe durch diejenigen, die schon damit vertraut sind. Auch muss sichergestellt werden, dass die Produkte an jedem Arbeitsort zur Verfügung stehen – also auch auf Mobilgeräten wie Tablets sinnvoll genutzt werden können.

5.4.6   Ausblick: virtuelle Zusammenarbeit im Metaverse

Spätestens seit der Umbenennung von Facebook in Meta im Oktober 2021 stehen Virtual-Reality-Konzepte für die Kollaboration verstärkt im Mittelpunkt des Interesses. Kollaborative Anwendungen, bei denen sich mehrere Nutzer:innen in der VR treffen, wie z. B. Meta Horizon Workroom, VR-Chat oder Rooom, erfordern eine VR-Brille wie z. B. die Meta (ehem. Oculus) Quest 2, sind teilweise aber erst in wenigen Ländern nutzbar. Personen kreieren einen Avatar, mit dem sie in diesen Workspaces mit anderen interagieren. Es kann auch gemeinsam an Objekten gearbeitet werden.

Dabei ist das Ausmaß an Präsenz, also das Gefühl, sich wirklich in dieser immersiven Welt zu befinden und sich mit seinem Avatar zu identifizieren, deutlich größer als bei zweidimensionalen Anwendungen wie Videokonferenzen oder grafisch repräsentierten zweidimensionalen Meeting-Umgebungen. Auch ungewöhnliche Orte können für

Meetings gewählt werden – so sind Besprechungen am Strand, auf einem Berggipfel oder in einem U-Boot denkbar. Allerdings gibt es noch wenig Erfahrungen mit den physischen und psychischen Auswirkungen von längeren Aufenthalten in virtuellen Welten – Probleme wie Cyber- oder Motion Sickness mit Symptomen wie Kopfschmerzen oder Übelkeit sind sowohl technisch wie auch individuell anlagebedingt, das Suchtpotenzial der virtuellen Welten ist noch ungeklärt.

Zukünftige Entwicklungen wie verbessertes Handtracking werden die bisher vernachlässigten oder nicht abbildbaren taktilen Sinnesreize und Haptik in die Anwendungen hineinbringen, sodass Objekte gemeinsam geformt, gestaltet und manipuliert werden können. So lassen sich z. B. Designprozesse komplett virtuell abwickeln, bevor ein physischer Prototyp gebaut wird. Facetracking erlaubt das Erkennen von Mimik, die dann beim eigenen Avatar nachgebildet werden kann. Auch Körperhaltung und Bewegungen können getrackt und in der virtuellen Welt abgebildet werden. So kehrt die Körpersprache nach und nach in die – virtuellen – Meetings zurück.

Da das Metaverse als Verbindung von mehreren unabhängigen, aber miteinander verbundenen und persistenten Umgebungen und Plattformen entworfen wird, wird es möglich sein, den eigenen Avatar und dessen Erscheinung, Kleidung oder digitale Besitztümer in andere Anwendungen mitzunehmen. Gleichzeitig entsteht die Notwendigkeit der Herausbildung einer (oder mehrerer) digitaler Identitäten. Im Unternehmenskontext spielen dann auch Aspekte wie Authentisierung und Datenschutz eine große Rolle.

5.5   Fazit

Bei hybrider Arbeitsweise muss ein kompletter Wechsel vom papierbasierten Arbeiten hin zu digitalen Werkzeugen erfolgen. Im Idealfall können Softwarewerkzeuge für hybrides Arbeiten dabei unterstützen, Kommunikation zu vereinfachen, zu beschleunigen, sie transparenter zu machen und Missverständnissen vorzubeugen, wodurch sich die Teamleistung verbessern kann. Wissen kann gezielt aufgebaut, dokumentiert und zugänglich gemacht werden. Nachteilig ist anzumerken, dass der Einsatz solcher Tools eine permanente kommunikative Bereitschaft der Mitarbeitenden einfordert, jedenfalls dann, wenn Echtzeitkommunikation gelebt werden soll. Grundsätzlich ist für den Einsatz digitaler Tools ein lebenslanges Lernen und Anpassen von Arbeitsweisen erforderlich.

Digitale Tools können aber nicht nur eingesetzt werden, um die Zusammenarbeit in hybriden Teams effektiver zu gestalten. Sie bieten auch neue Möglichkeiten für soziale Interaktion in Zeiten, in denen Homeoffice oder Workation (Arbeits- und Urlaubsort sind temporär gleich) sich zunehmender Beliebtheit erfreuen.

5.6   Literatur

Albers, Frank (2016): Agiles Projektmanagement mit Trello, in: Projektmagazin Heft 9, 2016, https://www.projektmagazin.de/artikel/agiles-projektmanagement-mit-trello_1108842, abgerufen am 24.03.2023

Bauer, Matthias Johannes/Müßle, Tim (2020): Psychologie der digitalen Kommunikation, München: utzverlag, 2020

Bender, Stephan (2018): Die 5 Axiome der Kommunikationstheorie von Paul Watzlawick, https://www.paulwatzlawick.de/axiome.html, abgerufen am 10.10.2022

BITKOM e. V. (2022): Digital Office Index 2022: Studie zur Digitalisierung von Geschäfts- und Verwaltungsprozessen in deutschen Organisationen, https://www.bitkom.org/doi-2022, abgerufen am 24.03.2023

Capterra (o. J.): Task Management Software Buyers Guide, https://www.capterra.com/task-management-software/, abgerufen am 24.03.2023

Datanyze (2022): Zoom Market Share and Competitor Report, https://www.datanyze.com/market-share/web-conferencing--52/zoom-market-share, abgerufen am 24.03.2023

Flößer, Philipp (2014): Was nützen Social-Collaboration-Systeme im Projektmanagement?, in: Projektmagazin, Heft 22, 2014, https://www.projektmagazin.de/artikel/was-nuetzen-social-collaboration-systeme-im-projektmanagement_1095031, abgerufen am 24.03.2023

GPM (2019): Kompetenzbasiertes Projektmanagement (PM4): Handbuch für Praxis und Weiterbildung im Projektmanagement, München [E-Book]: GPM Deutsche Gesellschaft für Projektmanagement e. V, 2019

Hirsch, Lutz (2022): Hybride Arbeitsmodelle etablieren und leben, in: Changement! Heft 5, 2022, S. 18–21

Klötzer, Stefan/Hardwig, Thomas/Boos, Margarete (2017): Gestaltung internetbasierter kollaborativer Team- und Projektarbeit, in: Gruppe. Interaktion. Organisation. Zeitschrift für Angewandte Organisationspsychologie (GIO) 48 (2017), S. 293–303, https://doi.org/10.1007/s11612-017-0385-3

Krause, Thomas (2021): Wissen generieren, weitergeben und wiederfinden, in: wissensmanagement, Heft 4, 2021, S. 20–22

Petry, Thorsten/Jäger, Wolfgang (2021). Digital HR – Gesamtkomplex im Überblick. In T. Petry und W. Jäger (Hrsg.), Haufe Fachbuch. Digital HR: Smarte und agile Systeme, Prozesse und Strukturen im Personalmanagement (2. Aufl.). Haufe Group, S. 27–122

Petzold, Matthias (2002): Psychologische Aspekte der Online-Kommunikation, http://www.petzold.homepage.t-online.de/pub/onlinemanuskript.htm, abgerufen am 24.03.2023

Reinhardt, Kai (2020): Digitale Transformation der Organisation: Grundlagen, Praktiken und Praxisbeispiele der digitalen Unternehmensentwicklung, Wiesbaden/[E-Book]: Springer Gabler, 2020

Riemer, Kai/Schellhammer, Stefan (2019): Collaboration in the Digital Age: Diverse, Relevant and Challenging, in: Kai Riemer/Stefan Schellhammer/Michaela Meinert (Hrsg.), Collaboration in the digital age: How technology enables individuals, teams and businesses, Cham: Springer, 2019, S. 1–12

Schoen, Mbula/Stang, Daniel/Henderson, Anthony (2019): Critical Capabilities for Project and Portfolio Management, Worldwide, https://www.gartner.com/en/documents/3956091, abgerufen am 24.03.2023

Timinger, Holger (2017): Modernes Projektmanagement: Mit traditionellem, agilem und hybridem Vorgehen zum Erfolg, Weinheim [E-Book]: Wiley-VCH, 2017

Tremel, Andreas (2017): Wo Excel im Projekt Sinn macht – und wo nicht, https://www.projektmagazin.de/meilenstein/projektmanagement-blog/wo-excel-im-projekt-sinn-macht-und-wo-nicht_1121393, abgerufen am 24.03.2023

Venzmer, Eike (2021): Warum Projektmanagement-Software? Eine Übersicht, https://pm-tools.info/projektmanagement-software-eine-einfuehrung, abgerufen am 24.03.2023

Zusammenarbeit in hybriden Arbeitsmodellen

6 Social Glue

Katrin Winkler, Svenja König, Sandra Niedermeier

6.1 Soziale Einbindung als psychologisches Grundbedürfnis

> *»Das Gefühl, eine Gemeinschaft zu sein, ist das Salz in der Suppe.«*
> Baumgartner, zit. nach Möller, 2021

Regelmäßig sozialen Kontakt zu anderen Menschen zu haben und am sozialen Leben teilzunehmen gehört als psychologisches Grundbedürfnis zum Menschsein und ist als soziale Einbindung in vielen psychologischen Konzepten belegbar. Andere Konzepte verwenden ähnliche Konstrukte, so wird bei McClelland gern von »Anschlussbedürfnis« oder bei Maslow von »sozialen Bedürfnissen« gesprochen.

Dieses grundlegende psychologische Bedürfnis nach sozialer Einbindung wird im Rahmen der Selbstbestimmungstheorie nach Deci und Ryan (1993) definiert. Diese postuliert, wie im nachstehenden Zitat verdeutlicht, das Bedürfnis nach sozialer Eingebundenheit (social relatedness) als eines von drei angeborenen psychologischen Grundbedürfnissen neben dem Bedürfnis nach Kompetenz oder Wirksamkeit (effectance) sowie Autonomie oder Selbstbestimmung:

> »Wir gehen also davon aus, daß [sic] der Mensch die angeborene motivationale Tendenz hat, sich mit anderen Personen in einem sozialen Milieu verbunden zu fühlen, in diesem Milieu effektiv zu wirken (zu funktionieren) und sich dabei persönlich autonom und initiativ zu erfahren.«
> Deci/Ryan, 1993, S. 229

Der Theorie zufolge kann die Erfüllung dieser Bedürfnisse eine optimale Entwicklung von Motivation und Wohlbefinden ermöglichen (Wettstein/Raufelder, 2020). Deci und Ryan (1993) stellen heraus, dass die Erfüllung der drei genannten psychologischen Bedürfnisse nach Autonomie, Kompetenzerleben und eben sozialer Eingebundenheit eine gleichermaßen wichtige Rolle für intrinsische und extrinsische Motivation spielen. Nach der Aussage der Relationships Motivation Theory als Sub-Theorie der Selbstbestimmungstheorie bildet die Erfüllung aller drei Bedürfnisse insbesondere innerhalb einer Beziehung eine wichtige Voraussetzung, um diese als positiv und zufriedenstellend erleben zu können. Diese Annahme wird zugleich verstärkt in einer Reihe von Studien (z. B. La Guardia et al., 2000), die sichtbar gemacht haben, dass nicht nur das Bedürfnis nach sozialer Eingebundenheit Bedeutung für das Erleben qualitativ hochwertiger Beziehungen hat, sondern auch die Bedürfnisse nach Autonomie und Kompetenz positive Beziehungsoutcomes, wie beispielsweise Bindungs-sicherheit und individuelles Wohlbefinden, bewirken (Wettstein/Raufelder, 2020). Untersuchungen beziehen sich hier jedoch meist auf Präsenz-Settings, es liegt wenig zu virtuellen oder gar hybriden Settings vor.

In der Zusammenarbeit von lokalen Teammitgliedern und Remote-Mitarbeitenden in hybriden Teams nimmt die soziale Eingebundenheit einen umso höheren Stellenwert ein und gestaltet sich möglicherweise durch die räumliche Distanz ungleich schwerer. Soziale Verbundenheit wird möglicherweise auch anders empfunden, die sozialen Dy-namiken sind anders beeinflusst. In diesem Zusammenhang spielt der Begriff »Social Glue« eine wichtige Rolle. Dies unterstreichen Aussagen Caruccis (2021), der auf eine Belastung der sozialen Verbindungen und des kulturellen Zusammenhalts einherge-hend mit der Covid-19-Pandemie hinweist, und in einer langsamen Gewöhnung an hybride Arbeitsformen die Notwendigkeit sieht, die Beziehungen untereinander neu aufzubauen. Carucci (2021) betont den Beitrag, den die Herausforderungen des mo-bilen Arbeitens, eine große Unsicherheit und hohe Kündigungsraten von Mitarbeiten-den zu einer Gefährdung des Gemeinschaftsgefühls in Unternehmen geleistet haben.

Dies soll als Ausgangspunkt einer folgenden detaillierten Betrachtung des »**Social Glue**« als zentrale Herausforderung und zugleich wichtige Chance der hybriden Zu-sammenarbeit dienen. Dazu wird mit einer genaueren Einordnung des Begriffs eine gemeinsame Verständnisgrundlage für die nachstehenden Ausführungen geschaffen. Hierbei machen vielfältige Definitionen eine Verwendung des Begriffs in unterschied-lichen Kontexten, wie beispielsweise auch Social Glue als Fähigkeit einer Person (Cruz, 2018), sichtbar und erschweren eine einheitliche Begriffsbestimmung.

Im Rahmen dieses Beitrags soll der Begriff »Social Glue« in einem Kontext verwendet werden, in dem eine gemeinsame Erfahrung dafür sorgt, dass ein Gefühl der sozialen Verbundenheit gestärkt wird. Technologie kann im Kontext der voranschreitenden Digitalisierung dazu beitragen, dass die Entwicklung dieses Gefühls erleichtert oder auch erschwert wird. Um die Kommunikationstechnologie als »sozialen Klebstoff« be-trachten zu können, muss sie Menschen zusammenbringen und sie in einer sozialen Dynamik festhalten. (Willis et al., 2010)

Die Erfahrung des Zusammenseins und des Teilens von etwas sollte ein gewisses »Band« zwischen den Menschen schaffen. Eine Bindung ist eine Verbindung zu einer anderen Person oder zu anderen Menschen. Bindungen implizieren bestimmte For-men der Zugehörigkeit und werden oft durch gemeinsame Geschichten, das Verhalten zueinander und Verhaltensweisen gestärkt, die durch Vorhersehbarkeit, Zuverlässig-keit, Beständigkeit, Verantwortlichkeit und die Einhaltung sozialer Verpflichtungen gekennzeichnet sind. (ebd.)

Daran anknüpfend widmet sich das folgende Kapitel einer genaueren Betrachtung eines solchen Einflusses, wie ihn die Veränderungen in der heutigen Arbeitswelt sowohl in herausfordernder als auch positiver Weise auf den sozialen Zusammenhalt der Mitarbeitenden ausüben. Hierbei reflektiert sich eine in gewisser Weise bestehende Ambivalenz darin, dass laut den Ergebnissen der Studie »Zukunft der Arbeit« des Unternehmensnetzwerks EY (2021) 80 % der dort Befragten den Wunsch nach flexiblen Arbeitszeiten haben und sich auf die neue Arbeitswelt freuen. Demgegenüber zeigt eine umfassende Studie von Microsoft (2021) auf, wie sich die Einsamkeit am heimischen Computer auch als Herausforderung darstellt: Während sich 73 % der dort befragten Arbeitnehmenden die Beibehaltung flexibler Fernarbeit wünschen, sehnen sich gleichzeitig 67 % der befragten Arbeitnehmenden nach mehr Zeit vor Ort und in Präsenz mit ihren Teams.

6.2   Einflussfaktoren einer sich wandelnden Arbeitswelt auf den sozialen Zusammenhalt der Mitarbeitenden

Um sich wichtigen Einflussfaktoren einer im stetigen Wandel begriffenen Unternehmenswelt auf den sozialen Zusammenhalt der Mitarbeitenden anzunähern, bildet die Betrachtung von sieben, die Zukunft der hybriden Arbeitswelt prägenden Trends, wie sie im Microsoft 2021 Work Trend Index in ihrer Auswirkung auf den sozialen Zusammenhalt der Mitarbeitenden analysiert wurden, einen wichtigen Ausgangspunkt:

- **Flexibles Arbeiten ist gekommen, um zu bleiben.**
  Mit diesem Trend werden im »Work Trend Index 2021« Ergebnisse der umfassenden Studie von Microsoft reflektiert, die zeigen, dass über 70 % der mehr als 30.000 dort befragten Menschen sich die Fortsetzung flexibler Remote-Arbeitsoptionen wünschen. Zugleich äußern mehr als 67 % der Befragten einen Wunsch danach, mehr Zeit mit ihrem Team vor Ort und in Präsenz zu verbringen. (ebd.)
- **Führungskräfte haben keinen Kontakt mehr zu den Mitarbeitenden und brauchen einen Weckruf.**
  Die Formulierung eines solchen weiteren Trends bezieht sich auf Ergebnisse der Studie von Microsoft (2021), in denen sichtbar wird, dass 37 % der globalen Belegschaft die von ihrem Unternehmen in einer solchen Zeit des Umbruchs an sie gestellten Anforderungen als zu hoch empfinden. Während von den in der Studie befragten Führungskräften – meist den Generationen Y oder X angehörend und männlich – 61 % davon berichten, in der Zeit des Übergangs zur hybriden Arbeit zu »wachsen« und stärkere Beziehungen aufzubauen, zeigt sich in den Aussagen von Frauen, Frontline-Arbeiter:innen, Angehörigen der Generation Z sowie Karriereanfänger:innen, wie diese im ersten Jahr der Pandemie am meisten zu kämpfen hatten. Sie spüren die Distanz und dürfen von den Führungskräften nicht vergessen werden. Führungskräfte, die den Übergang zur hybriden Arbeit für sich als Möglichkeit des Wachstums wahrnehmen, sollten sich nicht darüber hinwegtäuschen

lassen, dass der Umbruch für ihre Mitarbeitenden womöglich nicht so leicht ist. (ebd.)

- **Gen Z ist gefährdet und muss wieder mit Energie versorgt werden.**
  Dies gilt insbesondere für Angehörige der Generation Z im Alter zwischen 18 und 25 Jahren, von denen 60 % in der Studie angeben, im Moment nur zu überleben oder zu kämpfen (ebd.).

- **Schrumpfende Netzwerke gefährden Innovationen.**
  Die von Menschen in ihrem persönlichen Leben empfundene pandemiebedingte Isolation greift auch auf die Arbeit über. Dies zeigt sich in der Analyse von Microsoft, die einhergehend mit dem Wechsel zur Remotearbeit im Zuge der Covid-19-Pandemie Trends zu einer wachsenden Isolierung innerhalb der Unternehmen und einer Abnahme der Interaktionen außerhalb des unmittelbaren Teams und oder mit weiter entfernten Netzwerken aufzeigt. Der Verlust von Verbindungen wirkt sich dabei negativ auf das Potenzial zur Entwicklung neuer und innovativer Ideen aus. (ebd.)

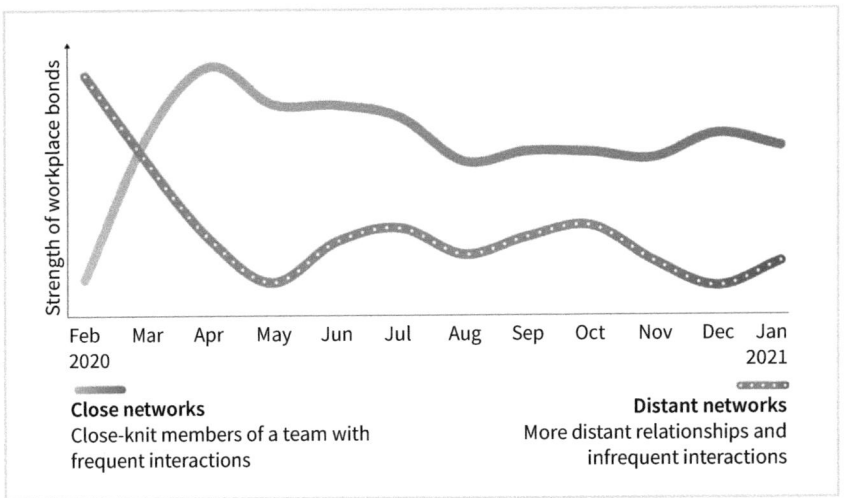

Stärkere Abschottung von Teams in einer digitalisierten Arbeitswelt, Microsoft 2021

- **Hohe Produktivität maskiert eine erschöpfte Belegschaft.**
  Anknüpfend daran zeigen die Ergebnisse der Umfrage von Microsoft (2021), dass die von den Mitarbeitenden selbst eingeschätzte Produktivität im Jahr 2020 für viele zwar gleich hoch oder höher ausfiel. Jedoch geschah dies auf Kosten des Menschen, verdeutlicht durch einen Anteil von 20 % der globalen Umfrageteilnehmenden, die angeben, dass der Arbeitgeber keine Sorge für die Work-Life-Balance trage. Zugleich äußert ein Anteil von 54 %, sich überarbeitet zu fühlen, ein Anteil von 39 % benennt ein Gefühl der Erschöpfung. (ebd.)
  Die Ergebnisse der Studie von Microsoft (2021) machen in diesem Kontext eine

deutliche Zunahme der digitalen Intensität unserer Arbeitstage mit einer stetig steigenden durchschnittlichen Anzahl von Meetings und Chats transparent (ebd.).

- **Authentizität wird Produktivität und Wohlbefinden ankurbeln.**
  Als weiterer sechster Trend wird aus den Ergebnissen der Studie von Microsoft (2021) die Förderung von Produktivität und Wohlbefinden durch Authentizität identifiziert. Die Ableitung eines solchen Trends bezieht sich auf die Chancen, die Jared Spataro – Corporate Vice President – in der gemeinsamen Verwundbarkeit in dieser Zeit (der Pandemie) sieht, um echte Authentizität in die Unternehmenskultur zu bringen und die Arbeit zum Besseren zu verändern. (ebd.)
- **Talent ist in einer hybriden Arbeitswelt allgegenwärtig.**
  Mit diesem Trend werden Chancen des Übergangs zur hybriden Arbeit für die Erweiterung des Talentmarkts reflektiert. Dies gründet auf Ergebnissen der Studie von Microsoft (2021), nach der 46 % der dort befragten Personen angaben, aufgrund der Möglichkeit zur Remote-Arbeit im Jahr 2021 zu planen, eine andere Stelle anzunehmen. In diesem Zusammenhang haben die Möglichkeiten, die eigene Karriere zu erweitern, ohne die eigene Umgebung verlassen zu müssen, tiefgreifende Auswirkungen auf die Talentlandschaft. Dies hat auch positive Auswirkungen auf die Demokratisierung des Zugangs zu Chancen, indem es die Einstellung von Talenten aus unterrepräsentierten Gruppen ermöglicht, die nicht über die finanziellen Mittel oder den Wunsch verfügen, in eine Großstadt zu ziehen. (ebd.)

Aus der bewussten Auseinandersetzung mit diesen Trends lassen sich bereits einige Herausforderungen und Chancenpotenziale identifizieren, die die weitreichenden Veränderungen der heutigen Arbeitswelt für den sozialen Zusammenhalt von Mitarbeitenden in einer zunehmend virtuellen Zusammenarbeit mit sich bringen. In den folgenden beiden Unterkapiteln sollen einige dieser Herausforderungen und Chancen detaillierter betrachtet werden.

6.2.1   Herausforderungen

Die nun folgenden Herausforderungen der Zusammenarbeit sind nicht erschöpfend, sollen jedoch helfen, einen ersten Überblick zu bekommen.

Soziale Isolation

Spezifische Herausforderungen, die die zunehmende Zusammenarbeit über räumliche und zeitliche Grenzen hinweg für den sozialen Zusammenhalt mit sich bringt, werden in einer Studie des Instituts für Führungskultur im digitalen Zeitalter (IFIDZ, 2021) sichtbar, in der 64 % der dort Befragten Gefühle der Isolation einzelner Mitarbeitender als größte Herausforderung bei der Führung hybrider Teams betrachten. Dies wird in der nachfolgenden Abbildung verdeutlicht:

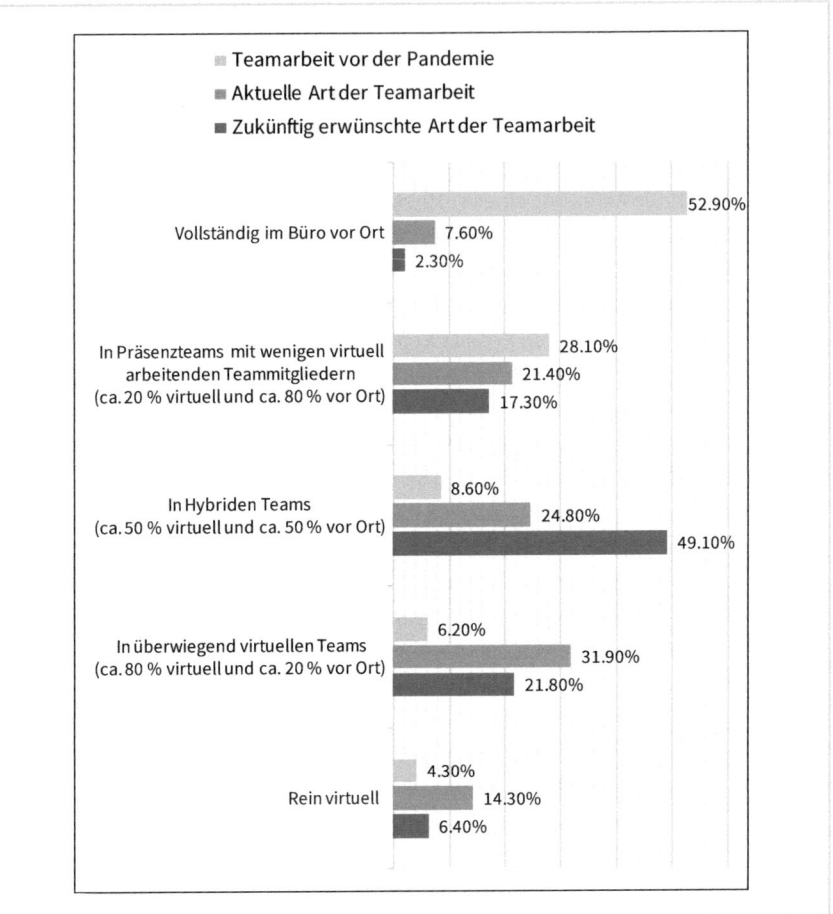

Größte Herausforderungen beim Führen hybrider Teams, eigene Darstellung in Anlehnung an IFIDZ, 2021

Ein solches Gefühl der Isolation kann sich insbesondere in hybriden Teams durch eine sachbedingte – zumindest örtliche – Trennung der virtuell arbeitenden Teammitglieder von den anderen Teammitgliedern und damit auch automatisch deren Trennung von den im Büro alltäglich stattfindenden sozialen und beruflichen Interaktionen entwickeln. Hierbei kann zwischen »sozialer Isolation« und »beruflicher Isolation« differenziert werden. Während soziale Isolation »einen grundsätzlichen Mangel an sozialer Interaktion und Kommunikation« (Kunze et al., 2021, S. 45) kennzeichnet, meint berufliche Isolation die »Erfahrung, keinen ausreichenden Zugang zu beruflichen Netzwerken und entwicklungsfördernden Aktivitäten, wie beispielsweise Networking, informelles Lernen oder Mentoring zu haben« (ebd.).

Geringe Identifikation der Mitarbeitenden

Als weitere Herausforderung wird in den Ergebnissen der Studie schließlich auch eine geringere Identifikation der Mitarbeitenden mit dem Team verdeutlicht (IFIDZ, 2021). Aufgrund der in hybriden Teams stets nur für einen Teil des Teams gegebenen Möglichkeit zu einer reichhaltigeren Face-to-Face-Kommunikation, mit der Folge, dass sich Teamkognitionen und -emotionen innerhalb des Teams sehr unterschiedlich entwickeln können, besteht dort eine Herausforderung in der Bildung von Subgruppen. Diese kann wiederum negative Auswirkungen auf die Kommunikation über das gesamte Team hinweg mit sich bringen. (Bernardy et al., 2021)

Dies wird bereits in Ergebnissen einer empirischen Studie von Webster und Wong (2008) sichtbar. In einem Vergleich von Face-to-Face und virtuell arbeitenden Teams mit semivirtuellen Teams bezüglich ihrer Teamidentität und ihres Vertrauens konnten sie für hybrid arbeitende Teams größere Herausforderungen aufzeigen, denen sich diese gegenübersahen. So beobachteten sie in semivirtuellen Teams die Bildung sich durch ein besonders starkes Identitätsgefühl und ein hohes Vertrauen zwischen den Teammitgliedern vor Ort auszeichnender Subgruppen, wobei dieses Vertrauen jedoch nicht zu den virtuell arbeitenden Teammitgliedern entwickelt wurde (Bernardy et al., 2021). Damit in Verbindung stehend ließ sich von den Autoren zudem eine zwischen dem Teilteam vor Ort und den virtuellen Teammitgliedern erfolgende geringere Kommunikation bemerken (ebd.).

Frontenbildung zwischen Büro und Homeoffice

Aus der spezifischen Zusammensetzung hybrider Teams aus Remote-Teammitgliedern sowie aus Mitgliedern, die vor Ort arbeiten, ergibt sich die Frontenbildung zwischen Büro- und Homeoffice-Mitarbeitenden als weitere Herausforderung (IFIDZ, 2021). In der Befragung des Instituts für Führungskultur im digitalen Zeitalter (IFIDZ, 2021) nehmen 33 % der dort befragten Führungskräfte dies als eine der größten Schwierigkeiten bei der Führung hybrider Teams wahr. Daneben zeigen auch Ergebnisse der Studie »Hybrid HR – Eine neue Personalfunktion für eine neue Arbeitswelt« ein solches Spannungspotenzial auf, das nicht nur innerhalb eines Teams, sondern ebenso durch unterschiedliche Präsenzregeln für verschiedene Funktionsbereiche besteht (F.A.Z. Business Media, 2021). Entsprechend gehen acht von zehn Befragte von mindestens geringen Spannungen und jede:r vierte Befragte sogar von starken Spannungen aus. Lediglich eine:r von zehn Befragten glaubt, dass die hybride Arbeitswelt keinerlei »atmosphärische Störung« nach sich zieht (ebd.).

Neben dem Spannungspotenzial, wie es durch unterschiedliche Präsenzregeln begründet ist, kann ein besonderes Konfliktpotenzial in der virtuellen Zusammenarbeit ferner im Zusammenhang mit einer hohen Mediennutzung betrachtet werden. Diese geht mit Veränderungen zu einer überwiegend asynchron verlaufenden und auf sachliche Inhalte fokussierten Kommunikation einher. Das Fehlen nonverbaler Botschaften begünstigt wiederum das Entstehen von Missverständnissen. Ein Grund für mögliche Konflikte liegt außerdem auch in der räumlichen Distanz, da sie Möglichkeiten zur Einschätzung der Gefühle der anderen Partei beschränkt. Schließlich lässt sich ebenso eine veränderte Transparenz als besondere Ursache für Konflikte in virtuellen Teams erkennen. Neben Vorteilen, wie sie eine womöglich höhere Transparenz in virtuellen Teams durch das Teilen von Dokumenten, virtuellen Arbeitsflächen und gemeinsamen Speicherorten birgt, kann sie ebenso negative Wirkungen in Form von Konkurrenzkämpfen, Furcht vor Überwachung oder eines angegriffenen Selbstwertgefühls durch Vergleiche auslösen. (Herrmann et al., 2012)

Empfindungen von Loyalität im plattformbasierten Raum

Die weitreichenden Veränderungen in der heutigen Arbeitswelt haben nicht nur eine wachsende virtuelle Zusammenarbeit, sondern zugleich eine zunehmende Erosion von Normalarbeitsverhältnissen mit einem erkennbaren Anstieg atypischer Beschäftigungsverhältnisse mit sich gebracht (Ameln/Wimmer, 2016). Als Element dieser Erosion zeigt sich dabei sowohl bei Mitarbeitenden als auch Organisationen ein erkennbarer Trend, weniger langfristige gegenseitige Bindungen einzugehen (ebd.). So bildete das Empfinden von Loyalität – mit spezifischem Bezug auf den plattformbasierten Raum – folgend auch einen wichtigen Gegenstand einer qualitativen Befragung von Oelsnitz und Kollegen (2020) unter neun Crowdworkern ab.

Das plattformbasierte Arbeiten hat sich als noch relativ junges Phänomen der heutigen Arbeitswelt immer deutlicher konturiert und resultiert in dem teilweise oder sogar vollständigen Ausstieg vieler Erwerbspersonen aus einem bisherigen Vollzeit-Arbeitsverhältnis (ebd.). Hierbei lässt sich der Begriff des Crowdworking in einer genaueren Definition als eine Fortführung des Prinzips »Crowdsourcing« begreifen (Hillebrecht, 2021), dessen Erklärung aus der Zusammensetzung aus den beiden Begriffen »Crowd« (Menge) und »Outsourcing« (Auslagerung) abgeleitet werden kann. Demnach steht hinter dem Prinzip des »Crowdsourcing« die Idee der internetbasierten Auslagerung von betrieblichen Aufgaben, indem Jobs, die sonst ursprünglich von sozialversicherungspflichtigen Beschäftigten ausgeführt werden oder wurden, an bisher unbekannte Personen, die Crowd, vergeben werden (Oelsnitz et al., 2020). Dies erfolgt in einem offenen Aufruf (ebd.).

Ein Unterschied zum Crowdworking besteht hierbei in der Vergütung, beziehungsweise den Motiven, die den Ausschlag für eine entsprechende Beteiligung geben. Während beim Crowdsourcing insbesondere intrinsische Motive eine wichtige Rolle für die zumeist unbezahlte Teilnahme auf Online-Plattformen zur Ideengenerierung spielen, liegt beim Crowdworking ein deutlicher Fokus auf der finanziellen Entlohnung. (ebd.)

Auf diese Weise ist Crowdworking eine digitale und bezahlte Arbeit, die von den konstituierenden Prinzipien des Crowdsourcing bestimmt wird. Online-Plattformen nehmen hierbei die Funktion virtueller Marktplätze ein, auf denen neben materiellen Produkten in zunehmendem Maße auch menschliche Arbeitsleistungen vermittelt werden (ebd.). So können Auftraggeber über Crowdworking-Plattformen inhaltlich und zeitlich abgegrenzte Aufgaben an Personen im Internet anbieten, die diese für sie bearbeiten und dafür eine Vergütung erhalten (Schlicher, 2020).

Ergebnisse der qualitativen Umfrage von Oelsnitz und Kollegen (2020) unter neun Plattformmitarbeitenden machen hierbei – begründet im fehlenden menschlichen Kontakt sowie der mit der Tätigkeit als Crowdworker verbundenen Anonymität – die fehlende Bedeutung von Loyalität im plattformbasierten Raum sichtbar. Aus den ihnen vorliegenden Daten schlussfolgern Oelsnitz und Kollegen (2020), dass die interviewten Crowdworker lediglich transaktionale Loyalität zu ihrem Auftraggeber beziehungsweise der Plattform empfinden, wobei die Vergütung das treibende Motiv bildet.

Divergierende Wertvorstellungen in der Zusammenarbeit unterschiedlicher Generationen
Anknüpfend an die vorherigen Betrachtungen ist abschließend auch der Umgang mit den divergierenden Wertvorstellungen und Haltungen unterschiedlicher Generationen (Traditionalisten, Babyboomer, Generation X, Y und Z) als eine der zentralen Herausforderungen des sozialen Zusammenhalts in Teams sowie auch der Gesamtorganisation zu bestimmen. Um den sozialen Zusammenhalt zwischen den Generationen zu wahren, ist es aufgrund der eigenen Charakteristik jeder Generation von zentraler Bedeutung, alle Herangehensweisen der Zielsetzung, Delegation, Kommunikation und der Kontrolle zu betrachten und zu optimieren. (Mangelsdorf, 2015)

Nach den Herausforderungen sollen im Folgenden nun die Potenziale beleuchtet werden.

6.2.2   Potenziale

Neben solchen Herausforderungen, wie sie sich mit den Veränderungen in der aktuellen Unternehmensumwelt im Zuge der Digitalisierung für den sozialen Zusammenhalt ergeben, soll ein Blick auf die diesen gegenüberstehenden Chancen dazu dienen, das Bild zu komplettieren.

Teilhabe
In einem Working Paper der Bertelsmann Stiftung (2020) wird hierbei als wichtigstes übergeordnetes Potenzial der Digitalisierung im Hinblick auf den gesellschaftlichen Zusammenhalt auf die Chance einer umfassenderen Teilhabe und Inklusion hingewiesen. Bestimmend dafür sind einerseits die neuen technischen Möglichkeiten und

andererseits die »Entwicklung einer neuen Kultur, die nach dem Leitbild der ›kollektiven Intelligenz‹ stärker die aggregierten Beiträge Vieler als die Perspektive weniger, herausgehobener Einzelner in den Mittelpunkt stellt« (Lux et al., 2020, S. 10). Auf diese Weise kann die Digitalisierung, wie sie in der heutigen Arbeitswelt in einer zunehmend hybriden Zusammenarbeit Ausdruck findet, einen wichtigen Beitrag dafür leisten, Barrieren abzubauen und Möglichkeiten für eine breitere Öffentlichkeit und insbesondere auch bislang marginalisierte Gruppen zu schaffen, an gesellschaftlichen Prozessen teilzunehmen und diese mitzugestalten. Hierbei wird eine genauere Aufschlüsselung entsprechender Chancen in die vier Potenzialbereiche

- Information,
- Kommunikation,
- Kooperation und
- Kreativität

vorgenommen. (ebd.)

Da dieser Beitrag einen Schwerpunkt auf den sozialen Zusammenhalt legt, soll im Folgenden der Potenzialbereich der Kooperation noch einmal detaillierter betrachtet werden: Lux und Kollegen (2020, S. 13) erkennen ein Potenzial, das digitale Formate bezogen auf die Kollaboration dafür bieten, »klassische Machtstrukturen [durch die Abschwächung von Faktoren, die in klassischen Settings Dominanz oder Hierarchie zum Ausdruck bringen,] zu nivellieren«. Als Beispiele für solche Faktoren verweisen sie hierbei unter anderem auf eine bestimmte Sitzordnung sowie eine starke physische Präsenz einzelner Personen (ebd.).

Darüber hinaus stellen sie als Chance neuer digitaler Kooperationsmöglichkeiten für eine Stärkung des gesellschaftlichen Zusammenhalts insbesondere auch eine bessere Vernetzung zivilgesellschaftlicher Organisationen heraus. Digitale Kooperationsmöglichkeiten erlauben diesen eine schnellere und einfachere und zugleich schlagkräftigere Zusammenarbeit zur gezielten Förderung des gesellschaftlichen Zusammenhalts über ganz unterschiedliche Handlungsebenen und Organisationsgrade hinweg. (ebd.)

Bei alledem können solche Chancen unter einem grundlegenden Potenzial betrachtet werden, das die durch den technologischen Fortschritt vorangetriebene digital gestützte Kooperation für die breite Mobilisierung von Personen und Gruppen bietet, die danach streben, gemeinsam ein Ziel zu erreichen. Durch Möglichkeiten der örtlich flexiblen Zusammenarbeit wird dies erleichtert. (ebd.)

Diversität in Teams

Ausgehend von der zuvor betrachteten Chance, wie sie die Digitalisierung grundlegend für die Teilhabe einer breiteren Öffentlichkeit bedeutet, soll in diesem Abschnitt eine besondere Bedeutung herausgestellt werden, die Inklusion und Teilhabe vor allem auch für die erfolgreiche Zusammenarbeit in diversen Teams einnehmen.

Digitale Teams bieten verstärkt die Möglichkeit, verschiedene Mitarbeitende unterschiedlicher demografischer Gruppen und Standorte, verschiedener Werten und Herangehensweisen in Projekte und Arbeitsgruppen miteinzubeziehen (Welpe et al., 2018). Diese Diversität innerhalb eines Teams kann für mehr Innovation sorgen. Innovation passiert allerdings nicht automatisch, sondern gelingt nur dann, wenn diese unterschiedlichen Werthaltungen, Perspektiven und Herangehensweisen wirksam integriert werden (ebd.).

Um den Zusammenhalt von Menschen unterschiedlicher demografischer Gruppen und Standorte und mit verschiedenen Werten und Herangehensweisen bewusst zu fördern und der menschlichen Neigung zu Konformität entgegenzuwirken, sollte eine stabile Basis durch die Verankerung wertschätzenden Verhaltens und respektvollen Umgangs mit Unterschieden geschaffen werden (ebd.).

In der zunehmenden globalen Zusammenarbeit über Landesgrenzen hinweg erhält die Fähigkeit, unterschiedliche Werte und Perspektiven zu integrieren, durch den Einfluss, den kulturelle Unterschiede auf die Arbeitsweise von Individuen nehmen, einen umso höheren Stellenwert. Dies ist ebenso durch die Bedeutung bedingt, die der globalen Zusammenarbeit im Zuge der voranschreitenden Digitalisierung als kritischer Wettbewerbsfaktor zuteil wird. (ebd.)

Die Diversitätsdimension der kulturellen und ethischen Unterschiede hat vor dem Hintergrund des digitalen Zeitalters eine hervorgehobene Bedeutung. Dabei ist es wichtig, Diversität nicht nur geschlechtsspezifisch zu betrachten, sondern in ihrer ganzen Vielschichtigkeit zu begreifen und über alle Dimensionen hinweg herzustellen. (ebd.)

6.2.3   Aufgaben zur Sicherung des sozialen Zusammenhalts in der hybriden Zusammenarbeit

Anknüpfend an die vorangegangene Betrachtung konkreter Herausforderungen und Chancen, die sich aus der zunehmenden räumlich und zeitlich distanzierten sowie digital gestützten Zusammenarbeit für den sozialen Zusammenhalt ergeben, ist das folgende Kapitel der Bestimmung spezifischer Aufgaben gewidmet, die dazu beitragen sollen, der zuvor skizzierten Ambivalenz zwischen dem Wunsch nach Flexibilität einerseits und einem Gefühl der Einsamkeit andererseits entgegenzuwirken. Im Kern geht es hierbei um die Frage, wie es Arbeitgebern und Führungskräften gelingen kann und was sie konkret tun können, um den sozialen Zusammenhalt auch über organisationale, zeitliche und räumliche Grenzen hinweg zu erhalten und bewusst zu fördern. Die nachstehende Abbildung dient in diesem Kontext der Verdeutlichung von vier zentralen Aufgabenbereichen, die im Folgenden in detaillierterer Form betrachtet werden sollen:

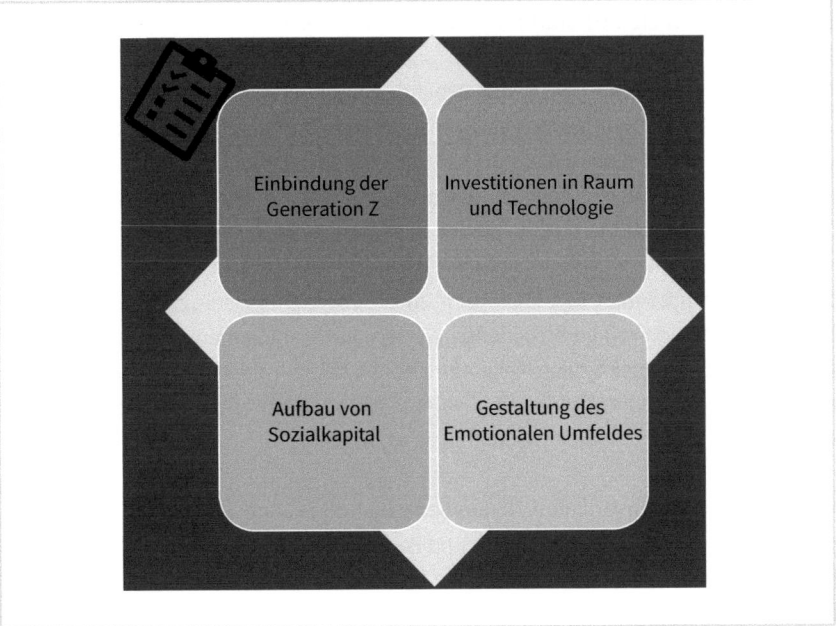

Aufgaben zur Stärkung des sozialen Zusammenhalts

Bewusste Einbindung der Generation Z

Zu diesen Aufgabenfeldern zählt es an erster Stelle, das Sinnerleben und Wohlbefinden für die Generation Z sicherzustellen. Dies ist aufgrund neuer Perspektiven, die diese einbringt, sowie ihrer Infragestellung des Status quo so wichtig. Die Beiträge der Generation Z haben auf diese Weise einen hohen Stellenwert. Zugleich werden die Erfahrungen der Generation Z als erste Generation, die ihre Arbeit auf so breiter Basis aus der Entfernung aufnimmt, die Erwartung und Einstellung zur Arbeit in der Zukunft prägen. (Microsoft, 2021)

Investitionen in Raum und Technologie zur Verbindung der physischen und digitalen Welt

Die Zunahme der Remote-Arbeit, wie oben erwähnt, bedingt, dass wir uns zur Zusammenarbeit, zum Aufbau von Sozialkapital, unter dem meist die in sozialen Beziehungen verankerten spezifischen Ressourcen verstanden werden (Kriesi, 2007), sowie zum Knüpfen von Kontakten nicht mehr nur auf Büros verlassen können, auch wenn der physische Raum weiterhin wichtig bleiben wird. Damit es möglich ist, den besonderen Bedürfnissen jedes Teams und auch bestimmten Rollen gerecht zu werden, muss der Büroraum eine Verbindung zwischen physischer und digitaler Welt schaffen. In diesem Zusammenhang ist es wichtig, dass die Unternehmen mehr Verantwortung für die Heimarbeitsplätze ihrer Mitarbeiterinnen und Mitarbeiter übernehmen, um das Zugehörigkeitsgefühl und die Integration der Remote-Mitarbeitenden zu fördern.

Dies gilt insbesondere bezogen auf diejenigen Menschen, die noch am Anfang ihrer Karriere stehen und über weniger Ressourcen verfügen. (Microsoft, 2021)

Um es neuen Mitarbeitenden zu erleichtern, Kontakte zu knüpfen, kann eine wichtige Empfehlung darin liegen, diese in den ersten Monaten zunächst vollständig im Büro arbeiten zu lassen (Möller, 2021).

Zur Überwindung des Trends der Isolation durch virtuelles Arbeiten sollen – anknüpfend an die vorherigen Betrachtungen zu einem »Imagewechsel« des klassischen Büros – nun konkrete Chancen der neuen Arbeitsform des Coworking noch einmal genauer betrachtet werden:

Coworking Spaces

Coworking Spaces können mit ihrer Möglichkeit zur Gestaltung eines sozialen Umfelds in Form einer lebhaften Arbeitsatmosphäre als interessante Lösung zur Begegnung des Trends hin zur Isolation wahrgenommen werden. Unter einem »Coworking Space« lässt sich ein integriertes und flexibles Geschäfts- und Arbeitsmodell begreifen, das auf die Bedürfnisse von Entrepreneuren, Kreativ- und Wissensarbeitern fokussiert ist (Schürmann, 2013) und eine Mischform aus einem traditionellen Arbeitsplatz und einer gemeinschaftlichen Umgebung darstellt (Görmar/Bouncken, 2020). Arbeiten mit Gleichgesinnten leistet einen wichtigen Beitrag, um die eigene Leistungsstärke zu fördern und das Selbstbewusstsein zu stärken (Schürmann, 2013). Dafür sind fünf Kernwerte – Zusammenarbeit, Gemeinschaft, Nachhaltigkeit, Offenheit und Zugänglichkeit – als Grundlage jedes Coworking Space bestimmend (ebd.). So steht als ergänzender Aspekt neben dem Arbeitsraum auch der »Aufbau eines Netzwerks für Wissensaustausch [informell beim Pausengespräch oder formell durch geplante Zusammenarbeiten], Innovation und Weiterbildung im Vordergrund, welches die Coworker in ihrer Unternehmertätigkeit weiterbringt« (ebd., S. 34).

Hierbei bietet der soziale Interaktionsraum, durch dessen Verfügbarkeit sich ein Coworking Space auszeichnet, für seine Nutzenden besondere Vorteile in der Vernetzung mit den anderen Mitgliedern des Coworking Space (Reuschl/ Bouncken, 2017). Die Vernetzung kann so tiefgreifend sein, dass sie zur Bildung einer Gemeinschaft mit gemeinsamen Normen und Werten führt (ebd.). Solche gemeinsamen Visionen, geteilten Normen und gemeinsamen Routinen lassen ein Gemeinschaftsgefühl zwischen den Nutzenden des Coworking Space entstehen, obwohl keine Vorgabe eines Wertekodex oder einer Unternehmensphilosophie durch einen gemeinsamen Arbeitgeber besteht (Görmar/Bouncken, 2020). Dieses Gemeinschaftsgefühl wird in unterschiedlichen Studien als Kernelement des Coworking Space identifiziert (ebd.).

Um im Kontext der steigenden Bedeutung von Internationalisierung, Projektarbeit und Expertenwissen den wachsenden Anforderungen, die diese – ausgehend von den vorherigen Ausführungen – insbesondere für Kollaborationsprozesse mit sich bringen, zu begegnen, reagieren verschiedene Technologielieferanten mit dem Angebot von Social-Business-Software. Diese Komponenten, wie beispielsweise Wikis oder

Diskussionsräume, ermöglichen neben der Bündelung von Wissen vor allem auch eine Stärkung des Sozialkapitals. (Stieglitz/Meske, 2012)

Eine wichtige Aufgabe liegt darin, die Einführung einer solchen Softwarelösung mit einer klaren Zielstellung zu verknüpfen und mit ihr nicht nur einem Trend zu folgen. Zudem bedarf es zugleich einer an die jeweilige Zielsetzung angepassten strukturierten Einführungsplanung, da eine monetäre Bewertung des Projekterfolgs nur schwer möglich ist. (ebd.)

Investitionen in entsprechende Technologien sind als Ergänzung zu den zuvor betrachteten Investitionen in räumliche Gegebenheiten notwendig, um für ein Gefühl des sozialen Zusammenhalts auch über räumliche Grenzen hinweg die vollständige Mitarbeit von zu Hause, aus dem Büro, von unterwegs oder aus der Produktion zu ermöglichen (Microsoft, 2021).

Dies schließt die Gestaltung integrativer Meetings ein, die unabhängig vom jeweiligen Standort für alle die Möglichkeit bieten, einen Beitrag zu leisten. Auf das konkrete Beispiel Microsoft bezogen, stellt sich das Unternehmen hierzu unter anderem Änderungen in der Gestaltung von Besprechungsräumen mit mehreren Bildschirmen, die dynamische Ansichten von Teilnehmern, Chats, Whiteboards, Inhalten und Notizen ermöglichen, vor. Zugleich sollen Verbesserungen der Technologien im Raum dazu dienen, Mitarbeitende bei der Verfolgung des Verlaufs und der Teilnahme am Meeting zu unterstützen. (ebd.)

Als weiteres Beispiel für den Einsatz digitaler Tools zur Unterstützung des vielfältigen Austauschs zwischen den Mitarbeitenden kann überdies die Handy-App »Coffee-Call« angeführt werden, um zufällige Begegnungen zwischen den Mitarbeitenden zu schaffen. Hierbei führt die Auslösung eines »Coffee Calls« durch einen Mitarbeitenden zur Versendung einer Benachrichtigung an höchstens 15 – über einen Algorithmus zufällig ausgewählte – Kolleg:innen, von denen der- oder diejenige, der oder die als Erstes abnimmt, für die Dauer von sieben Minuten mit dem Anrufer verbunden wird. (Möller, 2021)

Bei all dem ist zu beachten, dass mit der Einigung auf grundlegende Regeln der Remote-Arbeit eine wichtige Basis für eine gelingende Zusammenarbeit in einer virtuellen Umgebung geschaffen wird. Die Aufstellung einiger Grundregeln unterstützt dabei, eine bessere Verteilung der Rollen vornehmen und die Komplexität der Zusammenarbeit reduzieren zu können. Entsprechende Vereinbarungen können sich beispielsweise auf die Art und Weise der Kommunikation, der Rücksprache zu Pausenzeiten sowie auf Vereinbarungen zur Dokumentation beziehen. Ergänzend können zur Förderung des Teamgeists und gegenseitigen Vertrauens kurze »Dailys« oder auch wöchentliche Meetings eingeführt werden, bei denen alle Teammitglieder über ihre

jeweiligen Highlights der vergangenen 24 Stunden sowie ihren spezifischen Unter-
stützungsbedarf berichten. (Haufe Online, 2020)

Moderator:innen und Vermittler:innen haben hier die zunehmend wichtige Aufgabe, in den Meetings den Einbezug der Remote-Mitarbeitenden sicherzustellen. Die
Moderation fungiert auf diese Weise als Fürsprecher und Stellvertreter der Remote-
Mitarbeitenden und unterstützt diese in ihrer Rolle, sich nahtlos in die Arbeitsabläufe
einzufügen. Außerdem gibt sie Hilfestellung bei schwierigen Themen. Sie trägt Sorge
dafür, dass sich Remote-Mitarbeitende in gleicher Form beteiligen können und eingebunden fühlen wie ihre Kolleg:innen vor Ort. (Microsoft, 2021)

(Wieder-)Aufbau von Sozialkapital
Aus den vorherigen Betrachtungen wird deutlich, wie die benannten Aufgaben der
Investition in Raum und Technologie im Kontext der übergeordneten Aufgabe »Auf-
bau von Sozialkapital« wahrgenommen werden können. Deren hervorgehobene Be-
deutung wird hierbei durch datenbasierte Aussagen unterstrichen, die den (Wieder-)
Aufbau von Sozialkapital als wirtschaftliches Gebot kennzeichnen (Microsoft, 2021).

In einer hybriden Welt stellt sich die Erweiterung der Netzwerke, die in jedem Arbeitsumfeld mühsam ist, als noch herausfordernder dar. Interaktionen fühlen sich weniger
natürlich an und benötigen mehr Aufwand, was jedoch nicht dazu führen darf, die zentrale Bedeutung des (Wieder-)Aufbaus von Sozialkapital – mit dessen wesentlichem
Einfluss auf Produktivität, Kreativität und Innovation – zu übersehen. (ebd.)

Ein erster wichtiger Schritt liegt hierbei darin, eine passive Bemühung um Teambildung und -bindung zu einer aktiven Anstrengung werden zu lassen (ebd.). Zugleich ist
der Ausbau der Netzwerke, die im Jahr der Pandemie zurückgegangen sind, wichtig.
Dafür besteht ein wichtiger Baustein darin, Teams zur Suche nach vielfältigen Perspektiven in benachbarten Teams sowie zum Teilen ihrer Erfahrungen und zur besonderen Achtsamkeit für Gruppendenken zu ermutigen. (ebd.)

Beobachtungen bei Microsoft aus den Berichten von Menschen zeigen, dass die bewusste Ermutigung und Belohnung des Aufbaus von Sozialkapital tendenziell als
wichtiger Beitrag gelten kann, um eine höhere Qualität sozialer Interkationen zu erreichen. Ebenso ließ sich aus Berichten der Menschen wahrnehmen, dass die Förderung
und Belohnung sozialer Unterstützung durch Boni oder andere Anreize dazu führt,
dass Mitarbeitende in solchen Unternehmen zufriedener und glücklicher mit ihrer
Arbeit waren. (ebd.)

So begreift Nancy Baym, Senior Principal Researcher bei Microsoft, vor diesem Hintergrund die gegenseitige Unterstützung als wichtigste Aufgabe der heutigen Zeit. Bestimmend dafür ist die Etablierung einer Kultur, die von Freundlichkeit, Freude und

kooperativer Zusammenarbeit geprägt ist und die in ihrem Beitrag für das Endergebnis als genauso wichtig empfunden wird wie die Abarbeitung der täglichen To-do-Liste. (ebd.)

Schließlich knüpft daran die eine vierte Aufgabe an, die eng mit der Aufgabe des Aufbaus von Sozialkapital verbunden ist: Es geht darum, eine emotionale Kultur zu schaffen.

Gestaltung des emotionalen Umfelds

Mit der Zunahme hybrider und dezentraler Arbeitsplätze gewinnt die emotionale Kultur, die in jedem Unternehmen besteht, mehr denn je an Bedeutung. Hierbei kann neben der Notwendigkeit für Organisationen und Führungskräfte, ein Gefühl der Wertschätzung durch die Gestaltung entsprechender Arbeitsplatzrichtlinien zu schaffen, jeder Einzelne zur Schaffung eines integrativen Umfelds beitragen. (Ravishankar, 2022)

Dafür bilden Gesten wie die Begrüßung der Kolleg:innen, der rücksichtsvolle und versöhnliche Umgang mit sich selbst bei Fehlern, das aktive Zugehen auf Kolleg:innen, die sich in einer schwierigen Situation befinden, und der Einsatz für das Wohl des Teams wesentliche Bausteine. So wird eine Kultur aufgebaut und gepflegt, die auf Qualitäten des Respekts, der Freundlichkeit, des Selbstmitgefühls, der Ehrlichkeit sowie des gegenseitigen Vertrauens gründet. (ebd.)

Zugleich erfordert es die Gestaltung einer emotionalen Kultur, Verletzlichkeit zu zeigen. Auch wenn sich dies möglicherweise unangenehm anfühlt, verhilft die Auseinandersetzung mit diesen Gefühlen dazu, als Person zu mehr Mut, Selbstbewusstsein und Ehrlichkeit zu finden. (ebd.)

Eine Möglichkeit, um den Mitarbeitenden als Führungskraft eine solche Verletzlichkeit zu signalisieren oder auch zu zeigen, dass man auch als Führungskraft nicht perfekt ist, bietet sich im virtuellen Umfeld im Rahmen einer Homeoffice-Tour: Jedes Teammitglied führt die anderen Mitglieder virtuell durch die eigene Wohnung oder durchs Haus, wobei der Beginn am besten durch die Führungskraft erfolgt (Haufe Online, 2020). Dies kann dazu beitragen, ein Gefühl der »psychologischen Sicherheit« zu stärken, das von der Wahrnehmung der Teammitglieder bestimmt ist, offen und authentisch miteinander umgehen zu können (Weise, 2021).

Um allgemein eine positive Atmosphäre im Team zu unterstützen, ist es auch denkbar, als Führungskraft ein Meeting mit der Frage abzuschließen, wofür die einzelnen Teammitglieder Dankbarkeit empfinden. Wenn diese Übung regelmäßig durchgeführt wird, hilft dies, den Blick von z. B. einer Überlastung durch negative Nachrichten gezielt auf positive Aspekte zu lenken und die aktuelle Situation aus einer anderen Perspektive wahrzunehmen und zu betrachten. (Haufe Online, 2020)

6.3   Fazit/Ausblick

Mit den vorangegangenen Ausführungen wurde aufgezeigt, wie sich die voranschreitende Digitalisierung im spezifischen Kontext der zunehmenden Zusammenarbeit in hybriden Teams und der Etablierung atypischer Arbeitsverhältnisse sowohl als Chance als auch als Herausforderung für den sozialen Zusammenhalt begreifen lässt. Die langfristigen Auswirkungen, welche die digitale Transformation in diesem Zusammenhang für den gesellschaftlichen Zusammenhalt allgemein mit sich bringen wird, sind dabei ungewiss. Durch die Digitalisierung besteht allerdings auch die Gefahr der sozialen Spaltung (Lux et al., 2020). Damit dies nicht geschieht, ist es für die Bildung einer integrativen digitalen Gesellschaft, wie sie von Gesche Joost, Professorin für Designforschung an der Universität der Künste Berlin und Leiterin des Design Research Lab, gefordert wird, wesentlich, das Verhältnis von Digitalisierung und gesellschaftlichem Zusammenhalt zukünftig noch stärker als bislang in den Blick zu nehmen (ebd.).

Hierbei lässt sich in einer auf den beruflichen Kontext bezogenen Perspektive das Zusammenwirken von Mitarbeitenden, Führungskräften und Organisation als zentraler Baustein betrachten, um eine solche Zukunft des Zusammenhalts zu gestalten. Doch kann auch außerhalb dieses Rahmens jede:r Einzelne stets durch das eigene Engagement im Dialog mit Andersdenkenden oder in der Unterstützung anderer beim Umgang mit digitalen Tools einen aktiven Beitrag leisten (ebd.).

Damit verknüpft soll anhand der vorangegangenen Betrachtungen ebenso aufgezeigt werden, wie die voranschreitende Digitalisierung nicht nur wachsende Anforderungen an technisches Know-how stellt, sondern insbesondere auch soziale Kompetenzen erfordert. Diese Erkenntnis stützen Ergebnisse einer Umfrage unter den Teilnehmenden des Workshops »Trying Times Lab« der Bertelsmann Stiftung zur Fragestellung »Wie digital ist die Zukunft des gesellschaftlichen Zusammenhalts?«. In dieser Erhebung bilden die urmenschlichen Tugenden Mut, Vertrauen, Transparenz und Empathie den Kern der Antworten auf die Frage, was für die Gestaltung eines starken Zusammenhalts im digitalen Zeitalter ganz besonders notwendig ist. (ebd.)

Dies steht im Einklang mit einer Aufforderung, wie sie im nachstehenden Zitat von Nancy Baym, Senior Principal Researcher bei Microsoft, dafür formuliert wird, die Gestaltung eines gemeinsamen Miteinanders als feststehendes Element der täglichen Arbeitsprozesse zu begreifen und umzusetzen:

»Organizations need to understand that being nice to each other, chatting with each other, and goofing around is part of the work that we do. They are no distraction or unproductive.«

Baym, zit. nach Microsoft, 2021

6.4   Literatur

Adzuna (2019). Anteile der Stellenanzeigen* mit Angebot von Homeoffice nach Bundeslän-
dern in Deutschland im Jahr 2019. Statista. Online verfügbar unter https://de-statista-
com.hske.idm.oclc.org/statistik/daten/studie/1073086/umfrage/stellenanzeigen-
mit-angebot-von-homeoffice-nach-bundeslaendern-in-deutschland/ (abgerufen am
29.07.2022).

Ameln, Falko von/Wimmer, Rudolf (2016). Neue Arbeitswelt, Führung und organisationaler
Wandel. Gruppe. Interaktion. Organisation. Zeitschrift für Angewandte Organisationspsychologie (GIO) 47(1), 11–21. https://doi.org/10.1007/s11612-016-0303-0.

Becker, Florian (2019). Mitarbeiter wirksam motivieren. Berlin, Heidelberg: Springer.

Berger, Stefan/Weber, Falk/Buser, Anja (2021). Hybrid Work Compass: Navigating the
future of how we work. Online verfügbar unter https://www.researchgate.net/
publication/356840730_Hybrid_Work_Compass_Navigating_the_future_of_how_we_
work/citation/download.

Bernardy, Valeria/Müller, Rebecca/Röltgen, Anna T./Antoni, Conny H. (2021). Führung hybrider Formen virtueller Teams – Herausforderungen und Implikationen auf Team- und
Individualebene. In: Susanne Mütze-Niewöhner/Winfried Hacker/Thomas Hardwig et
al. (Hrsg.). Projekt- und Teamarbeit in der digitalisierten Arbeitswelt. Berlin, Heidelberg:
Springer, S. 115–138.

Carucci, Ron (2021). Wie Teams hybrid zusammenfinden. Harvard Business manager.
Online verfügbar unter https://www.manager-magazin.de/harvard/fuehrung/hybrides-
arbeiten-wie-sie-die-beziehungen-zwischen-teams-erneuern-a-68a2c9c0-c62c-4c3f-
a1a4-5fde7de6ae27 (abgerufen am 16.10.2022).

Cruz, Johann de (2018). The Social Glue in business? Linked In. Online verfügbar unter
https://www.linkedin.com/pulse/social-glue-business-johann-de-cruz/ (abgerufen am
28.07.2022).

Deci, Edward L.; Ryan, Richard M. (1993): Die Selbstbestimmungstheorie der Motivation und
ihre Bedeutung für die Pädagogik. Zeitschrift für Pädagogik 39 (1993) 2, S. 223–238. In:
Zeitschrift für Pädagogik 39. DOI: 10.25656/01:11173.

EY (2021). Arbeitswelt im Umbruch oder nach der Pandemie zurück in die Zukunft? Studie
Arbeitswelt der Zukunft. Online verfügbar unter https://assets.ey.com/content/dam/ey-
sites/ey-com/de_de/noindex/ey-studie-arbeitswelt-der-zukunft-2021.pdf?mkt_tok=NTI
wLVJYUC0wMDMAAAGAR2KZWQeItXRfnAWFfCWkuTn3dRgcD5pC2VK4QyP75-oScJ4JJsJ
CMSaQ77FBibCNa0yKEEiI31RZpMLNM6aQuMIHgyJkWNNjtoL7EcHbMY2VCQ (abgerufen
am 25.03.2023).

F.A.Z. Business Media (2021). Hybrid HR. Eine neue Personalfunktion für eine neue Arbeitswelt. F.A.Z. BUSINESS MEDIA GmbH.

Görmar, Lars/Bouncken, Ricarda B. (2020). Gemeinsames Arbeiten in der dezentralen digitalen Welt. In: Mario Daum/Marco Wedel/Christian Zinke-Wehlmann et al. (Hrsg.). Gestaltung vernetzt-flexibler Arbeit. Berlin, Heidelberg: Springer, S. 227–247.

Haufe Online (2020). Fünf Tipps für mehr Teamgeist trotz Homeoffice. Online verfügbar unter https://www.haufe.de/personal/hr-management/tipps-fuer-mehr-teamgeist-trotz-homeoffice_80_529888.html#:~:text=Jedes%20Teammitglied%20(am%20besten%20beginnt,an%20und%20f%C3%B6rdert%20den%20Teamgeist! (abgerufen am 14.10.2022).

Herrmann, Dorothea/Hüneke, Knut/Rohrberg, Andrea (2012). Führung auf Distanz. Wiesbaden: Gabler.

Hillebrecht, Steffen (2021). Perspektivenorientierte Personalwirtschaft. Wiesbaden: Springer Fachmedien.

IDT – Institut für digitale Transformation in Arbeit, Bildung und Gesellschaft (2021). Working in Hybrid Teams – The new normal and how can it succeed. Unveröffentlichte Studie.

Indeed (2021). Anteile der Stellenanzeigen mit Angebot von Homeoffice in verschiedenen deutschen Städten im Jahr 2021. Statista. Online verfügbar unter https://de-statista-com.hske.idm.oclc.org/statistik/daten/studie/1073000/umfrage/stellenanzeigen-mit-angebot-von-homeoffice-in-deutschen-staedten/ (abgerufen am 29.07.2022).

Institut für Führungskultur im digitalen Zeitalter (2021). Leadership-Trendbarometer Juni 2021 – Größte Herausforderungen beim Führen hybrider Teams. Online verfügbar unter https://ifidz.de/digital-leadership-beratung-studien/leadership-development-berater/hybride-teams-fuehrung-fuehren-beratung-unternehmen/ (abgerufen am 14.10.2022).

Kriesi, Hanspeter (2007). Sozialkapital. Eine Einführung. In: Axel Franzen/Markus Freitag (Hg.). Sozialkapital. Grundlagen und Anwendungen. Wiesbaden, VS Verlag für Sozialwissenschaften, 23–46.

Kunze, Florian/Hampel, Kilian/Zimmermann, Sophia (2021). Homeoffice und mobiles Arbeiten? Frag doch einfach! Klare Antworten aus erster Hand. München/Tübingen: UVK Verlag, Narr Francke Attempto Verlag GmbH + Co. KG.

La Guardia, Jennifer G./Ryan, Richard M./Couchman, Charles E./Deci, Edward L. (2000). Within-person variation in security of attachment: A self-determination theory perspective on attachment, need fulfillment, and well-being. Journal of Personality and Social Psychology 79(3), 367–384. https://doi.org/10.1037/0022-3514.79.3.367.

Lux, Annina/Mehl, Philipp/Spohn, Ulrike/Unzicker, Kai/Walbrodt, Alexa/Wirnsperger, Peter (2020). Wie digital ist die Zukunft des gesellschaftlichen Zusammenhalts? Bertelsmann Stiftung. Online verfügbar unter https://www.bertelsmann-stiftung.de/fileadmin/files/user_upload/Working_Paper_LW_MT_Wie_digital_ist_die_Zukunft_des_gesellschaftlichen_Zusammenhalts_2020.pdf (abgerufen am 24.07.2022).

Mangelsdorf, Martina (2015). Von Babyboomer bis Generation Z. Der richtige Umgang mit unterschiedlichen Generationen im Unternehmen. Offenbach: GABAL.

Microsoft (2021). 2021 Work Trend Index: Annual Report. The Next Great Disruption Is Hybrid Work—Are We Ready? Online verfügbar unter https://ms-worklab.azureedge.net/files/reports/hybridWork/pdf/2021_Microsoft_WTI_Report_March.pdf (abgerufen am 29.07.2022).

Möller, Claas (2021). Homeoffice: Geht der soziale Klebstoff verloren? Mobiles Arbeiten bleibt der Wirtschaft auch nach der Corona-Pandemie erhalten. Was aber lässt sich gegen Einsamkeit am heimischen PC tun? Niederrhein Manager 05/ 2021. Online verfügbar unter https://www.regiomanager.de/niederrhein/themen/management/geht-der-soziale-klebstoff-verloren- (abgerufen am 29.07.2022).

Oelsnitz, Dietrich von der/Staiger, Anna-Maria/Schmidt, Johannes (2020). Crowdworking: Neue Realitäten der Führung. Gruppe. Interaktion. Organisation. Zeitschrift für Angewandte Organisationspsychologie (GIO) 51(2), 213–222. https://doi.org/10.1007/s11612-020-00510-4.

Ravishankar, Rakshitha Arni (2022). How to Build a Great Work Culture: Our Favorite Reads. Harvard Business Review. Online verfügbar unter https://hbr.org/2022/06/how-to-build-a-great-work-culture-our-favorite-reads?utm_campaign=hbr&utm_medium=social&utm_source=linkedin (abgerufen am 14.10.2022).

Reinhardt, Kai (2020). Digitale Transformation der Organisation. Wiesbaden: Springer Fachmedien.

Reuschl, Andreas J./Bouncken, Ricarda B. (2017). Coworking-Spaces als neue Organisationsform in der Sharing Economy. In: Manfred Bruhn/Karsten Hadwich (Hrsg.). Dienstleistungen 4.0. Wiesbaden: Springer Fachmedien, S. 185–208.

Schlicher, Katharina D. (2020). Crowdwork – die Arbeitsform der Zukunft? – Forschungsergebnisse. BertelsmannStiftung. Online verfügbar unter https://www.zukunftderarbeit.de/2020/05/07/crowdwork-die-arbeitsform-der-zukunft-forschungsergebnisse/ (abgerufen am 25.03.2023).

Schürmann, Mathias (2013). Coworking Space. Wiesbaden: Springer Fachmedien.

Stieglitz, Stefan/Meske, Christian (2012). Maßnahmen für die Einführung unternehmensinterner Social Media. HMD Praxis der Wirtschaftsinformatik 49(5), 36–43. https://doi.org/10.1007/BF03340735.

Webster, J./Wong, W. K. P. (2008). Comparing traditional and virtual group forms: identity, communication and trust in naturally occurring project teams. The International Journal of Human Resource Management 19(1), 41–62. https://doi.org/10.1080/09585190701763883.

Weise, Dirk F. K. (2021). Führen im hybriden Arbeitsumfeld 2021. Online verfügbar unter https://www.weise-entwicklung.de/wp-content/uploads/2021/06/whitepaper_hybrides_arbeitsumfeld.pdf (abgerufen am 31.01.2021).

Welpe, Isabell M./Brosi, Prisca/Schwarzmüller, Tanja (2018). Digital Work Design. Die Big Five für Arbeit, Führung und Organisation im digitalen Zeitalter. Frankfurt: Campus.

Wettstein, Alexander/Raufelder, Diana (2020). Beziehungs- und Interaktionsqualität im Unterricht. Theoretische Grundlagen und empirische Erfassbarkeit. In: Gerda Hagenauer/Diana Raufelder (Hrsg.). Soziale Eingebundenheit. Sozialbeziehungen im Fokus von Schule und Lehrer*innenbildung. Münster, Waxmann Verlag GmbH, S, 17–32.

Willis, Katharine S./Roussos, George/Chorianopoulos, Konstantinos/Struppek, Mirjam (Hrsg.) (2010). Shared Encounters. London: Springer.

Winkler, Katrin/König, Svenja/Heß, Claudia (2022). Management und Führung hybrider Teams. Online verfügbar unter https://www.econstor.eu/handle/10419/251054 (abgerufen am 02.10.2022).

7 Teambeziehungen stärken – vom Miteinander zum Füreinander

Nico Pannier

Zwei Kolleg:innen sitzen in einem Meetingraum in Böblingen vor einer Telefonspinne, zwei weitere Tausende Kilometer entfernt in Singapur – und haben eine Projektbesprechung für eine Software. Für IBM waren genau solche Szenarien bereits in den Nullerjahren Normalität. Zu der Zeit war diese Arbeitsweise noch exotisch und wurde als technokratisches Gebilde angesehen, in dem Kolleg:innen weltweit über eine IT-Plattform organisiert wurden. Heute steht fest: Das waren keine kleinen Pflänzchen, sondern richtige Arbeitsmodelle, die heute händeringend von vielen Unternehmen gesucht bzw. weiterentwickelt werden wollen. Plötzlich sind fast alle betroffen und in dieses neue Zeitalter der Arbeit katapultiert. Dabei gewinnen das Team und dessen Zusammenarbeit massiv an Bedeutung. Diese Zusammenarbeit ist wichtig, um in Unternehmen Wertschöpfung zu erzeugen (Wimmer, 2006). Teams bilden eine Sozialstruktur, die Menschen aktiv aufsuchen. Das gilt auch für das hybride Arbeiten, bei dem Teams vor spezifische Herausforderungen gestellt werden (Morrison-Smith/Ruiz, 2019).

Welchen Herausforderungen Teams in hybriden Arbeitswelten begegnen und wie sich diese auf die Teams auswirken, ist bereits sehr gut untersucht, denn spätestens seit den frühen 2000er-Jahren haben sich Teams gerade in der Softwareentwicklung in solchen Modellen organisiert. Dabei waren sie, wie in dem oben beschriebenen Fall bei IBM und vielen anderen IT-Unternehmen, global in hybriden Arbeitsmodellen räumlich und auf verschiedene Arbeitszeiten verteilt (Boland, 2004). Nicht nur die Teams, die besonders in den Corona-Jahren 2020 und 2021 manchmal zwangsweise aus der Ferne zusammenarbeiteten, können auf einen großen Erfahrungsschatz von über zwanzig Jahren Forschung blicken und daraus lernen.

»One size fits all« ist keine Lösung

Dabei sind nicht alle Organisationen gleich: Teams arbeiten unter unterschiedlichen Rahmenbedingungen, das ist keine Binsenweisheit, sondern eine grundlegende Erkenntnis aus bestehenden Metastudien. Eine solche Rahmenbedingung ist die geografische Abhängigkeit, an einem Platz zusammenarbeiten zu müssen, eine andere die Komplexität der Teamaufgaben. Für die unterschiedlichen Anforderungen in unterschiedlichen Kontexten braucht es unterschiedliche Maßnahmen, damit sich Teams gut entwickeln (Morrison-Smith/Ruiz, 2019). Allein der Blick auf die Art der Aufgaben, die das Team sich vornimmt, zeigt, wie unterschiedlich Teams dann arbeiten: vom Nebeneinander über das Miteinander zum Füreinander.

Ab und zu rutscht aus dem Fokus, dass Teams für den Erfolg von Unternehmen essenziell wichtig sind. Ein Grund dafür sind Publikationen über die Nachteile von Teams, in denen Stichwörter wie »Trittbrettfahren« oder »soziales Faulenzen« (Rosenstiel, 2004) zu finden sind, die eine hohe mediale Aufmerksamkeit bekommen haben. Teams sorgen im Unternehmen für Leistung (Wimmer, 2006; Thompson, 2004) unter anderem dadurch, dass sich die Identifikation mit dem Team und damit indirekt mit dem Unternehmen verbessert (Van Dick/West, 2005). Das gilt im klassischen Büro, in der Arbeit auf die Ferne (remote work) und in der hybriden Gestaltung von Arbeit, in der sich die Zusammenarbeit von überall – #everywhere – und zu jeder Zeit – #everytime – neu gestaltet. Die Art des Teams ist entscheidend dafür, welche Herausforderungen auch unter hybriden Arbeitsbedingungen gemeistert werden müssen. Wie einzelne Teams diese Herausforderungen lösen, klärt darüber auf, wie erfolgreich sie sind. Es ist nicht sinnvoll, alle Teams mit den gleichen Maßnahmen entwickeln zu wollen. Ein genauer Blick ist ratsam, bevor die berühmt-berüchtigte Gießkanne zum Einsatz kommt.

Gleich und gleich gesellt sich gern – wie Gruppen sich formen

In den Achtzigerjahren haben Forschende rund um Henri Tajfel und John C. Turner (1986) herausfinden wollen, ob es minimale Rahmenbedingungen gibt, die ausreichen, dass sich Menschen als Teil einer Gruppe fühlen. Die damals überraschende Antwort war, dass auch absurde gemeinsame Merkmale, wie zum Beispiel die Vorliebe für einen bestimmten Maler, zur Bevorzugung der eigenen Gruppe führten. In dem Experiment waren Menschen dann viel eher bereit, Belohnungen an völlig Fremde zu vergeben, wenn sie glaubten, diese gehörten zu ihrer eigenen Gruppe. Kleinste Merkmale führen also zur Definition einer Gruppe, die sich auch in den Köpfen der Mitglieder abbildet und z. B. zur Identifikation mit der Gruppe führt.

Davon zu unterscheiden sind Teams. Die Definition von Teams hat sich auch im Laufe der Forschung zu heute komplexen Strukturen weiterentwickelt. In den Teamstrukturen und darüber hinaus finden Interaktionen statt, die rekursiv sind, d. h. mit jeder Interaktion verändern sich Teammitglieder, das Team selbst und damit auch die Rahmenbedingungen des Teams. Es geht in Teams nicht mehr um einfache Kausalketten, sondern um komplexe Gebilde, die sich selbst beeinflussen (Ilgen et al., 2005). Wenn wir zurück zu unserem Beispielunternehmen gehen, dann sind die Softwareentwickler von IBM ein typisches Beispiel dafür, wie die Wertschöpfung in Teams vonstattengehen kann.

Gruppen und Teams unterscheiden sich ganz grundlegend darin, wie stark die Mitglieder voneinander abhängig sind. Je höher die Komplexität der Abhängigkeiten, desto wichtiger wird dann die Kommunikation (Marlow, 2017). Das gilt zum Beispiel auch für die IT-Kolleg:innen in einem agilen Softwareprojekt, die sich sehr strukturiert besprechen, um am Ende eines neuen Sprints das passende Produkt ausliefern zu können.

Mit steigender Komplexität steigen auch die Anforderungen an Teamkommunikation und Interaktion

Teams unterscheiden sich zum Beispiel in den Arten von Entscheidungen, die sie zu treffen haben. In der unten stehenden Tabelle sind vier unterschiedliche Entscheidungskategorien aufgeführt, die in der Forschung rund um die Entscheidungstheorie zu unterschiedlichen Methoden bei der Entscheidungsfindung führen. Daraus entstehen dann unterschiedliche Teamaufgaben:

- Auf der Stufe 1.0 sind die Aufgaben einfach und leicht zu organisieren, deswegen lässt sich die Bewältigung der Aufgaben auch gut automatisieren (streng genommen handelt es sich hier gar nicht um ein Team, sondern um eine Gruppe). Es müssen keine rationalen, bewussten Entscheidungen getroffen werden, sondern es wird aus dem Bauch heraus entschieden.
- Auf der Stufe 2.0 sind die Aufgaben kompliziert und gut zu organisieren. Die Teammitglieder müssen sich für die Bewältigung ihrer Aufgaben konzentrieren. Sie müssen im Gegensatz zur ersten Stufe rationale und bewusste Entscheidungen treffen.
- Auf der Stufe 3.0 sind die Aufgaben komplex und die Teammitglieder betreiben kognitiven Aufwand, um kreativ neue Ideen zu produzieren, deren Wirkung(en) schlecht vorherzusehen sind.
- Auf der Stufe 4.0 sind die Aufgaben auch komplex. Im Unterschied zur vorherigen Stufe müssen sich die Teammitglieder in ihrer Kreativleistung untereinander abstimmen. Eine Kollegin allein ist nicht in der Lage, das finale Produkt oder den Service zu erbringen. Die Teammitglieder entscheiden gemeinsam über die Entwicklung ihrer Ideen.

Teamaufgaben	Team 1.0	Team 2.0	Team 3.0	Team 4.0
Einfach zu organisieren und zu automatisieren	Ja	Ja	Selten	Selten
Kompliziert	Nein	Ja	Ja	Ja
Komplex (auf individueller Ebene)	Nein	Nein	Ja	Ja
Komplex (auf Teamebene)	Nein	Nein	Nein	Ja

Teamstruktur und deren Abhängigkeit von der Art der Teamaufgaben

Die vier Teamstufen sind eine Art, die Herausforderungen von Teams zu kategorisieren. Es gibt auch noch andere Merkmale von Teams, die ebenfalls Einfluss auf das hybride Arbeiten haben, zum Beispiel die Fähigkeiten der Teams (Schaubroeck/Yu, 2017). Damit Teamentwicklung gut funktioniert, ist es ein sinnvoller Start, von der Aufgabe des Teams und deren Herausforderungen aus zu denken. Sich vorzustellen, was das

Team macht und womit es Schwierigkeiten hat, hilft, die Diskussion mit dem Team zu starten und ein Zusammenarbeiten im Interesse aller weiterzuentwickeln. Je komplexer die Rahmenbedingungen werden, desto sinnvoller ist es, zu einem Füreinander zu kommen, in dem die Teammitglieder empathisch mit ihren Kolleg:innen mitdenken und -arbeiten.

7.1 Team 1.0

In Teams auf der Ebene 1.0 haben die Teammitglieder wenig Abhängigkeiten untereinander. Die Teammitglieder müssen sich selten darüber abstimmen, wie, wann und warum sie ihre Arbeit machen.

Beispiel für Team 1.0
Menschen im Callcenter, die Kundenwünsche am Telefon bearbeiten und die hochstandardisierte Aufgaben wahrnehmen, lassen sich oft in die erste Kategorie einordnen. Das gilt auch für Buchhalter:innen in Steuerkanzleien. Wenn mehrere Buchhalter:innen in einem Büro arbeiten, sind diese fast immer kundenspezifisch organisiert und müssen sich aufgrund ihrer breiten Expertise selten über ihre Fälle austauschen. Vorfälle, Buchungskategorien und Sonderregeln sind grundsätzlich sehr gut beschrieben und eignen sich, die Arbeit kleinteilig zu definieren und abzuarbeiten. Das Ergebnis ist: Die Kolleg:innen sitzen nebeneinander und müssen sich selten über ihre Arbeit unterhalten. Die Mitarbeitenden in der Buchhaltung können fast immer autonom für sich entscheiden und brauchen deshalb selten die Unterstützung ihrer Kolleg:innen.

Trotz dieser vermeintlich einfachen Rahmenbedingungen, die fachlich auf den ersten Blick wenig Zusammenarbeit erfordert, profitieren die Teammitglieder von ihrem Team. Wenn Teammitglieder ein Bild von der Arbeit ihrer Kolleg:innen und deren Fortschritte haben, dann entsteht ein Teambewusstsein, das in hybriden Arbeitsmodellen schwerer herzustellen ist (Olson/Olson, 2006). Dieses Teambewusstsein hilft allen, sich zu orientieren, die eigene Arbeit und die eigenen Ziele als Teil einer Gruppenidentität zu sehen. Das führt z. B. zu einer besseren Konfliktlösung (Hinds/Mortensen, 2005). Außerdem konnte untersucht werden, dass bei physischer Nähe von Menschen mit ähnlichen Aufgaben eher Best Practices und Effizienzen gefunden wurden, als wenn diese Zufallsbegegnungen in der Gruppe nicht stattfanden.

Die Gründe für das schlechtere Teamverständnis in hybriden Teams sind derzeit stark in der eingeschränkten Technik zur Zusammenarbeit zu suchen. So ist z. B. gut untersucht, dass

- informelle Treffen wichtig sind für den Aufbau von Vertrauen. Der Treff an der Kaffeemaschine, der kleine Plausch auf dem Flur sind wichtig und nehmen im Büro auch mit bis zu 75 Minuten einen großen Teil der Arbeitszeit ein (Herbsleb/Mockus,

2003). Im Gegensatz zu den im Büro arbeitenden Teams sind die virtuellen Teams formeller und sprechen mehr über arbeitsbezogene Themen (Berry, 2011);
- wichtige persönliche Hinweise über Emotionen, z. B. der Gesichtsausdruck, die Körperhaltung, aber auch kleine sprachliche Hinweise mit den technischen Kollaborationsmitteln derzeit nur eingeschränkt übermittelt werden (Olson/Olson, 2006).

Teams auf der Ebene 1.0 haben gute Möglichkeiten, das Teambewusstsein zu stärken, gemeinsame Ziele und den persönlichen Beitrag herauszustellen. Das führt z. B. dazu, dass sich Teammitglieder sicherer fühlen, weniger Doppelarbeiten geleistet werden und die Verzögerungen in der Fertigstellung verringert werden (Olson/Olson, 2006). Es lohnt sich, Zeit im gemeinsamen Büro zu verbringen und dort in den persönlichen Austausch zu gehen. Informelle Treffen und das Besprechen von persönlichen Themen fallen den Teams, die im Büro vor Ort sind, leichter als denen, die remote zusammenarbeiten. Im Büro nur formelle Arbeit nebeneinanderher zu erledigen, ist nicht sinnvoll für ein gesundes Teamklima (Herbsleb/Mockus, 2003). Den Buchhalter:innen hilft es, sich gemeinsam in einem Büro über die Arbeit hinaus auszutauschen.

Für informelle Treffen mittels Kollaborationstechnik empfiehlt es sich, in der Kommunikation auf Medien mit Sprach- und Videounterstützung zu setzen (Olson/Olson, 2006; Marlow/Lacerenza, 2017), denn diese Faktoren erhöhen die Anzahl an wichtigen sozialen Informationen. Um informelle Treffen auch digital zu stützen, gibt es momentan eine Vielzahl an Softwareunterstützung, die zwar das Treffen vor Ort noch nicht ersetzen kann, aber eine Unterstützung bietet. Beispiele sind:
- Offene Räume in Kollaborationstools, die jederzeit genutzt werden können, um miteinander – meist mit aktivierter Kamera – zu arbeiten
- Für digitale Meetings sind Regeln, wie eine Vor-Meeting-Runde spannend, in der nicht über den formellen Inhalt gesprochen wird. So etwas kann auch für die Breakout-Sessions und für eine informelle Verabschiedung vereinbart werden kann
- Software wie »Donut«, die in Kollaborationstools eingebunden werden kann, organisiert den Zufall und bringt immer wieder Arbeitskolleg:innen spontan zusammen.

Auch die Teams 1.0 brauchen den informellen Austausch, gemeinsame Ziele und ein gemeinsames Teamverständnis. Die Kolleg:innen in der Buchhaltung sollten die direkte Zusammenarbeit vor Ort in einem Büro in regelmäßigen Abständen pflegen. Sich umeinander kümmern, sich gegenseitig verstehen und unterstützen hat, unabhängig von Formaten und Technik, eine hohe Priorität. Auch wenn derzeit noch ein leichter Vorteil von direkten persönlichen Kontakten besteht, wenn Teamgefüge und Austausch entwickelt wird, holt die Technik ständig auf.

Beispiel: Outbound Callcenter

Das Team 1.0 ruft im Auftrag eines Kunden (z. B. einer Softwarefirma im Bereich von On-line-Verkaufsstrecken) dessen Kunden an. Das Ziel des Callcenter-Teams ist es, das Produkt oder den Service der Softwarefirma zu bewerben und Ersttermine zu bekommen. Die Teams arbeiten meist nach klaren Vorgaben, z. B. gibt es einen sehr konkreten Gesprächsleitfaden, in dem die Ergebnisse und Entscheidungen auch definiert sind. Der Arbeitsablauf automatisiert sich nach und nach und die Teammitglieder arbeiten ihre Kundengespräche nach Routinen ab. Es lohnt sich für die Teammitglieder, sich ab und zu gegenseitig über die Schulter zu schauen und voneinander zu lernen. Darüber hinaus müssen sich die Call Agents im Team 1.0 aber wenig abstimmen.

7.2 Team 2.0

In den Teams der Ebene 2.0 gibt es mehr Abhängigkeiten untereinander als in den Teams der Ebene 1.0. Die Teammitglieder können deswegen weniger Routinen entwickeln, weil die Arbeitsaufgaben komplizierter sind und ein rationales Bewerten und Handeln erfordern. Komplizierte Arbeit ist nicht gleich komplexe Arbeit. In komplizierter Arbeit kann ein System in kleine Subsysteme zerlegt und sinnvoll bearbeitet werden, was in komplexen Systemen nicht möglich ist. Komplexe Systeme lassen sich auch beschreiben, sind aber mehr als die Summe ihrer Teile (Hörz et. al., 2016). Kolleg:innen im Team 2.0 können sich strukturieren, miteinander Kompetenzen aufbauen und die richtigen Rahmenbedingungen für Lernen und Entwicklung setzen. Das ist für diese Teams besonders wichtig, denn die Aufgaben unterschiedlicher Schwierigkeit sollten nach und nach erkannt, gemeistert und gut verteilt werden. Dafür brauchen sich die Kolleg:innen gegenseitig. Damit entsteht ein Miteinander, das nötig ist, um sich zu entwickeln.

Ein typisches Zeichen auf der zweiten Teamebene sind Rollen wie z. B. Fachexpert:innen, die meist über einen langen Zeitraum ihr Wissen angesammelt haben und dem Team zur Verfügung stellen. Mitarbeitende im Kundenservice einer Versicherung, aber auch Bauexpert:innen müssen sich deutlich mehr in komplizierte Fälle hineindenken. Bauexpert:innen, die über Jahre Großbauprojekte bei einem Kunden begleiten, haben Fachwissen über viele Gesetzesänderungen, strategische Entscheidungen und unterschiedliche Projekte hinweg angesammelt und angewandt. Für die erfahrenen Kolleg:innen sind Entscheidungen meistens klarer als für neue Mitarbeitende. Es ist völlig normal, wenn junge Kolleg:innen ins Team kommen und zunächst informiert und eingearbeitet werden. Und das ist ein kontinuierlicher Prozess. Die Verteilung von Arbeit, auch entsprechend den Erfahrungen und dem Können, ist ein Zusatzaufwand, bei dem die Abhängigkeiten zwischen den Kolleg:innen geklärt werden (Esbensen/Bjørn, 2014).

Die Teams auf der Ebene 2.0 stimmen sich z. B. über folgende Themen ab:
- Wer hat welche Kompetenzen für welche Aufgaben?
- Wie gut können wir zukünftig arbeiten?
- Was können wir für unsere zukünftige Arbeit lernen?
- Wer will sich wohin entwickeln und wie soll das funktionieren?

Die gemeinsame Entwicklungsarbeit und auch das individuelle Lernen können durch digitale Tools unterstützt werden (Bodemer/Dehler, 2011). Die Palette an Möglichkeiten ist dabei vielfältig, z. B.:
- Das Lernen in kleinen Gruppen oder Paaren vor Ort lässt sich auch digital abbilden, weil z. B. Lernfortschritte gut dokumentiert und für andere bereitgestellt werden können, z. B. in Form von Videos, Blogs, Wikis etc.
- Entwicklung kann in Kollaborationstools wie Microsoft Teams stattfinden und auch in Form eines Learning-Management-Systems organisiert werden (zum Beispiel Microsoft Viva).
- Jobrotationen im Team helfen allen Teammitgliedern, die Arbeit der Kolleg:innen einzuschätzen. Das stärkt sowohl das gemeinsame Teamverständnis als auch die Wahrnehmung von und Motivation zu persönlichen Entwicklungspotenzialen.

Wenn die Verteilung dieser zusätzlichen (Entwicklungs-)Arbeit von den Teammitgliedern als fair wahrgenommen wird, dann steigt auch das Vertrauen in das Team und deren Mitglieder. Dieses Vertrauen ist dann besonders groß, wenn die Teams möglichst autonom über die Verteilung entscheiden können (Choi/Cho, 2019). Mit der ansteigenden Schwierigkeit der Aufgaben stehen Teams auf der Ebene 2.0 vor einem Entwicklungsschritt hin zur Autonomie. Je komplizierter die Aufgabe ist, desto besser ist es, die Entscheidungen der Gruppe zu überlassen (Almaatouq et al., 2021). In der Praxis finden sich bei den Teams 2.0 meist Führungskräfte, die selbst ein breites Fachwissen haben. Die Expert:innen in Großbauprojekten sind oft solche Führungskräfte, die ihre Rolle entweder aufgrund formaler Macht oder durch informelle Zuschreibung bekommen haben. Sie befinden sich in dem Dilemma, die Teams fachlich zu unterstützen, aber auch nicht so viel, dass die Teammitglieder keine eigenen Entscheidungen mehr treffen.

Für diese Teams bietet es sich an, wichtige Entscheidungen in einem physischen Büro zu treffen. Das ist nicht immer möglich, weil z. B. Schicht- und Homeoffice-Tage das verhindern. Wenn die Teams digitale Kollaborationstools nutzen, sollten sie darauf achten, möglichst reichhaltige Interaktionen mit Videokonferenzen und Whiteboards anzubieten. Diese Alternativen haben viele soziale Aspekte einer Face-to-Face-Kommunikation und beugen Missverständnissen und Unklarheiten vor (Lowry et al., 2010).

Beispiel: Kundenservice in einer Lebensversicherung

Das Team 2.0 betreut Endkunden eines Versicherers, die eine Lebensversicherung abgeschlossen haben. Die Mitglieder des Teams haben einen komplexeren Aufgabenbereich, weil sich das Lebensversicherungsprodukt über einen langen Produktlebenszyklus entwickelt und viele Rahmenbedingungen die Beantwortung von Kundenfragen schwierig macht. Die Servicemitarbeiter:innen denken sich immer wieder in neue Fälle mit Fragen ein, die nicht automatisch und auf den ersten Blick beantwortet werden können. Unter solchen Bedingungen sind die Erfahrungen, Kompetenzen und die Motivation der Mitarbeitenden, sich in Neuerungen, z. B. in der Gesetzgebung und der Produktgestaltung, einzuarbeiten besonders wichtig für die Leistung des Teams. Die Mitglieder des Kundenservice im Team 2.0 profitieren davon, wenn sie sich regelmäßig über ihre Kenntnisse austauschen, voneinander lernen und wenn organisiert wird, wie diese Entwicklungsarbeit gestaltet wird.

7.3   Team 3.0

Auf der Teamebene 3.0 kommt der qualitative Quantensprung zur Komplexität hinzu, dem weder im deutschen noch im englischen Sprachalltag immer Rechnung getragen wird. Die Kolleg:innen, die im Team 3.0 zusammenarbeiten, entwickeln innovativ neue Produkte und Services, deren Auswirkungen nicht klar zu bestimmen sind. Ein komplexes Arbeitsergebnis kann auch einfach und wenig kompliziert sein, wenn es z. B. mit wenigen Stellschrauben hilft, eine komplexe Herausforderung zu meistern (Hörz et. al., 2016). Die Kolleg:innen im Team können dieses kreative Potenzial allein schöpfen und stimmen sich meist in gemeinsamen Entscheidungsrunden regelmäßig ab.

Kleine agile Scrum-Teams, sehr oft in der IT, aber auch im Marketingbereich, in der Produktentwicklung und im Kommunikationsbereich sind auf der Ebene 2.0 anzusiedeln. Kommunikationsteams stimmen ihre Beiträge und Botschaften sorgfältig ab. Die Teammitglieder arbeiten meist als Spezialist:innen zum Beispiel für bestimmte Branchen oder Themen. Die Abstimmung im Team ist wichtig, weil eine Pressebotschaft nicht immer die gewünschte Wirkung hat. Mal eben einen Twitter-Tweet absetzen und eine Nachricht bei klassischen Zeitungen platzieren, hat immer öfter unverhoffte Nebeneffekte. Das ist das Zeichen von komplexen Systemen, in denen nicht mehr alles vorhergesagt werden kann. Das Presseecho und die Reaktionen lassen sich in einem Team über Schwarmintelligenz zum einen besser besprechen und zum anderen entsteht über eine Teamverantwortung auch eine andere und bessere Entwicklungsfreudigkeit.

Im kreativen Prozess entwickeln die Kolleg:innen die Produkte allein. Über den Wertschöpfungsprozess von der Entdeckung von Herausforderungen und Wünschen der Zielgruppe bis zur Ideenfindung lässt sich dies sehr gut auf Distanz machen. Arbeiten, die wenig Interaktion und Rückmeldung von Teamkolleg:innen brauchen, können gut auf die verteilt arbeitenden Mitglieder distribuiert werden (Dubé/Robey, 2009).

In solchen Arbeitssettings werden die Interaktionen für die entfernt arbeitenden Mitarbeitenden minimiert und die Interaktionen für die Kolleg:innen, die vor Ort zusammenarbeiten, maximiert. Diese radikal anmutenden Lösungen brauchen auch klare Regeln und Normen, die gerade in frisch gebildeten Teams und für neuen Teamkolleg:innen eine Orientierungshilfe bieten (Walther/Bunz, 2005).

Für die Entscheidungsarbeit ist es momentan sinnvoll, sich im Büro zu treffen, denn die Entscheidungen hängen stark von sozialen Aspekten ab, die in verteilten Teams mit technischen Entscheidungslösungen leiden (McNamara et al., 2008). Es lohnt sich hier, die qualitativ hochwertigen Entscheidungsmeetings möglichst vollzählig als gesamtes Team vor Ort abzuhalten. Teammitglieder, die virtuell zugeschaltet werden, leiden darunter und erleben sich selbst als ausgeschlossen (Armstrong/Cole, 1995). Außerdem steigt die Qualität der Entscheidungen vor Ort an. Es gibt Studien, die zeigen, dass virtuelle Teams bessere Entscheidungen treffen, weil z. B. die Analysephase genauer oder die Beteiligung der Teamkolleg:innen fairer wahrgenommen wird. Die unterschiedlichen Wertschöpfungsschritte in der Kreativarbeit genau anzuschauen und als Team Antworten zu finden, ist eine große Herausforderung auf der Teamebene 3.0. Deswegen lohnt es sich für die Teams über Meeting- und Austauschformate aus dem Scrum-Guide (scrumguides.org, o. D.) nachzudenken und diese vor Ort abzuhalten, z. B. in folgenden Formen:

- Sprint-Planning-Meeting, in dem geklärt wird, welche Ziele, Arbeiten und Themen demnächst anstehen, und in dem die Zustimmung des Teams eingeholt wird, die Themen anzugehen
- Retrospektive, in der besprochen wird, wie die Qualität und Effektivität verbessert werden kann (z. B. welche Teamkolleg:innen welche Arbeit von wo aus machen)
- Review, in der das Team die Ergebnisse und Erfolge bespricht und damit Rückmeldung von ihren Stakeholdern und Kunden bekommt

Andere Aufgaben der Kreativarbeit, wie zum Beispiel Probleme und Herausforderungen zu sammeln, mit anderen Menschen darüber zu sprechen und Ideen zu gewinnen, können im Team 3.0 sehr gut auch aus der Ferne erledigt werden. Denn gerade die Vielzahl der Meinungen außerhalb des Büros kann Innovation entfachen, die in einem homogenen Team vor Ort verloren gehen kann.

Beispiel: Journalistenteam in einer Lokalzeitung

Das Team 3.0 organisiert die Herausgabe einer Lokalzeitung. Die Teammitglieder haben unterschiedliche spezielle Aufgaben, z. B. gibt es Fachjournalist:innen, Technik- oder Wirtschaftsexpert:innen, die alle einen Wertschöpfungsbeitrag leisten und helfen, die Zeitung an die Kunden zu verkaufen.

Die Journalist:innen erarbeiten Fachartikel, die in einem besonderen Maße innovativ sind, um das Interesse meist privater Endkunden zu wecken. Diese kreative Arbeit findet im Team 3.0 meistens auf individueller Ebene statt. Die Fachjournalist:innen schreiben allein, recherchieren allein und schreiben dann wieder. Es gibt auch gemeinsame Entscheidungen, die im Team getroffen werden, z. B. wie welche Themen platziert werden, die Arbeitsverteilung und Feedback auf die Arbeit. Die komplexe Arbeit, in der innovativ neue Produkte, in dem Fall Fachartikel, entstehen, liegt bei den einzelnen Journalist:innen.

7.4   Team 4.0

Die Teams auf der Ebene 4.0 bearbeiten, ähnlich wie die Teams 3.0, ebenfalls komplexe Herausforderungen. Die Aufgaben, die daraus entstehen können, aber nicht mehr von einer Person bearbeitet werden, werden von Beginn an als Teamaufgabe verstanden. In einer koordinierten Entwicklungsarbeit, in der alle erforderlichen Kompetenzen in einem Team gebündelt werden, entsteht ein gemeinsames neues Produkt oder ein neuer Service. Innovationen werden zunehmend von Teams vorangetrieben und nicht von einzelnen Genies (Reiter, 2016), denn in Teams lassen sich nicht nur Kompetenzunterschiede nutzen und ausgleichen, sondern auch unterschiedlich Motive der Kolleg:innen können sich entfalten, z. B.

* ergänzen sich Fachkenntnisse aus unterschiedlichsten Bereichen zu einem neuen Produkt,
* entwickeln unterschiedliche soziale Kompetenzen sich zu differenzierten Kunden- oder Zuliefererkontakten.

Die Teams, die solche komplexen Herausforderungen miteinander lösen, profitieren von regelmäßigen Abstimmungen. Beispiele für solche hochkomplexen Arbeitsbereiche finden sich unter Rahmenbedingungen, in denen ad hoc und in kürzester Zeit ein Produkt abgeliefert werden muss. Wenn sich zum Beispiel die gesetzlichen Rahmenbedingungen für Versicherungen verändern oder gar Gesetzesentwürfe mehrere Szenarien offenlassen, müssen Unternehmen darauf reagieren. Innerhalb kürzester Zeit müssen aus unterschiedlichsten Bereichen Expert:innen z. B. aus der IT, dem Jurabereich, aus dem Fachbereich, aus dem Vertrieb und aus dem Prozessmanagement zusammengebracht werden. Nur in dieser crossfunktionalen Zusammenarbeit ist es mit unterschiedlichem Fachwissen möglich, Szenarien zu entwickeln. Ein:e Einzelne:r kann keinen kleineren Arbeitsteil mehr autonom bearbeiten. Dafür ist die notwendige Expertise zu stark verteilt. Hier ist ein hohes Maß an Zusammenarbeit und Füreinander-Arbeiten notwendig.

Besonders prozessuale Abstimmungen darüber, wie die Kolleg:innen miteinander arbeiten, lassen sich tendenziell sehr gut asynchron lösen (Maruping/Agarwal, 2004). So können Teammitglieder über Chats Kolleg:innen anschreiben, die zu anderen Zeiten arbeiten, sie können Regeln und Abläufe in Wikis und Videos darstellen, die jederzeit abgerufen und kommentiert werden können. Das asynchrone Arbeiten spart organisatorischen Aufwand, denn das Team muss sich nicht synchron treffen, sondern kann zeit- und ortsunabhängig Entscheidungen voranbringen.

Das synchrone Abstimmen ist demgegenüber bei aufgabenbezogenen Abstimmungen wichtiger (Maruping/Agarwal, 2004). Teams 4.0 bedienen sich gern Visualisierungstechniken zur Darstellung des Arbeitsflusses, z. B. mit Kanban. In der Kanban-Logik wird auf Karten die Arbeit eines Teams auf einem analogen oder digitalen Board dargestellt und in definierten Meeting-Formaten besprochen. Diesen Mix aus synchroner und asynchroner Arbeit zu koordinieren ist etwas, das das Team 4.0 sehr gut autonom machen kann. Je mehr Freiheitsgrade durch das Team wahrgenommen und genutzt werden, desto stärker ist das Vertrauen ins Team (Choi/Cho, 2019). Wenn Unternehmen den Teams Freiheit geben, um eigene Entscheidungen zu treffen, dann hat das viele positive Effekte. So steigt der Wille, sich gegenseitig zu helfen und auch auf technische Kollaborationsmittel zurückzugreifen (Maruping/Magni, 2015).

Entscheidungsfreiheiten hängen stark von der Organisationsform und den Organisationsstrukturen ab. Eine Struktur ist besonders wichtig für das Arbeiten auf der Ebene 4.0: die Führung des Teams. So zeigt sich, dass hybrid arbeitende Teams generell weniger von klassischer hierarchischer Führung profitieren (Hoch/Kozlowski, 2014) als von verteilter Führung. Bei der verteilten Führung werden die Führungsaufgaben ins Team gegeben und von den Mitgliedern selbst verteilt (Hoch/Dulebohn, 2017). Alle klassisch hierarchischen Führungsaufgaben in einer Person zu vereinen scheint genauso schwer zu sein, wie die Innovationsarbeit auf einzelne Personen zu verteilen.

Das unterstreicht auch eine Studie von Schaubroeck und Yu (2017), die zeigen konnten, dass es einen Interaktionseffekt zwischen der Fähigkeit eines Teams und dem Führungsstil gibt. Während in virtuellen Teams mit geringen Fähigkeiten ein autoritärer Führungsstil einen positiven Einfluss auf die Effizienz und die Leistung hat, dreht sich das bei Teams mit großen Fähigkeiten um (Liao, 2017). Bei den High-Performance-Teams mit hohen Anforderungen ist der autoritäre Stil nicht förderlich. Stattdessen hilft es Teams, Führung zu verteilen und informelle und formelle Aufgaben gut zu balancieren (Liao, 2017). Die Rahmenbedingungen, wie informelle und formelle Führung, die Möglichkeiten zum autonomen Arbeiten und die Verteilung von Aufgaben, sind als Entscheidung sehr gut bei den Teams selbst aufgehoben. Als gutes Beispiel kann dafür der neue Scrum-Guide herangezogen werden, in dem alle Aufgaben in die Verantwortung des Teams übergeben werden und nicht mehr als Rollen vergeben werden. Getreu dem Motto: Das Team regelt das füreinander!

Beispiel: Entwicklungsteam für eine neue Online-Verkaufsstrecke

Das Team 4.0 entwickelt ein neues Produkt: den Onlineverkauf. Damit das gut funktioniert, braucht es unterschiedliche Expertise, z. B. Produktkenntnisse, Verkaufs- und Marketing-kenntnisse, IT-Kenntnisse, Prozess-Kenntnisse. Damit der Verkauf gut funktioniert, müssen sich die Personen im Team mit ihren Stärken gut organisieren und möglichst in einen Arbeitsfluss kommen. Das braucht regelmäßige Abstimmungen und auch gemeinsame Entwicklungsarbeit, weil ein einziges Teammitglied weder den Überblick noch alle Fähigkeiten hat, um den Verkauf online zu gestalten. Die Teammitglieder im Team 4.0 brauchen sich gegenseitig an ganz vielen Stellen, ganz besonders bei der Generierung und Weiterentwickelung neuer Ideen. Auch hier handelt es sich wie beim Team 3.0 um komplexe Arbeit, in der kreativ Neues geschaffen werden muss und bei der auch die Auswirkungen der Neuerungen nicht vorgesagt werden können. Im Unterschied zum Team 3.0 sind die Teammitglieder im Entwicklungsteam 4.0 stark voneinander abhängig. Sie entwickeln kreativ im Teamsport etwas Neues.

7.5 Zusammenfassung

Kein Team gleicht dem anderen, die metaphorische Gießkanne versagt im analogen Büro, in der virtuellen Zusammenarbeit und auch im hybriden Arbeiten, wenn beide Welten zusammenkommen. Teams haben unterschiedliche Voraussetzungen und Rahmenbedingungen, die es herauszufinden gilt. Ein paar Rahmenbedingungen sind bereits gut untersucht. Die Aufgaben, die Teams bearbeiten, haben einen Einfluss auf die Arbeitsweisen des Teams und deren Herausforderungen im hybriden Kontext. Anhand der Entscheidungsmöglichkeiten des Teams lassen sich vier Arten von Teams einordnen:

* Team 1.0, das Arbeitsroutinen entwickeln kann
* Team 2.0, das rational komplizierte Vorgänge bearbeitet
* Team 3.0, das arbeitsteilig komplexe Herausforderungen in Innovationen übersetzt
* Team 4.0, das als Team zusammen komplexe Herausforderungen in Innovationen übersetzt

Eine Herausforderung, die alle Teams teilen, ist die gegenseitige Unterstützung und Fürsorge. Es ist wichtig, gerade im hybriden Arbeiten, vom Nebeneinander zum Miteinander zu kommen. Das geht sehr gut über informelle Gespräche, die momentan noch besser im Büro stattfinden und auch wirken. Diese Chance sollte im Büro nicht verschenkt werden, sondern aktiv zum Austausch genutzt werden. Nine-to-Five im Büro nebeneinander zu arbeiten hilft keinem Team. Ein gesundes Miteinander hilft auf allen vier Teamebenen.

Mit jeder weiteren Stufe wachsen die Herausforderungen für die Teams. Auf Stufe 2.0 lernen die Teammitglieder schrittweise, kompliziertere Fälle zu bearbeiten. Die Organisation der Aufgaben muss dabei abgestimmt werden und es lohnt sich für die Team-mitglieder, nicht mehr nur miteinander, sondern füreinander zu arbeiten.

Auf der Stufe 3.0 kommen kreative Herausforderungen dazu. Gerade die Entschei-dungssituationen im Innovationsprozess, z. B. darüber, welche Innovationen in Pro-totypen und Projekte übertragen werden, brauchen soziales Geschick bei möglichst vielen Beteiligten.

Auf der Ebene 4.0 kommen die Teammitglieder am Füreinander gar nicht mehr vorbei, weil sie so stark gegenseitig voneinander abhängig sind. Die Teams 4.0 profitieren be-sonders von Freiheitsgraden und Möglichkeiten, Arbeit selbst zu verteilen und auch den Kommunikationskanal dafür zu wählen. Auf dieser Ebene muss Führung auch ver-handelt werden, denn das richtige Maß an Füreinander kann besser vom Team selbst beantwortet werden als von einer hierarchischen Führungskraft. Verantwortung in die Teams – mit allen Konsequenzen. Eine Konsequenz ist das Teamwork, in dem das Füreinander eine hohe Priorität hat.

7.6   Literatur

Almaatouq, Abdullah/Alsobay, Mohammed/Yin, Ming/Watts, Duncan J. (2021): Task com-plexity moderates group synergy, Proceedings of the National Academy of Sciences of the United States of America, https://doi.org/10.1073/pnas.2101062118

Armstrong, David J./Cole, Paul (1995): Managing distances and differences in geographically distributed work groups, In: Jackson SE, Ruderman MN (eds.) Diversity in work teams: research paradigms for a changing workplace, American Psychological Association, S. 187–215

Berry, Gregory R. (2011): Enhancing effectiveness on virtual teams: understanding why traditional team skills are insufficient. The Journal of Business Communication, (1973) 48(2): 186–206, https://doi.org/10.1177/0021943610397270

Bodemer Daniel/Dehler, Jessica (2011): Group awareness in CSCL environments, Compu-ters in Human Behavior, 27(3): 1043–1045

Boland, D. (2004): Transitioning from a co-located to a globally-distributed software de-velopment team: a case study at analog devices Inc, 10.1049/ic:20040303.

Choi, Ok-Kyu/Cho, Erin (2019): The mechanism of trust affecting collaboration in virtual teams and the moderating roles of the culture of autonomy and task complexity, Com-puters in Human Behavior, 91: 305–315

Dubé, Line/Robey, Daniel (2009): Surviving the paradoxes of virtual teamwork, Information Systems Journal, 19(1): 3–30

Esbensen, Morten/Bjørn, Pernille (2014): Routine and standardization in global software development, In: Proceedings of GROUP'14, ACM, New York, S. 12–23

Herbsleb, James D./Mockus, Audris (2003): An empirical study of speed and communication in globally distributed software development, IEEE Transactions on Software Engineering, 29(6): 481–494

Hinds, Pamela J./Mortensen, Mark (2005): Understanding conflict in geographically distributed teams: the moderating effects of shared identity, shared context, and spontaneous communication, Organization Science, 16(3): 290–307

Hoch, Julia E./Dulebohn, James H. (2017): Team personality composition, emergent leadership and shared leadership in virtual teams: a theoretical framework, Human Resource Management Review, 27(4): 678–693

Hoch, Julia E./Kozlowski, Steve W. (2014): Leading virtual teams: hierarchical leadership, structural supports, and shared team leadership, Journal of Applied Psychology, 99(3): 390

Hörz, Herbert/Krause, Werner/Sommerfeld, Erdmute (Hrsg.) (2016): Einfachheit als Wirk-, Erkenntnis- und Gestaltungsprinzip, Berlin (Sitzungsberichte der Leibniz-Sozietät der Wissenschaften, Bd. 125/126)

Ilgen, Daniel R./Hollenbeck, John R./Johnson, Michael/Jundt, Dustin (2005): Teams in Organizations: From Input-Process-Output Models to IMOI Models, Annual review of psychology, 56: 517–543. 10.1146/annurev.psych.56.091103.070250

Liao, Chenwei (2017): Leadership in virtual teams: a multilevel perspective, Human Resource Management Review, 27(4): 648–659

Lowry, Paul Benjamin/Zhang, Dongsong/Zhou, Lina/Fu, Xiaolan (2010): Effects of culture, social presence, and group composition on trust in technology-supported decision-making groups, Information Systems Journal, 20(3): 297–315

Marlow, Shannon L./Lacerenza, Christina N./Salas, Eduardo (2017): Communication in virtual teams: a conceptual framework and research agenda, Human Resource Management Review, 27(4): 575–589

Maruping, Likoebe M./Agarwal Ritu (2004): Managing team interpersonal processes through technology: a task-technology fit perspective, The Journal of Applied Psychology, 89(6): 975, https://doi.org/10.1037/0021-9010.89.6.975

Maruping, Likoebe M./Magni, Massimo (2015): Motivating employees to explore collaboration technology in team contexts, Management Information Systems Quarterly, 39(1): 1–16

Morrison-Smith, Sarah/Ruiz, Jaime (2020): Challenges and barriers in virtual teams: a literature review, SN Applied Sciences, 2, https://doi.org/10.1007/s42452-020-2801-5

McNamara, Kelly/Dennis, Alan R./Carte Traci A. (2008): It's the thought that counts: the mediating effects of information processing in virtual team decision making, Information Systems Management, 25(1): 20–32

Olson, Judith S./Olson, Gary M. (2006): Bridging distance: empirical studies of distributed teams, In: Proceedings of human factors in MIS'06, vol 2, pp. 27–30

Rosenstiel, Lutz von (2004): Kommunikation in Arbeitsgruppen. In: H. Schuler (Hrsg.), Lehrbuch Organisationspsychologie, (S. 387–414). Bern: Huber.

Reiter, Thorsten (2016:) Revolution dank Innovation: Mit Corporate Entrepreneurship zurück an die Spitze! Frankfurt: Campus.

Schaubroeck, John M./Yu, Andrew (2017): When does virtuality help or hinder teams? Core team characteristics as contingency factors, Human Resource Management Review, 27(4): 635–647

Tajfel, Henri/Turner, John C. (1986): The Social Identity Theory of Intergroup Behavior. In: Worchel, S./Austin, W. G. (eds.), Psychology of Intergroup Relation, Hall Publishers, Chicago, 7–24.

Thompson, Leigh L. (2004): Making the team. A guide for manager. Upper Saddle River: Pearson Education.

van Dick, Rolf/West, Michael A. (2005): Teamwork, Teamdiagnose, Teamentwicklung: Praxis der Personalpsychologie. Hogrefe.

Walther, Joseph B./Bunz, Ulla (2005): The rules of virtual groups: trust, liking, and performance in computer-mediated communication. Journal of Communication, 55(4): 828–846

Wimmer, Rudolf (2006): Der Stellenwert des Teams in der aktuellen Dynamik von Organisationen. In Edding, Cornelia/Kraus, Wolfgang (Hrsg.), Ist der Gruppe noch zu helfen? Gruppendynamik und Individualisierung (S. 169–191). Opladen: Barbara Budrich.

8 Die Rolle und Bedeutung von Teambuilding bei hybriden Arbeitsmodellen

Anna Matzat

»Teambuilding« – wie oft haben wir dieses Wort schon im täglichen Arbeitsleben gehört? Oft ist es ein einfaches, schnell in den Raum geworfenes Wort. Die wahre Bedeutung und Tiefe tritt dabei nur allzu oft in den Hintergrund. Der Begriff wird verwendet, ohne darüber nachzudenken, was wirklich zu kennen, zu beachten oder zu hinterfragen ist, wenn es um Teambuilding geht.

Hinzu kommt, dass der Begriff oft erst dann ins Bewusstsein tritt, wenn es in einem Projekt nicht genug Fortschritt oder wenn es Fehler oder Unstimmigkeiten im Team gibt. Erst im negativen Kontext, wenn nach Lösungen gesucht wird, wird dem Teambuilding unverhofft eine größere Bedeutung zugeschrieben. Es werden temporäre Maßnahmen ergriffen, um die Situation zu verbessern. Die Hoffnung dabei ist: die Probleme zu bereinigen und möglichst schnell wieder einen »laufenden« Prozess herzustellen. Sind die ersten Symptome gelindert, tritt das »Kümmern« um das Teambuilding wieder in den Hintergrund.

»Teambuilding« setzt sich nicht ohne Grund aus »Team« und »building« zusammen. Die Verwendung des Gerundiums von »to build« weist bereits darauf hin, dass es sich um eine ausführende Tätigkeit handelt: also um etwas Aktives und nichts Passives. Das damit zu verfolgende Ziel ist es, nicht nur situativ, sondern kontinuierlich am Team zu »bauen«. Teambuilding trägt nur so maßgeblich zu einem positiven Arbeitsklima bei.

Dieser kontinuierliche Fokus und das aktive Handeln stellen jedoch für Unternehmen und Teams nicht erst seit der Corona-Pandemie eine Herausforderung dar. Bereits vorher, in Zeiten, in denen es noch die Norm war, die Arbeit vor Ort zu erledigen, musste ein gutes Zusammenspiel in Teams sichergestellt werden – und das konnte durch gezieltes Teambuilding verbessert werden.

In den letzten Jahren kam zum Arbeiten vor Ort die Arbeit im Homeoffice oder an anderen Orten hinzu. Laut Statista arbeiteten Ende Januar 2021 24 % ausschließlich oder überwiegend im Homeoffice (Hans Böckler Stiftung, 2021). Viele Firmen bieten ihren Angestellten heute ein hybrides Modell bei der Arbeitserbringung an. Flexible Zeiten und flexible Orte erfordern jedoch zeitgleich flexible und starke Teams. Während ein Teil der Mitarbeitenden es bevorzugt, vor Ort im Umfeld der Kolleg:innen zu arbeiten, erledigen andere die Arbeitsaufgaben lieber zu Hause. Für immer mehr

Tätigkeiten wird es Homeofficemöglichkeiten geben (Corona Datenplattform, 2021). Erfolge und Misserfolge fallen aber letztendlich mit dem Team, egal, an welchem Ort die Arbeit erbracht wird. Klassisches Teambuilding mit Aktivitäten und Veranstaltungen vor Ort ist hier zu eindimensional und muss in einen facettenreichen Blumenstrauß gewandelt werden.

Im hybriden Kontext von Büro und flexiblen Arbeitsorten bekommen die Rolle von Teambuilding und insbesondere die Beziehungen in einem Team eine ganz neue Bedeutung. Teambuilding wird in seiner Bedeutung nicht nur ein Level nach oben gehoben, sondern wird regelrecht mehrere Ebenen nach oben katapultiert. Denn je flexibler ein System wird, desto wichtiger ist es, als Basis gute, sichere und stabile Beziehungen im Team zu haben. Sind Teams zu fragil aufgestellt, ist ein flexibler Rahmen der Arbeitsorte und -zeiten ein Katalysator, der zu einer zunehmenden Fragilität der Teamstruktur beiträgt. Teambuilding muss sich somit ändern und grundlegend modern und flexibel gestaltet werden.

8.1 Ergebnisse und Bedeutung von Teambuilding

Wird Teambuilding eine hohe Bedeutung im Unternehmen beigemessen, zahlt dies direkt auf die Unternehmensziele und -ergebnisse ein. Durch Teambuilding – aus vielen Individuen mit unterschiedlichen Stärken – kann die Leistungsfähigkeit eines Unternehmens, aber auch die Unternehmenskultur nachhaltig beeinflusst werden. Wer die Macht der Verbindungen in Teams erkennt, fördert, steuert und schafft stärkere und dynamische Teams sowie stärkere Individuen – und erzeugt Rahmenbedingungen, die voller positiver Energie, Motivation, Engagement und Leistungsfähigkeit sind. Ganz nebenbei werden dabei auch Konflikte reduziert. Zudem werden die individuellen Stärken der einzelnen Teammitglieder im Team multipliziert.

Doch worauf fußen Teambeziehungen und wie können Teams gestärkt werden?

8.2 Das System »Teambuilding«

Teambuilding ist nicht als ein einziger, großer Baustein zu sehen. Vielmehr ist es ein System aus Bausteinen, die miteinander vernetzt sind, interagieren und sich bedingen. Je stärker die Vernetzung, desto stabiler ein Team. Fünf Faktoren beeinflussen das System »Teambuilding« maßgeblich: die sich darin befindenden Bausteine, die Verbindungen zwischen ihnen, der Reifegrad eines Teams, die Rahmenbedingungen, in die sich ein System einbettet, und nicht zuletzt der Mensch als Individuum an sich und als Teammitglied. Die Bedeutung von Teambuilding ist somit in jedem Unternehmen als eine der höchsten Prioritäten zu sehen, denn gutes Teambuilding führt zu gesunden, leistungsstarken und innovativen Teams. Diese wiederum sind der Antrieb und gleichzeitig der Treibstoff eines Unternehmens. Die Stärke und Dynamik eines Teams beeinflussen maßgeblich den Erfolg und die Zukunft eines Unternehmens.

Faktor 1: die Bausteine
Das System »Teambuilding« besteht aus Standardbausteinen und optionalen Bausteinen. Die Standardbausteine sind grundsätzlich immer vorhanden und in jedem Team zu finden. Sie sind notwendig, um erfolgreich Teams aufzubauen. Von besonderer Bedeutung sind jedoch die optionalen Bausteine. Sie sind auf die Individualität des Teams abgestimmte Bausteine, die zu den Standardbausteinen hinzukommen. Damit ist es insbesondere den Führungskräften und den Teammitgliedern möglich, ein höchst individuelles Netz zu bauen, das die Bedürfnisse der Teammitglieder, egal wo und wie sie arbeiten, berücksichtigt und unterstützt.

Zu den Standardbausteinen für ein erfolgreiches Team gehören:
- Teammitglieder
- Teamrollen
- Kompetenzen und Fähigkeiten
- Ziele
- Autonomie
- Mindset

Jedes Team besteht aus mindestens zwei Mitgliedern. Je nach Aufgabe und damit verfolgten Zielen werden unterschiedliche Kompetenzen und Fähigkeiten benötigt. Menschen bringen diese mit und nehmen damit eine definierte Rolle im Team ein. Zudem ist im modernen Teambuilding der Fokus auf ein gemeinsames Mindset sowie die Autonomie des Teams von zentraler Bedeutung, um gemeinsame Ziele möglichst effizient zu erreichen.

Optionale Bausteine hingegen sind nicht auf eine bestimmte Anzahl zu reduzieren. Es gibt unendlich viele Bausteine, die jedes Team für sich hinzufügen kann. Bei der Auswahl dieser Bausteine ist es jedoch wichtig, die Charakteristika eines Teams zu kennen, denn die Bausteine sollten das Team stärken. Hierzu können unter anderem gehören: Nachhaltigkeit, erzielter Impact und viele mehr. Für ein Team mit einem klaren Mindset hinsichtlich Nachhaltigkeit kann es beispielsweise von zentraler Bedeutung sein, dass es auf dem Weg zu seinem Ziel nachhaltig agiert. Im Rahmen des Teambuildings spielen dann die Bausteine »Nachhaltigkeit« und »Impact« für das Team eine wichtige Rolle.

Faktor 2: Die Verbindungen
Zum Teambuilding gehören jedoch nicht nur die Bausteine, sondern auch die Verbindungen zwischen ihnen. Sebastian Ullherr von Interfacewerk GmbH schrieb auf

LinkedIn, als seine Firma basierend auf einer Teamentscheidung vollständig remote ging und das Büro auflöste: »Menschen sind wichtiger als Räume. Verbindungen zwischen Menschen sind wichtiger als Büros (…)« (Ullherr, 2021). Wichtige Verbindungen entstehen hier hier insbesondere durch

- Kommunikation,
- Integrität,
- Mitwirkung (Engagement),
- Commitment und
- die Kombination der verschiedenen Fähigkeiten und Kompetenzen der einzelnen Teammitglieder.

Die Verbindungen können flexibel oder starr sein und sie können bereits bestehen, fehlen, beschädigt oder unreif sein. Zudem erfüllen Verbindungen in der Regel eine bestimmte Funktion. Zwischen mehreren Bausteinen kann ein bestimmter Verbindungstyp bestehen.

Starre Verbindungen sind dabei an eindeutige und nicht zu ändernde Rahmenbedingungen gekoppelt. Ändert man etwas, so bricht diese Verbindung. Sind beispielsweise zwei bestimmte Kompetenzen zweier Mitglieder maßgeblich für die zu erreichenden Ziele und wird diese Beziehung zwischen den Teammitgliedern durch Konflikte beschädigt oder sogar gebrochen, so hat dies direkte Auswirkungen auf das Team. Auch Vertrauen kann schnell brechen und ist schwer wieder aufzubauen.

Flexible Verbindungen sind jedoch anpassungsfähig. Ändert sich etwas, können sie sich zu einem gewissen Grad mitbewegen. Kommunikation ist hier eine der beweglichsten Verbindungen. Sie muss immer wieder angepasst werden, wenn es Einwirkungen von außen gibt. Dasselbe gilt für Integrität, Mitwirkung und Commitment.

Modernes Teambuilding fokussiert auf die Stärkung bestehender, guter Verbindungen sowie auf den Auf- und Ausbau noch nicht bestehender, nicht ausgereifter oder beschädigter Verbindungen.

Faktor 3: Der Reifegrad des Teams
Der dritte Faktor, der jede Art von Teambuilding beeinflusst, ist der Reifegrad eines Teams. Befindet sich ein Team in der Anfangsphase oder ist es ein »eingespieltes« Team? Je nachdem, wie fortgeschritten ein Team ist, benötigt es intensivere oder weniger intensive Teambuildingmaßnahmen. Die Bedeutung von Teambuilding jedoch ist unverändert und unabhängig vom Reifegrad. Es ist immer wichtig. Bei einem neuen Team wird in der Regel ein sehr starker Fokus auf gutes Teambuilding gelegt – es darf im Laufe der Zeit aber nicht abflachen, sondern der Kontakt zwischen den Teammitgliedern muss weiterhin eine wichtige Rolle spielen. Bei neu zusammengesetzten Teams müssen sich die Teammitglieder erst einmal kennenlernen, sich finden und

einen Weg erarbeiten, wie sie zu einem erfolgreichen und leistungsstarken Team werden. Teams, die bereits eingespielt sind, müssen jedoch ihre Beziehungen (Verbindungen) pflegen, anpassen und eventuell neue ergänzen.

Faktor 4: Rahmenbedingungen für eine gute Teamkollaboration
Wie jedes System agiert ein Team nicht isoliert. Es ist unter Umständen in andere Systeme wie andere Abteilungen oder Hauptabteilungen eingebettet oder ist ein Teil eines Prozesses. Damit entstehen Einflüsse auf das Team, die in Bezug auf das Teambuilding berücksichtigt werden müssen. Störfaktoren oder Abhängigkeiten von anderen oder eventuell nicht vorhandene Kompetenzen können Einflüsse auf das Team haben. Die Einflüsse können sowohl positiver als auch negativer Natur sein. Auch wird ein Team dadurch geprägt, dass die Teammitglieder ihre Arbeit von unterschiedlichen Orten aus und zu unterschiedlichen Zeiten erledigen. Durch hybride Arbeitsmodelle haben diese Rahmenbedingungen an Stellenwert deutlich hinzugewonnen. Sie müssen im Rahmen des Teambuildings gezielt beachtet werden.

Faktor 5: Das Individuum
Jedes Teammitglied ist ein Individuum und jedes Team kann nur so stark sein wie seine Mitglieder. Jeder Mensch hat individuelle Stärken, Schwächen, Kompetenzen, eine feste Rolle mit einer bestimmten Verantwortung im Team sowie unterschiedliche Bedürfnisse. Zudem ist der Mensch geprägt durch Emotionen, die im modernen Teambuilding berücksichtigt werden. Führungskräfte und Teammitglieder müssen befähigt werden, mit allen Arten an Emotionen innerhalb des Teams umzugehen. Magdalena Rogl hat sich intensiv mit diesem Thema beschäftigt und schreibt: »(…) Nur wer weiß, was die Teammitglieder beschäftigt, wie sie denken, was sie begeistert, kann genau darauf reagieren, sie entsprechend ihrer Stärke einsetzen und ihnen helfen (…)« (Rogl, 2022, S. 234). Insbesondere Empathie hat für das Teambuilding einen hohen Stellenwert. In das Teambuilding ist jeder einzelne Mensch einzubeziehen. Verliert man ein Teammitglied, hat das direkte Auswirkungen auf das ganze Team. Dies stellt für hybride Arbeitsmodelle, aber auch für vollständig remote arbeitende Firmen eine Herausforderung dar, da es schwieriger ist, aus der Ferne auf Emotionen einzugehen als vor Ort. Sobald ein Bildschirm nach einem Meeting ausgeschaltet ist, sieht ein Team nicht, wie es jemandem geht. Dabei kann eine Person anschließend einen Jubelschrei ausstoßen oder aber auch betroffen oder traurig sein. Mitarbeitende entscheiden selbst, welche Emotionen sie in Remote-Meetings zeigen. Daher ist es wichtig, ein Gefühl und Empathie für die Stimmung der Mitarbeitenden und ihre Emotionen während der gemeinsamen Onlinezeit zu entwickeln.

8.3 Wie kann modernes Teambuilding im hybriden Arbeitskontext erfolgen?

Vielen Unternehmen ist die Bedeutung von Teambuilding bewusst. Herausforderungen entstehen jedoch, wenn es darum geht, welche Aktivitäten angestoßen und welche Maßnahmen ergriffen werden sollen, um das Teambuilding zu unterstützen. Die Frage nach dem Wie steht hier im Raum.

Zentraler Ausgangspunkt und somit auch Dreh- und Angelpunkt jeder Aktivität müssen die Menschen in einem Team sein. Sie stehen im Mittelpunkt. Verlieren wir sie aus den Augen, werden Teambuilding-Maßnahmen nicht erfolgreich sein.

Mit der Möglichkeit, im Homeoffice zu arbeiten, ist die Wahrscheinlichkeit, dass sich ein Team vollständig an einem Ort befindet, deutlich geringer geworden. Teams treffen sich somit, wenn alle »anwesend« sein müssen, immer häufiger digital – so können alle Teammitglieder einbezogen werden. Treffen sich Teammitglieder, die im Büro arbeiten, allerdings allein, kann das schnell negative Auswirkungen haben: Ein Wissensgefälle oder unterschiedlich ausgeprägte Beziehungen im Team können entstehen. Das Team ist nicht mehr geeint und es kann sich schnell eine Eigendynamik entwickeln, die möglicherweise einen negativen Einfluss auf Teamergebnisse und -ziele hat.

Modernes Teambuilding muss genauso flexibel gestaltet sein, wie es die Arbeitsmodelle eines Unternehmens sind. Analog zur Vielfalt an Arbeitsmodellen sollte es zahlreiche Angebote geben, die auf den Prozess, ein starkes, leistungsfähiges und motiviertes Team zu schaffen, ausgerichtet sind. Modular aufgebaute Maßnahmen und Angebote helfen Unternehmen dabei, den jeweils richtigen Mix für ihre Teams zu finden.

Die Modularität des Teambuildings zeichnet sich insbesondere durch den Ort der Aktivität, die Frequenz und die Dauer einer Aktivität aus. Maßnahmen können in Präsenz im Büro, an einem extra angemieteten Ort oder online in digitaler Form stattfinden. Sie können täglich, wöchentlich, monatlich oder jährlich vorgesehen sein. Auch die Dauer ist flexibel: Aktivitäten können lediglich ein paar Minuten in Anspruch nehmen und bereits einen großen Effekt auf das ganze Team haben – oder auch mal mehrere Tage füllen. Entscheidend für hybride Teams ist es, eine gute Mischung aus mehreren Aktivitäten zu wählen, sie kontinuierlich ins Teambuilding einfließen zu lassen und genau zu definieren, wann und wie (physisch oder digital) ein Team zusammenkommen muss.

Hybride Teams sollten sich regelmäßig vollzählig treffen, um den gemeinsamen Teamgeist zu entwickeln und zu stärken. Dies ist auch im digitalen Raum möglich. Jedoch ist es auch wichtig, dass sich das ganze Team mindestens einmal im Jahr in Präsenz trifft. Passiert dies nur einmal im Jahr, ist es wichtig, dass die Maßnahme über einige Tage stattfindet, damit die Teammitglieder ausreichend Zeit haben, sich auszutauschen. Beziehungen zwischen Teammitgliedern werden vor allem durch den persönlichen Austausch und das gemeinsame Erlebte nachhaltig gefestigt. Frequenz und Dauer bedingen sich somit. Je seltener sich Teammitglieder vor Ort treffen, umso wichtiger ist es, dass sie dann die Möglichkeit haben, sich länger und intensiver zu sehen.

8.4   Was kann im Zuge des Teambuildings konkret getan werden?

Grundsätzlich sollte für hybride Teams ein digitaler Raum aufgesetzt werden. Jedes Teammitglied sollte Zugang zu diesem Raum haben, egal ob es im Büro oder im Homeoffice arbeitet. Jedes Teammitglied kann zum Start in den Tag teilen, was heute an To-dos ansteht, sodass alle im Team den gleichen Wissensstand haben.

Als Arbeit noch vollständig vor Ort erbracht wurde, konnten Teammitglieder sehen, wie es anderen Teammitgliedern geht, oder konnten im Zweifel nachfragen. Im hybriden Arbeitsalltag ist dies nicht mehr ohne Weiteres gegeben. Hier gibt es die Möglichkeit, sich regelmäßig nach dem Befinden der Teammitglieder erkundigen. Zeit für die klassischen »Tür-und-Angelgespräche« sollte jede Führungskraft auch bei Teammitgliedern im hybriden Kontext unterstützen. Denn nur im persönlichen Gespräch bekommt man weitere Informationen, wie es jemandem geht. Dazu eignen sich auch kurze Unterhaltungen vor einem Meeting oder daran anschließend. Egal ob Teammitglied oder Führungskraft – es lohnt sich, die Frage zu stellen: »Kann ich/können wir dich unterstützen oder dir weiterhelfen?« Somit wird gezielt die Möglichkeit geschaffen, sich gegenseitig zu unterstützen und Empathie zu zeigen. Damit wird verhindert, dass die Frage nach Unterstützung zu lange hinausgezögert wird. Zeitgleich wird der Teamgedanke gestärkt. Denn: Geht es einem Teammitglied nicht gut, dann geht es auch dem Team nicht gut.

Für jedes Team sollte es wöchentlich unterschiedliche Angebote geben zusammenzukommen. So kann in einem regelmäßigen Meeting über das Team und die bestehenden Herausforderungen oder auch über positive Erlebnisse gesprochen werden. Außerdem können gemeinsam Maßnahmen zur Verbesserung oder Lösungen erarbeitet werden. Somit hat jedes Teammitglied und jedes Team einen Fixpunkt, an dem es Orientierung finden kann. Ein Team kann selbst festlegen, ob es sich in regelmäßigen Abständen im digitalen Raum oder vor Ort im Büro trifft. Zur Stärkung der sozialen und zwischenmenschlichen Aspekte kann auch ein gemeinsames Mittagessen eingeplant werden. Hier sind der Kreativität des Teams keine Grenzen gesetzt.

Um die sozialen Aspekte eines Teams zu stärken, kann eine digitale Kaffeeküche zu einem festen Zeitpunkt in der Woche ein weiteres Angebot sein. Ein Treffen dort kann auch täglich am Morgen oder nach dem Mittagessen eingeplant werden. Alle, die möchten, können sich hier zuschalten und sich austauschen. Die zufälligen Begegnungen, die sich früher an der Kaffeemaschine im Büro ergeben haben, passieren im hybriden Team nicht mehr einfach so. Deshalb ist es im Zuge des Teambuildings von zentraler Bedeutung, dass dieser Austausch ermöglicht wird. Allen sollte bewusst sein, dass diese Treffen von großem Wert sind, und auch Gespräche, die nichts mit der täglichen Arbeit zu tun haben, ein Team bereichern können. Dadurch wird das Team dafür sensibilisiert, wie es den einzelnen Teammitgliedern geht. Mimik und Gestik verraten oft mehr als das geschriebene Wort in einer E-Mail. Außerdem können Ideen aus diesen Gesprächen entstehen, die wertvoll für die weitere Entwicklung des Teams ist.

Die Methode »Knackpunkte und Herausforderungen teilen« kann ebenfalls ein wertvolles Mittel sein. Gibt man dem Team die Möglichkeit, einmal in der Woche oder alle zwei Wochen die individuellen Herausforderungen oder Knackpunkte im Team zu teilen, können das Gesamtpotenzial eines Teams und die unterschiedlichen Blickwinkel der Teammitglieder zur Unterstützung herangezogen werden. Ein Nebenaspekt ist, dass das Team insgesamt lernt und beim nächsten Auftreten einer ähnlichen Situation deutlich reifer und wissender ist als zuvor.

Eine andere Methode ist »Teilen von Wissen«. Während der Teamarbeit wird neues Wissen generiert. Jedes Individuum eignet sich dabei neues Wissen an. Geteiltes Wissen bringt ein Team weiter. Dazu können sich Teams regelmäßig zusammensetzen und ihr neu erworbenes Wissen durch Vorträge und Diskussionen teilen. Das Team lernt und kann neue Verbindungen zwischen neuem und bereits vorhandenem Wissen herstellen. Teammitglieder sollten stolz auf ihr Wissen sein und Informationen direkt mit dem Team teilen können.

»Retros« bzw. »Retrospektiven« sind im agilen Arbeitsumfeld beliebt und werden regelmäßig durchgeführt. Dabei wird auf einen bestimmten und fest definierten Zeitraum zurückgeblickt. Retros können aber auch im Zuge des Teambuildings angewandt werden. Das Team setzt sich für eine Stunde zusammen und spricht darüber, was gut gelaufen ist und was nicht so gut gelaufen ist. Anschließend werden gemeinsam Maßnahmen definiert, die das Team sofort umsetzt. Dazu gibt es mittlerweile viele unterschiedliche Formate, die online zu finden sind.

Trifft sich ein Team nicht häufig vor Ort, können spezielle Teamtage vor Ort etabliert werden. Ziel ist es dabei, den Fokus auf den Zustand des Teams zu richten, es aktiv zu fördern und zusammenzuschweißen. Solche Veranstaltungen können aber auch eintägig oder mehrtägig an einem Ort außerhalb des Büros stattfinden. Auf jeden Fall sollten sie gut geplant sein. Dabei können auch klassische Teambuildingmaßnahmen wie ein gemeinsamer Kletterkurs herangezogen werden. Wichtig ist, das Ziel, das erreicht werden soll, klar im Voraus festzulegen und alle Teammitglieder in die Vorbereitung miteinzubeziehen. Zudem sollte ein Ort gewählt werden, zu dem alle Teammitglieder in etwa eine gleiche Anreisezeit haben. Jedes Teammitglied sollte sich auf diese Tage freuen. Der Teamzusammenhalt, aber auch die Verbindungen zwischen den einzelnen Teammitgliedern werden dabei gestärkt.

Im Zuge des modernen Teambuildings kommt den Führungskräften eine erweiterte Rolle zu. Teambuilding ist Führungsaufgabe. Die Kompetenz einer Führungskraft muss ausgedehnt werden und um Kenntnisse des Coachings und des Befähigens von Teams erweitert werden. Ist eine Führungskraft intrinsisch motiviert, wirkt sich dies positiv auf ihr Team aus (Rogl, 2022). Durch gezieltes Coaching des Teams und einzelner Teammitglieder kann das Gesamtsystem »Team« verbessert werden. Teambuildingaktivitäten sollten nicht nur von »außen« an das Team herangetragen werden. Das Team sollte so weit befähigt werden, dass es selbst Aktivitäten entwickelt.

Eine Führungskraft hat zudem immer eine besondere Funktion – die Vorbildfunktion. Nur wenn eine Führungskraft selbst die entscheidenden Werte vorlebt, kann Teambuilding nachhaltig gelingen. Stetig die »Fühler« auszustrecken, um zu sehen, wie es den Teammitgliedern geht, ist essenziell. Das zwischenmenschliche Gespräch spielt nach wie vor – egal ob im digitalen Raum oder vor Ort – eine zentrale Rolle im Zuge der Führung und kann nicht durch vollständig digitale, asynchrone Kommunikation ersetzt werden. Denn als Führungskraft sollte man ein guten »Draht« zu allen Teammitgliedern haben, egal ob sie vor Ort arbeiten oder mobil. Beziehungen zu pflegen ist Führungsaufgabe und die Unterstützung des Teams, dies auch zu tun, ebenso.

Hybrides Arbeiten erlaubt uns, neue Wege im Teambuilding zu gehen – Altes mit Neuem zu kombinieren, verschiedene Wege zu finden und flexibler zu agieren. Wird die Rolle des Teambuildings von Unternehmen als wichtig eingestuft und werden die Rahmenbedingungen so gesetzt, dass Teambuilding kontinuierlich und modular erfolgen kann, kann es zum Gamechanger in Unternehmen werden.

8.5   Literatur

Corona Datenplattform (2021): Themenreport 02, Homeoffice im Verlauf der Corona-Pandemie, Ausgabe Juli 2021, Bonn, https://www.bmwk.de/Redaktion/DE/Downloads/I/infas-corona-datenplattform-homeoffice.pdf?__blob=publicationFile&v=4/ , abgerufen am 25.11.2022

Hans-Böckler-Stiftung (2021): Anteil der im Homeoffice arbeitenden Beschäftigten in Deutschland vor und während der Corona-Pandemie 2020 und 2021 [Graph]. In: Statista, https://de.statista.com/statistik/daten/studie/1204173/umfrage/befragung-zur-homeoffice-nutzung-in-der-corona-pandemie/, abgerufen am 25.11.2022

Rogl, Magdalena (2022): MITGEFÜHL. Igling

Ullherr, Sebastian (2021): https://www.linkedin.com/posts/sebastian-ullherr-420100189_
    remotework-remotefirst-fullyremote-activity-6892032042859909120-tL0a?utm_
    source=share&utm_medium=member_desktop, abgerufen am 24.11.2022

Infrastruktur in hybriden Arbeitsmodellen

9 Digital Workplace für hybride Zusammenarbeit

Alexander Pinker

9.1 Wie sich die Arbeit völlig verändert

2020 war das Jahr, in dem sich in der Arbeitswelt einiges veränderte hat. Durch die Pandemie und die damit gestarteten Veränderungen in der Art, wie Arbeitnehmende arbeiten, kam es zu einer enormen Beschleunigung der Digitalisierung am Arbeitsplatz. Beeindruckend ist dabei, dass die traditionelle Skepsis gegenüber der virtuellen Arbeit abgenommen hat. Viele der Befragten einer Studie des ifo Instituts sagten, dass sie bei der Arbeit im Homeoffice produktiver seien, als sie erwartet hätten. Die Begeisterung über die Arbeit von zu Hause aus geht sogar so weit, dass 26 % der Befragten bei der Suche nach einem neuen Arbeitgeber solche ablehnen würden, die nur Präsenzarbeit anbieten. 40 % würden sogar ihren aktuellen Job kündigen, sollte ihr Arbeitgeber verlangen, dass sie wieder vollständig ins Büro zurückkehren müssen. Dies zeigt den Aufstieg der hybriden Arbeitsformen. (vgl. ifo Institut, 2022)

Eine weitere Studie – diesmal von Accenture – ergab, dass 83 % der Arbeitnehmenden ein hybrides Arbeitsmodell bevorzugen würden. Die befragten Unternehmen gaben in derselben Studie an, dass sie zu mehr als 30 % zu einem ortsunabhängigen oder hybriden Arbeitsmodell übergegangen sind, während sich der Rest weiter auf die klassische Bürostruktur konzentrieren möchte. (Smith et al., 2021)

Die Ergebnisse der genannten Studien machen deutlich, dass sich etwas grundlegend geändert hat und der digitale Arbeitsplatz gekommen ist, um zu bleiben. Doch was kann man sich unter einem »Digital Workplace« eigentlich vorstellen? Eines ist trotz aller Begeisterung klar: Ganz digital wird nicht funktionieren, denn einige Aufgaben erfordern einfach die Anwesenheit beim Kunden oder in Meetings. Doch die Bilder, die wir aus den Büros von früher kennen, gehören schon jetzt zu großen Teilen der Vergangenheit an. Gut besetzte Konferenzräume, Flurgespräche und Begrüßungen mit Handschlag sind zwar zu großen Teilen wiedergekommen, doch die neue Normalität findet auch jenseits dieser »klassischen« Szenarien statt, und zwar in hybriden Kooperationen und Zoom-Meetings – zum Teil mit Kolleg:innen, die man noch nie oder sehr lange nicht gesehen hat. Hybride Arbeitsmodelle sind weit mehr als ein Trend. Die neue Art der Kooperation bringt viele Vorteile, denn sie vereint das Beste aus der analogen und der digitalen Welt. Zum einen können Unternehmen durch flexible und hybride Arbeitsmodelle dauerhaft Kosten sparen und ihr Team durch neue Konstellationen langfristig auch krisensicher aufstellen. Außerdem bietet die hybride Arbeit einen enormen Vorteil im »Krieg um Talente«, denn die Möglichkeit, individuelle Faktoren der einzelnen Mitarbeitenden zu berücksichtigen, steigert die Attraktivität als Arbeitgeber enorm und sorgt für eine bessere Mitarbeitendenloyalität. (vgl. wework, 2021)

Was also tun, wenn sich alles verändert? Die traditionelle Aufteilung in den Büros wird, ähnlich wie es beim Aufkommen von Shared Workingplaces oder Co-Working schon passierte, gerade neu gedacht. Unternehmen suchen nach Möglichkeiten, optimale Räume für die Zusammenarbeit in gemischten Teams zu schaffen. (Gratton, 2021)

9.2 Das klassische Büro neu denken

In dieser neuen hybriden Welt braucht es ein Management, das diese Flexibilität ermöglicht und den Mitarbeitenden die entsprechende Unterstützung, aber auch Freiheit gibt. Die Führungskräfte sind das Bindeglied zwischen dem Unternehmen und den Mitarbeitenden. In der Realität ist die Umsetzung jedoch teilweise schwierig, denn häufig arbeiten die Manager:innen selbst weniger remote, als es ihre Kolleg:innen tun, weshalb ihnen häufig das Verständnis für deren Wünsche und Bedürfnisse fehlt. Doch statt sich über den Trend zu beschweren, erfordert die hybride Arbeitswelt
- Verständnis und neue Mechanismen, um Autorität und Kontrolle zu schaffen, (hierarchische Dimension) sowie
- neue Arbeitsmuster im Zusammenhang mit
  - der Wertschöpfung (Innovationsdimension) und
  - dem Wissensaustausch (menschliche Dimension). (vgl. Sokolic, 2022, S. 209)

In der Folge müssen nicht nur die hybrid arbeitenden Kolleg:innen, sondern auch die Manager:innen die Mehrwerte erkennen und klare Botschaften der Unternehmensführung erhalten.

Die Veränderungen in der hierarchischen Dimension, in der Innovationsdimension und der menschlichen Dimension werden ergänzt durch Veränderungen in der Infrastruktur. Das Büro vor Ort, wie wir es kennen, muss sich neu erfinden.

Wie aktuelle Entwicklungen zeigen, denken immer mehr Unternehmen über kleinere, aber hochwertigere Büroflächen nach (vgl. Bounds/Hammond, 2021). Gerade wenn wir vom »digitalen Arbeitsplatz« sprechen, der analog mit digital verbindet und so die Vorhersage, wie viel Bürokapazitäten notwendig ist, stark ins Wanken gebracht wird, braucht es eine neue Art der Flexibilität innerhalb der Büros. Ganz so neu ist das Konzept dabei nicht. Schon vor der Pandemie gab es die Tendenz, auf ein Shared-Desk-System oder die Flexibilisierung der Büroarbeitsplätze zu setzen (vgl. Grzegorczyk et al., 2021, S. 3 ff.). Auch wenn es unwahrscheinlich ist, dass Bürogebäude komplett verschwinden, ist eines sicher: Der Charakter des Büros wird sich weiter wandeln.

Nach einer Betrachtung von Molla ist zu erwarten, dass Büros in Zukunft zu »Arbeitsplatz-Ökosystemen« werden (vgl. Molla, 2020) und dass die Mitarbeitenden in diesen neuen Systemen auf innovative und bislang nicht gekannte Art lernen zusammenzuarbeiten. Dabei spielen sowohl die hybriden Konzepte als auch die Gestaltung des Büros als Erlebnis- und Kreativraum eine große Rolle (vgl. Schermuly, 2021, S. 130 f.). Büros sollen in diesem Konzept die Art von Interaktionen unterstützen, die nicht hybrid zu erledigen sind. Aktuelle Beispiele deuten dabei auf größere Räume und mehr Außenflächen hin, die das Wohlfühlerlebnis und die (gesundheitliche) Sicherheit der Mitarbeitenden in den Fokus rücken (vgl. Grzegorczyk et al., 2021, S. 12).

Um ein solches neues Konzept wirklich initiieren zu können, müssen Unternehmen prüfen, welche Tätigkeiten die Anwesenheit der Mitarbeitenden vor Ort wirklich notwendig machen und was sie dann dort tun sollen. Gerade mit dem Fokus auf die kreative Arbeit wird es mehr tätigkeitsbezogene Arbeitsbereiche, mehr Sitzecken und mehr Networking-Flächen für Brainstorming, Workshops und Meetings geben (PWC, 2021). Wichtig ist es jedoch, die richtige Balance zu finden, damit aus »gut gemeint« nicht »schlecht gemacht« wird.

9.3   Die Suche nach einem hybriden Bürodesign

Auf der Suche nach einer Balance braucht es einen Fokus auf ein hybrides Bürodesign, das sowohl die vor Ort arbeitenden Kolleg:innen integriert, als auch die remote Arbeitenden involviert. Ein solches Konzept entspringt dem Wunsch nach der nahtlosen Verbindung der persönlichen Zusammenarbeit im Büro mit der Fernarbeit (K2 Space, 2021). Dieser Anspruch unterscheidet sich dabei sehr stark von den Merkmalen agiler Bürogestaltung, bei der dynamische Räume für Mitarbeitende geschaffen werden, ohne jedoch eine Brücke zwischen digitaler und analoger Arbeit zu bauen (Brady, 2019).

Das hybride Büro ist dabei kein neues Konzept, doch durch Pandemie und Krise sowie durch das Umdenken im Management bekommt das Thema neuen Auftrieb. Grundlagen dieser neuen Art des Arbeitsplatzes sind dabei:
- Wi-Fi-fähige Räume, um die Remote Worker optimal zu integrieren
- Technologien und Werkzeuge für das kollaborative Arbeiten beider Mitarbeitendengruppen
- flexible Büromöbel, um schnell Kreativräume zu schaffen und Platz für jedes Bedürfnis zu ermöglichen (K2 Space, 2021)

Eine Studie von PWC ergab, dass sich nur 13 % der Führungskräfte bereit fühlen, das Büro ganz aufzugeben (PWC, 2021). Dies hat nicht zwingend die Ablehnung eines hybriden Arbeitsmodells als Hintergrund, sondern einfach die Notwendigkeit, bestehende Büroflächen am Leben zu erhalten, da Mietverträge und Verpflichtungen weiter bestehen. Doch ein digitaler Workspace für die hybride Zusammenarbeit spielt der Entwicklung einer neuen Art von Büros sogar in die Karten. Bei der Gestaltung von Hybridbüros werden häufig die bereits vorhandenen Büroflächen genutzt und neu gedacht (K2 Space, 2021).

Ziel dabei ist es, gemeinschaftlichere und flexiblere Arbeitsbereiche zu schaffen und so physische und soziale Barrieren zu überwinden. Das heißt also nicht zwingend, die vorhandenen Büroflächen zu minimieren, sondern sie zu überdenken. Kreative Tischaufteilung, Think Tanks fürs konzentriertes Arbeiten und Networking-Bereiche sind dabei einige Ideen des neuen Digital Workspace.

Das Büro fungiert dabei als sozialer Anker für alle Beteiligten. Durch das auch pandemiebedingte Arbeiten aus der Ferne braucht es einen solchen Anker jedoch auch stärker denn je. Durch die vielen Onlinemeetings und strukturierten Arbeitsprozesse sind einige zwischenmenschliche Komponenten verloren gegangen.

Remote-Arbeit strukturiert die Beziehungen, die wir zu anderen Menschen haben, tendenziell. An einer Onlinesitzung nimmt eine feste Anzahl von Personen zu einer festen Zeit teil. Doch die Vorteile der Arbeit vor Ort sind nicht zu unterschätzen. Hier spielt die soziale Komponente eine große Rolle und es entstehen beispielsweise auch zufällige Begegnungen, Aktivitäten und Gespräche, welche die Beziehung zwischen Mitarbeitenden stärken.

Als hybrides Arbeiten erstmals in den 1980er-Jahren aufkam, dachten die Menschen, dass es keinen Unterschied zum klassischen System gebe (vgl. Bogenstahl/Peters, 2020). Dies war jedoch eine Fehleinschätzung. Die klassischen Formen der Teambildung, die man aus der Organisationspsychologie kennt, gingen verloren.

Im Modell von »Forming, Storming, Norming, Performing« wird beschrieben, wie sich jedes Team zunächst selbst finden muss. Das aus den 1960er-Jahren stammende System aus der Organisationspsychologie beschreibt dabei detailliert, wie die Grenzen des Teams zunächst ausgelotet und schließlich festgelegt werden. So ist eine effiziente und gewinnbringende Teamarbeit möglich (vgl. Egolf/Chester, 2013, S. 147 ff.). Dieses Ausloten funktioniert in der hybriden Arbeitswelt anders, denn persönliche Anforderungen werden häufig nicht so deutlich artikuliert wie im traditionellen Arbeitsmodell. Als Manager:in muss man sich diese Veränderungen im Miteinander bewusst machen und überlegen, wie sie sich auf ein hybrides Umfeld anwenden lassen (Ferris, 2021).

Führungskräfte müssen für eine effiziente Zusammenarbeit die gemeinsame Zeit der analog und digital arbeitenden Kolleg:innen nutzen und für jede hybride Besprechung oder Kollaboration eine Liste mit Erwartungen und eine detaillierte Tagesordnung anlegen. Das bedeutet im Umkehrschluss jedoch auch ein Kalibrieren der Meeting-Methoden. Das Ziel muss es immer sein, die analog und digital arbeitenden Kolleg:innen bestmöglich einzubinden. Sitzungen sollten daher so gestaltet sein, dass man am Ende eine Mischung aus individuellen Beiträgen und Vorträgen mit Gruppendiskussionen enthält. Besonders die offene Diskussion ist hier das Zentrum der Kollaboration, da ohne diese ein Ausschluss einer der beiden Gruppen nahezu unvermeidlich ist. (MURAL, 2022)

Hybride Arbeitsformen können, wenn sie nicht optimal eingesetzt werden, zu einem gefühlten Ausschluss führen. Deshalb müssen auch jenseits der koordinierten Meetings Schnittstellen zwischen den vor Ort arbeitenden und den Remote-Kolleg:innen geschaffen werden. Geschieht dies nicht, kann es die psychische Gesundheit der Mitarbeitenden belasten, wie eine Google-Umfrage ergab. 54 % der Befragten gaben an, dass sie durch die eingeschränkten sozialen Interaktionen negativ beeinflusst werden.

Die Google-Studie geht noch spezieller auf die Rolle des einzelnen Menschen in der hybriden Arbeit ein und betont die Relevanz des Einsatzes neuer Technologien, die eine zeitliche und örtliche Flexibilität ermöglichen. Diese Kollaborationstools müssen dafür so gebaut sein, dass sie die negativen Erfahrungen der Befragten mit veralteten oder langsamen Tools in den Hintergrund drängen und ihnen unkompliziert den Zugriff auf Dateien an verschiedenen Orten ermöglichen.

Bei der Bewertung ihrer technischen Ausstattung sollten Unternehmen überlegen, ob sie mit den vorhandenen Tools die von hybriden Mitarbeitenden gewünschte Zusammenarbeit in Echtzeit und den einfachen Informationsaustausch garantieren können oder ob es noch Hürden gibt, die es zu beseitigen gilt. (Setty, 2021)

9.4   Kollaboration im Digital Workplace

Die Werkzeuge, um die Hürden für die Zusammenarbeit zu beseitigen, sind dabei vielfältig. Eine Untersuchung des Forschungsinstituts Gartner hat ergeben, dass 71 % der Personalleiter:innen sich mehr Sorgen um die Zusammenarbeit der Mitarbeitenden machen als vor der Pandemie (Baker, 2021). Im hybriden Arbeiten fehlt gerade die Spontaneität, die sonst vor Ort schnell entsteht. Man kann nicht einfach mal zum Rechner des Kollegen gehen oder gemeinsam beim Kaffee brainstormen. Alles ist geplant und die Interaktion über die Bildschirme ist – ohne die richtigen Werkzeuge – teilweise schwierig (Fricke/Schoppe, 2022).

»Um in diesem Kontext Innovationen freizusetzen, müssen Führungskräfte ihre Mitarbeiter befähigen, bewusster zusammenzuarbeiten.«

Alexia Cambon, Director, Research, Gartner

Dank der vielfältigen Tools und Möglichkeiten, die unsere digitale Zeit mit sich bringt, können Mitarbeitende effizient in hybriden Arbeitsumgebungen zusammenarbeiten, aber Unternehmen müssen diese Möglichkeiten bewusst schaffen. Gartner hat daher vier Arbeitsmodi identifiziert, die Teams bei der hybriden Arbeit bewusst nutzen sollten:

- Zusammenarbeit vor Ort: wenn die Teams an einem Ort zusammenarbeiten und an Besprechungen in einem kollaborativen Raum teilnehmen
- hybride Zusammenarbeit, getrennt arbeiten: wenn die Teams verteilt sind, aber an virtuellen Besprechungen teilnehmen
- Arbeit in kollaborativen Räumen: wenn Teams in gemeinsamen Räumen, aber nicht gleichzeitig arbeiten
- Arbeit allein: Wenn die Teams verteilt sind und Einzelpersonen konzentriert arbeiten

Diese Auswahlmöglichkeiten, wie sie von Gartner aufgezeigt werden, sind in der neuen hybriden Arbeitswelt dringend notwendig, denn die Studie des Forschungsunternehmens zeigt, dass zwei Drittel der Arbeitnehmenden angeben, dass ihre Erwartungen an eine flexible Arbeitsgestaltung seit der Pandemie gestiegen sind. (Baker, 2021)

9.5 Erfolgreiche hybride und digitale Arbeitsplätze im Einsatz

9.5.1 Modelle des hybriden Arbeitens von morgen

In den letzten Jahren haben viele Unternehmen ein gutes Gefühl für die Vor- und Nachteile bekommen, wie das Hybridmodell in verschiedenen Szenarien funktioniert. Tatsächlich kristallisieren sich allmählich drei Varianten des Hybridmodells heraus: Remote-first, flexibles Hybridmodell und Office-first. (K2 Space, 2021)

Remote-First
Remote-First meint, dass die meisten Mitarbeitenden von zu Hause aus arbeiten und das Büro, wie bereits zuvor beschrieben, eher für kreative Meetings oder Kundentermine nutzen. Die Räume vor Ort sind alle stark auf die innovative Zusammenarbeit, die Teamarbeit und die Stärkung der Beziehungen zwischen den Kolleg:innen ausgerichtet. (vm ware, 2022)

Flexibles Hybridmodell

Beim flexiblen Hybridmodell gibt es ein Gleichgewicht zwischen Remote-Work und der Arbeit im Büro. Diese Variante ist geeignet für Unternehmen, die in der Regel mehr kollaborative Arbeitsbereiche schaffen wollen. Offene, gemeinschaftlich genutzte Räume, Ruhezonen, informelle Bereiche und hybride Konferenzräume mit großen Bildschirmen und gutem Soundequipment gehören zum Standard dieses Arbeitsbereichs. (Vidojevic, 2022)

Office-First

Das Office-First-Hybridmodell setzt stärker auf die klassische Büroarbeit und lässt nur in überschaubarem Maße virtuelle Arbeit zu. Remote-Kolleg:innen finden sich hier meist in internationalen Teams oder unter Mitarbeitenden, die familienbedingt nicht im Büro sein können. (Vidojevic, 2022)

9.5.2   Beispiele erfolgreicher hybrider Konzepte

Salesforce

Salesfoce ist mittlerweile seit vielen Jahren ein Name, der in einem Atemzug mit den großen Tech-Giganten unserer Zeit genannt wird. Salesforce hat schon früh das Cloud-Computing und die Geschäftsanwendungen in Unternehmen geprägt und geholfen, die Digitalisierung voranzutreiben. Nun schließt sich das Unternehmen anderen Giganten aus dem Silicon Valley an und widmet sich einer neuen Art des Arbeitens – der hybriden Arbeit.

In einem Blogartikel veröffentlichte die Cloud-Computing-Firma, dass der 9-to-5-Arbeitstag tot sei und die Mitarbeitenden nun die Möglichkeit haben, ihre Arbeit individuell zu gestalten. Sie können wählen, ob sie überhaupt, wie oft und wann sie ins Büro kommen.

Außerdem bekommen die Salesforce-Mitarbeitenden in Zukunft mehr Freiheiten, was die Gestaltung ihres Arbeitstages angeht, um Agilität und Kreativität zu fördern. Diese neue Kultur des Arbeitens spiegelt sich auch in vielen anderen Meldungen von Unternehmen aus aller Welt wider, die nach Jahren des Arbeitens aus dem Büro nun bereit sind, hybride Wege zu gehen, um die Mitarbeitererfahrung in den Vordergrund zu stellen.

»Mitarbeitererfahrung« ist das Schlagwort in einer Welt nach Corona.

»Whether you have a global team to manage across time zones, a project-based role that is busier or slower depending on the season, or simply have to balance personal and professional obligations throughout the day, workers need flexibility to be successful.«

Brent Hyder, Chief People Officer bei Salesforce

Mit immer mehr Verpflichtungen, sowohl privat als auch beruflich, braucht es Arbeitszeitmodelle, so Salesforce weiter, die sich in unsere vernetzte und digitale Welt einfügen.

Alle Mitarbeitenden, egal ob vor Ort, digital oder hybrid, sollten die Möglichkeit haben, ihren Tag jeweils so zu gestalten, wie es für sie am effizientesten und effektivsten ist. Daher sind die zukünftigen Arbeitsmodelle von Salesforce äußerst divers aufgestellt: Das Unternehmen unterscheidet zwischen flexibel, vollständig remote und bürobasiert. Beim flexiblen Modell verbringt man ein bis drei Tage im Büro und kommt vorwiegend dann in die Firma, wenn es um Teamarbeit, Kundengespräche oder Präsentationen geht. Die Arbeit vollständig im digitalen Büro hingegen beinhaltet, wie der Name schon andeutet, den kompletten Fokus auf Remote Work und nur äußerst selten einen Besuch der Firmenzentrale. Die Arbeit vollständig vor Ort erledigen, wie es in der Vergangenheit gang und gäbe war, da sind sich die Manager von Salesforce sicher, wird eher ein kleiner Teil der Belegschaft.

Die neue Arbeitsstrategie von Salesforce wurde gemeinsam mit den Mitarbeitenden entwickelt und soll ihnen die Werkzeuge an die Hand geben, ihren Arbeitstag selbstständig und individuell zu gestalten, damit sie möglichst produktiv und zufrieden sind. (Hyder, 2021)

Google
Nachdem im April 2022 die ersten Mitarbeitenden teilweise zurück in die Google-Büros zogen, hat der Tech-Gigant nun offiziell seine zukünftige Arbeitsweise bekannt gegeben. CEO Sundar Pichai sagte, dass das Unternehmen in Zukunft eine hybride Arbeitswoche einführen möchte.

Nach ersten Pilotprojekten werden in Zukunft die meisten Mitarbeitenden tageweise »dort, wo sie am besten arbeiten« tätig sein. Ob dies nun die schicken Büros von Google sein werden oder nicht, bleibt hierbei den Mitarbeitenden selbst überlassen. Die Wahl des Arbeitsortes hängt, so das Unternehmen, sehr stark vom aktuellen Projektschwerpunkt der Mitarbeitenden ab und das hybride Modell soll ihnen möglichst hohe Flexibilität ermöglichen. Die Angestellten können sich nun auch, wenn sie das möchten, für die Arbeit in einem anderen Büro oder an einem anderen Standort des Konzerns bewerben.

Ergänzend, so die Pläne des Unternehmens, werden die Mitarbeitenden die Möglichkeit haben, bis zu vier Wochen außerhalb der ihnen zugewiesenen Büros zu arbeiten oder sogar eine extra geschaffene Remote-Rolle wahrzunehmen, damit sie gar nicht mehr ins Büro müssen.

Die Bedürfnisse des Teams und die möglichst hohe Flexibilität stehen dabei im Fokus der kompletten Strategien und Überlegungen von Google. Pichai schätzt, dass mit den vorgestellten Änderungen etwa 60 % der Belegschaft wenigstens an einer Handvoll Tagen im Büro arbeiten werden, der Rest wird sich hybrid durch den Arbeitsalltag bewegen. (Sundar, 2021)

9.5.3   Die nächsten Schritte zum Digital Workplace

Das hybride Modell, wie wir es heute kennen, wurde etwas überhastet eingeführt. Die Pandemie hat viele Unternehmen überrollt und mit heißer Nadel mussten neue Lösungen für die Zusammenarbeit gestrickt werden. Viele der aktuellen Statuten, Regeln und Maßnahmen sind daher sehr intuitiv entstanden und wurden noch keinem wirklichen Stresstest unterzogen. (vgl. Sokolic, 2022, S. 209 f.)

Auch die Motivatoren der Mitarbeitenden müssen nochmals überdacht, überprüft und geschärft werden. Zwar lässt sich durch die gewonnene Flexibilität eine Steigerung der Produktivität verzeichnen, doch der Antrieb, auch über die notwendigen Aufgaben hinauszugehen ist geringer, als vor Ort, wo der Teamgeist einen zu so mancher Überstunde motiviert. (Bauer et al., 2018, S. 3 ff.)

Unternehmen müssen daher beim Aufbau ihrer eigenen hybriden Arbeitsplätze analysieren, welche Methoden sich als gut und vorteilhaft erwiesen haben und wo nochmals nachgeschärft werden muss. Doch trotz aller Herausforderungen, die in der neuen Arbeitswelt noch auf die Unternehmen, ihre Mitarbeitenden und die Manager:innen warten, hat das hybride Denken eine unglaubliche Welle des Experimentierens ausgelöst, bei der Unternehmen über ihren eigenen Tellerrand blicken und nach Lösungen suchen, an die sie vor der Pandemie nicht zu denken wagten. Dieser Geist muss bleiben und auch wenn wir wieder langsam zur »Normalität« zurückkehren, muss ein »new normal« ein fester Bestandteil all unserer Überlegungen werden. (vgl. Sokolic, 2022, S. 209 f.)

9.6 Literatur

Baker, Mary (2021): 4 Modes of Collaboration Are Key to Success in Hybrid Work, in: https://www.gartner.com/smarterwithgartner/4-modes-of-collaboration-are-key-to-success-in-hybrid-work, abgerufen am 28.11.2022.

Bauer, W./Schlund, S./ Vocke, C. (2018). Working life within a hybrid world – How digital transformation and agile structures affect human functions and increase quality of work and business performance. In: Advances in Intelligent Systems and Computing, 594, S. 3–10.

Bogenstahl, Christoph/Peters, Robert (2020): Perspektiven eines hybriden Arbeitens im Homeoffice und im Büro, in: https://www.bundestag.de/resource/blob/845928/8679fb3f6210ebac8a8855d3d669a8c6/Themenkurzprofil-041-data.pdf, abgerufen am 19.10.2022.

Brady, Matt (2019): What is an Agile Workplace, in: https://www.newdayoffice.com/blog/what-is-an-agile-workplace, abgerufen am 25.11.2022.

Egolf, Donald/Chester, Sondra (2013): Forming, Storming, Norming: Successful Communication in Groups and Teams. 3. Auflage, Bloomington: iUniverse.

Ferris, Karen (2021): Forming, storming, norming, performing part 2: Leading hybrid teams, in: https://remotereport.com/forming-storming-norming-performing-part-2, abgerufen am 20.10.2022.

Fricke, Andreas/Schoppe, Insa (2022): Homeoffice versus Bürojob: Die 5 wichtigsten Vor- und Nachteile, in: https://www.gruender.de/hr-office/homeoffice-vorteile-nachteile, abgerufen am 27.11.2022.

Gratton, Lynda (2021): How to Do Hybrid Right, in: https://hbr.org/2021/05/how-to-do-hybrid-right, abgerufen am 24.11.2022.

Grzegorczyk, Monika/Mariniello, Mario/Nurski, Laura/Schraepen, Tom (2021): Blending the physical and virtual: a hybrid model for the future of work, In: Policy Contribution Issue n° 14/21, S. 1– 22.

Hyder, Brent (2021): Creating a Best Workplace from Anywhere, for Everyone, in: https://www.salesforce.com/news/stories/creating-a-best-workplace-from-anywhere, abgerufen am 20.10.2022.

ifo Institut (2022): Homeoffice etabliert sich in Deutschland mit 1,4 Tagen pro Woche, in: https://www.ifo.de/pressemitteilung/2022-09-16/homeoffice-etabliert-sich-deutschland-mit-14-tagen-pro-woche, abgerufen am 18.10.2022.

K2 Space (2021): Hybrid Office Design – 7 Key Considerations for Hybrid Working, in: https://k2space.co.uk/knowledge/hybrid-office-design, abgerufen am 24.11.2022.

Mural (2022): Why hybrid collaboration is harder than you think, in: https://www.mural.co/blog/why-hybrid-collaboration-is-harder-than-you-think, abgerufen am 20.10.2022.

PwC (2021): It's time to reimagine where and how work will get done, in: https://www.pwc.com/us/en/library/covid-19/us-remote-work-survey.html, abgerufen am 19.10.2022.

Schermuly, Carsten C. (2021): New Work – Gute Arbeit gestalten. 3. Auflage. Freiburg: Haufe.

Setty, Prasad (2021): Insight from our global hybrid work survey, in: https://cloud.google.com/blog/products/workspace/insights-from-our-global-hybrid-work-survey?hl=en, abgerufen am 20.10.2022.

Smith, Christie/Pape, John-Paul/Ramirez, David A./Pienkowski, Elena (2021): Future of work research, in: https://www.accenture.com/us-en/insights/consulting/future-work, abgerufen am 24.11.2022.

Sokolic, Danijela (2022): Remote Work and hybrid work organizations, in: Conference Paper 78th International Scientific Conference on Economic and Social Development. Aveiro, S. 202–213.

Sundar, Pichai (2021): A hybrid approach to work, in: https://blog.google/inside-google/life-at-google/hybrid-approach-work, abgerufen am 20.10.2022.

Vidojevic, Andjela (2022): Types of hybrid and remote work models for your business, in: https://pumble.com/blog/hybrid-remote-work-models, abgerufen am 28.11.2022.

vm ware (2022): What is remote-first?, in: https://www.vmware.com/topics/glossary/content/remote-first.html, abgerufen am 28.11.2022.

wework (2021): Die Zukunft der Arbeitswelt ist hybrid – und so wird sie aussehen, in: https://www.wework.com/de-DE/ideas/growth-innovation/the-future-of-work-is-hybrid, abgerufen am 18.10.2022.

10 Future Workspace

Sven Mylius

10.1 Status quo: New Work

Die Gestaltung der Arbeit ist in Bewegung – nicht erst seit gestern, aber jetzt erst recht. Ein Großteil der Menschen erlebt eine Verschiebung und Dezentralisierung des eigenen Arbeitsumfelds. Unternehmen vom Silicon Valley bis zum deutschen Mittelstand fragen sich: Wie gehen wir damit um? Wie erhalten und fördern wir Innovationsgeist und Loyalität unserer Mitarbeitenden? Aber auch: Wie bringen wir massiv schwankende Gebäudeauslastungen, Energie- und Kosteneffizienz unter einen Hut?

Angestoßen und beschleunigt durch die Corona-Pandemie vollzieht sich gegenwärtig auf vielen gesellschaftlichen Ebenen ein Wandel – gerade auch Arbeitswelten mussten sich binnen weniger Tage neuen Gegebenheiten anpassen und sind hierbei weiterhin gefordert. Bilder von leer stehenden Büros rückten ins Sichtfeld. Verwaiste Office-Türme und Menschen in mehr oder weniger improvisierten Homeoffices – das mag zwar auf den ersten Blick nach einer Art »New Work« aussehen, doch der beschriebene Zustand allein ist weder ein erstrebenswertes, noch ein tragfähiges Konzept. So ist zwar das Homeoffice kein Fremdwort mehr, wird immer mehr angeboten und auch angenommen, doch wie sieht es aus mit »hybriden« Arbeitsweisen? Sprich dem Arbeiten von überall – ob im Büro, zu Hause oder Third Places? Nach wie vor gibt es hier auf dem Weg zu zukunftsfähigen Modellen große Hürden zu überwinden. Es müssen Konzepte gefunden werden, die flexibel genug sind, mit den immer dynamischeren Anforderungen der Arbeitswelt langfristig Schritt zu halten: Eine erfolgreiche Anpassung an das »New Normal« erfordert ein nachhaltiges Umdenken hinsichtlich Arbeitsweisen, Arbeitsorten, Strukturen und insbesondere der Unternehmens- und Mitarbeiterführung.

Die Relevanz einer solchen Strategie für den Umgang mit New Work in der Zukunft steigt enorm – gleichermaßen aber auch das Potenzial, das sich bei erfolgreicher Umsetzung schöpfen lässt.

Corona als Booster für ein neues Verständnis davon, wie Wissensarbeit auch gestaltet werden kann

Spätestens jetzt spüren viele Unternehmen schmerzlich, dass Arbeitsweisen, Arbeitsorte und Strukturen aus der Industriezeit nur selten mit den Herausforderungen der aktuellen Zeit kompatibel sind und dass sich Organisationen schneller anpassen lassen als die bisherigen Gebäudekonzepte.

10.2   New Work – New Buildings?

Im Zusammenhang mit Gebäudestrukturen und Büroflächen umfasst New Work ein neues Verständnis der Arbeitsorte und der Frage, welcher Stellenwert der gebauten Arbeitsumgebung, sprich Büroform und Bürokonzept, künftig (noch) gegeben werden soll.

Als zentrale Themen von New Work rücken Begriffe wie »aufgabenbezogene Freiheit«, »Selbstständigkeit« und »Teilhabe an der Gemeinschaft« in den Mittelpunkt der Diskussion. Dies hat zur Folge, dass ein innovatives und werteorientiertes Arbeitsumfeld und, damit verbunden, moderne sowie flexible Zusammenarbeitskonzepte gefordert und präferiert werden. Kurz gesagt, neue Arbeitswelten, neue Arbeitsmodelle und Formen der Arbeitsorganisation erscheinen aufgrund des fortschreitenden Wandels erforderlich.

Die gebaute Arbeitsumgebung muss auf diesen Umstand reagieren. Dabei kann sie einerseits funktional und andererseits emotional viele Aspekte eines Unternehmens mitsamt seiner Organisation und seiner Kultur transportieren und beeinflussen.

Da sich allerdings die Mitarbeitenden in ihrer Arbeitsweise und ihren Arbeitsbedürfnissen unterscheiden, gibt es keine einheitliche Erfolgslösung für die Bürogestaltung. Vielmehr ist eine Identifikation von unterschiedlichen Arbeitstypen notwendig, um darauf aufbauend die Arbeitsumgebung nutzerorientiert entwickeln zu können. Ein tätigkeitsbasiertes Flächenkonzept bietet bei heterogenen Tätigkeiten jeweils die richtige Fläche zum Arbeiten, Austauschen und Kollaborieren.

10.3   Die vier Reifegrade

Das klassische Büro als Arbeitsplatz hat sein ehemaliges Monopol verloren. Denn Wissensarbeit findet wie beschrieben längst nicht mehr nur in Büros statt, sondern zusätzlich im Homeoffice und an anderen Orten – digital, hybrid oder in Präsenz. Unternehmen und alle Arten von Organisationen müssen auf diese Veränderung der Arbeitswelt reagieren, um ihre Mitarbeitenden wieder zurück ins Büro zu holen – oder zumindest ihre Identifikation mit dem Unternehmen nicht schwinden zu lassen. Dabei stehen sie vor der Frage, wie Büroflächen künftig genutzt werden können, um veränderten Anforderungen und gestiegenen Qualitätserwartungen gerecht zu werden. Das Büro muss einen Mehrwert bieten, den andere Arbeitsorte nicht bieten können und wollen.

Den Wandel der Arbeitswelt durchleben alle Unternehmen – einige mehr, andere weniger. Zur Selbsteinschätzung und Orientierung des Status quo hilft das generische Reifegradmodell in der unten stehenden Tabelle »Reifegradmodell Workspace«.

Das dargestellte Reifegradmodell bildet die folgenden vier Themenfelder ab, die in Verbindung mit der modernen Arbeitswelt stehen und von Bedeutung sind:
- mobiles Arbeiten
- Arbeitsplatz-Sharing
- Flächenkonzept
- IT

Thema/Reifegrad	RG 1	RG 2	RG 3	RG 4
Mobiles Arbeiten	Mobiles Arbeiten wird in Ausnahmen angeboten	Menge an Mobiltagen wird reguliert	Menge an Mobiltagen wird den Teams freigestellt	Mitarbeitende verantworten die Wahl des Arbeitsorts und der Arbeitszeit selbst
Arbeitsplatz-Sharing	Sharing findet kaum Anwendung	Arbeitsplätze werden in einzelnen Units im Sharing-Prinzip genutzt	Arbeitsplätze werden in den meisten Units im Sharing-Prinzip genutzt	Alle Arbeitsplätze werden im Sharing-Prinzip genutzt (auf allen Hierarchieebenen)

Thema/Reife-grad	RG 1	RG 2	RG 3	RG 4
Flächenkonzept	• kleinteilige Konzepte, hohe Gleichartigkeit	• abwechslungsreiches Flächenangebot, hoher Grad an reagierender Individualisierung • Buchungskonzept für Arbeitsplätze (z. B. Kontingentierung oder Einzelauswahl) • Zielrichtung für den Umgang mit New Work ist vorhanden • Design transportiert die Werte und Marke eines Unternehmens klar und konsequent	• multifunktionale Flächenkonzepte, hoher Grad an standardisierter Individualisierungsmöglichkeit (Baukastenprinzip), alle Orte im Gebäude bieten eine große Arbeits- und Aufenthaltsqualität • bedarfsgerechtes Buchungskonzept variiert nach spezifischen Anforderungen (z. B. temporäre Kontingentierung für Projektbereiche) • kontinuierliche Messung der Auslastung ist vorhanden • die Strategie für New Work leitet sich aus der Unternehmensstrategie ab	• strategische Steuerung und Messung der Auslastung wird für automatisierte Szenarienbetrachtung genutzt • Energieverbrauch passt sich der prognostizierten sowie tatsächlichen Nutzung an. • die Strategie für New Work ist fester Bestandteil der Unternehmensstrategie

Thema/Reife-grad	RG 1	RG 2	RG 3	RG 4
IT	• mobiles Equipment ist in weiten Teilen vorhanden • Besprechungsräume mit kabelgebundenen Displays • Videokonferenz nicht als Standard vorgesehen	• alle Mitarbeitenden sind mit mobilem Equipment ausgestattet • Videokonferenz mit wenigen Klicks möglich • Wireless-Präsentation • keine herstellerbezogene Einschränkung	• Remote Support Services • alle Daten sind cloudbasiert vorhanden • Raum-Mensch-Technologie-Interaktion ist vollkommen vorhanden • sinnhafter Einsatz von Sensorik • Mitarbeitende werden kontinuierlich in neuen Tools und Equipment geschult	• Smart Advisers (KI, Chatbots etc.) • multimodale Steuerung (Touch, Gesten, Mimik …) • Wearable • Mixed Reality • …

Reifegradmodell Workspace, eigene Darstellung

Dabei durchlaufen alle Themenfelder die Reifegrade von eins bis vier. Bei der Betrachtung des Modells bildet der Reifegrad 1 die Situation ab, in der Unternehmen noch stark im klassischen Arbeitsumfeld agieren – teilweise ist mobiles Arbeiten möglich, das geteilte Nutzen von Arbeitsplätzen und anderen Ressourcen findet aber noch recht wenig statt. Die Flächenkonzepte sind kleinteilig und monoton und das IT-Equipment der Mitarbeitenden ist eher stationär organisiert.

Unternehmen in Reifegrad 2 sind bereits flexibler aufgestellt. Beispielsweise ist mobiles Arbeiten in einem regulierten Maß möglich, einzelne Units nutzen schon Sharing-Prinzipien, buchen ihre Arbeitsplätze aus einem Kontingent (ein Arbeitsplatz wird zur Verfügung stehen, aber es ist noch nicht klar, welcher) oder direkt (ein bestimmter Arbeitsplatz wird gebucht). Dazu ist das Flächenangebot deutlich breiter aufgestellt, als es bei anderen Unternehmen der Fall ist. Mobiles Equipment ist bereits als Standard etabliert und die Kommunikationsräume bieten technisch gute Möglichkeiten, um weitgehend barrierefrei in ein hybrides Meeting einzutauchen. Die Marke des Unternehmens spiegelt sich dabei in allen Facetten des (Raum-)Designs wider – Werte und Haltung des Unternehmens sind hier deutlich spürbar.

Im Reifegrad 3 wird die Verantwortung für das mobile Arbeiten an die Teams gegeben und Sharing ist in den meisten Units ein fest verankertes Prinzip. Das
Flächenangebot ist multifunktional und bietet der flächenverantwortlichen Organisa-
tionseinheit ein angemessenes Maß an standardisierter Individualisierbarkeit in Form
eines Baukastenprinzips. Neben einem variablen Buchungskonzept wird die tatsächliche Auslastung der Arbeitsplätze über Sensorik erfasst und getrackt. Die Mensch-
Raum-Technologie-Interaktion, die sich beispielsweise durch die digitale Bedienung
von Technikelementen im Gebäude wahrnehmen lässt, ist ebenso wichtig wie die
Schulung der Mitarbeitenden in puncto neuer Technologien. Die Strategie für New
Work leitet sich aus der Unternehmensstrategie ab.

Die maximale Verantwortung für die Wahl des Arbeitsortes und auch der Arbeitszeit wird im Reifegrad 4 den Mitarbeitenden selbst überlassen. Dabei werden auch
alle Flächenangebote über alle Hierarchieebenen hinweg geteilt. Die Rückmeldun-
gen der verbauten Sensorik werden kontinuierlich erfasst, zusammengeführt und in
automatisierten Workflows mit anderen Parametern aus dem Facility-Management
verknüpft, wodurch eine Bedarfsentwicklung kontinuierlich prognostiziert wird. In
diesem Reifegrad ist die Strategie für New Work ein wesentlicher und fester Bestandteil der Unternehmensstrategie – und dies sowohl auf globaler als auch auf lokaler
Ebene. Verschiedene KI-basierte Chatbots entlasten Mitarbeitende, die Technik wird
auf verschiedenste Weise bedient und Meetings in der Mixed Reality sind Standard.

10.4   Kernelemente einer zukunftsfähigen Arbeitswelt

10.4.1   Hardware

Kollaborationsfläche im Firmengebäude OWP12; Quelle: ©Jürgen Pollak

Menschen und Organisationen müssen flexibel agieren und möchten das auch. Dieses Bedürfnis nach Flexibilität ist in der jüngeren Vergangenheit noch gewachsen. Die Art und Weise, wie Menschen zusammenarbeiten, hat sich deutlich verändert. Damit einhergehend verändert sich die Nutzung der Flächen, denn auch nach der Pandemie arbeiten viele Beschäftigte mobil – durchschnittlich zwei bis drei Tage pro Woche (vgl. Trendstudie Workspace Benchmark, 2022, Drees & Sommer). Die Flächenauslastung der Büros liegt aktuell bei konventionellen Konzepten selten über 50 %. Damit verfügt das strategische Flächenmanagement über beachtliche Hebel in Bezug auf ein ressourcen- und kostenbewusstes Angebot von Flächen.

Wenn also viele Menschen remote tätig sind, muss das Büro all das leisten, was über Homeoffice und mobiles Arbeiten nicht oder nur eingeschränkt möglich ist. Das Büro muss also

- eine starke Bindung zur Marke und zur Haltung des Unternehmens transportieren,
- als Ort funktionieren, der die Zugehörigkeit zum Unternehmen fördert,
- Flächen für Interaktionen anbieten,

- ein vielfältiges und abwechslungsreiches Angebot an Flächen vorhalten sowie
- schnell verfügbare Flächen anbieten.

Grundlage hierfür ist, dass die Arbeitsumgebung auf die unterschiedlichen Bedürfnisse der Organisationseinheiten und Teams mit ihren jeweiligen Arbeitsaufgaben abgestimmt ist.

Die Top-3-Flächenbedarfe

1. Kollaboration (Projektflächen, Aufenthaltsangebote etc.)
2. Orte für konzentrierte Einzelarbeit
3. Klassische Individualtätigkeiten (Schreibtischarbeitsplätze in Gruppen zwischen zwei bis acht Personen)

Generell verschieben sich die Flächenbedarfe von Schreibtischarbeitsplätzen hin zu Kollaborationsflächen (vgl. Trendstudie Workspace Benchmark, 2022, Drees & Sommer).

10.4.2 Software

App zur Arbeitsplatzbuchung; Quelle: © Drees & Sommer

Digitalisierung ist nicht erst seit der Corona-Pandemie ein wesentlicher Einflussfaktor. Jedoch nimmt das Thema seit der Pandemie eine sehr spürbare Rolle ein und verändert die Arbeitswelt massiv. Die neuen Arbeitsweisen führen dazu, dass sich die Arbeitswelt intensiv mit Workspace Design für Remote Working beschäftigt, da die Arbeit heute und auch in Zukunft zunehmend »unabhängig von Raum und Zeit« stattfinden wird. Damit einhergehend entstehen neue Ansprüche an die Ausgestaltung des Arbeitsumfeldes. Flexibilität, Interaktion, Konzentration und Kommunikation stehen im Vordergrund. Eine Berücksichtigung dieser Faktoren zahlt sich aus: Team- und Innovationsleistung steigern sich (vgl. Coradi et al., 2017). Zur Unterstützung sollten digitale Prozesse verwendet werden.

In diesem Kontext wird die Idee des Smart Buildings relevant: ein intelligentes Gebäude, bei dem Vernetzung und Automation im Vordergrund stehen. Die Digitalisierung ist eine große Chance für die Nutzung von Gebäuden und Arbeitsplätzen sowie für die Nachhaltigkeit der Immobilien. Hierbei zählt die Energietechnik zu einem der wichtigsten Bausteine für die Nachhaltigkeit und Klimaneutralität von Gebäuden, doch auch weitere Bereiche zahlen darauf ein.

Eine zentrale Rolle in diesem Kontext kann unter anderem die Installation von intelligenter Sensorik in Gebäuden einnehmen. Dadurch können beispielsweise Belegungsdaten erfasst oder Prozesse gesteuert werden. Auch Themen wie die Belichtung und die Verschattung können so vereinfacht werden. Ein Temperatursensor kann die Raumtemperatur ideal steuern. Und auch freie Parkplätze können durch die Sensorik identifiziert und in einem Buchungssystem angeboten werden.

In diesem Zusammenhang gewinnen Buchungstools für Arbeitsplätze eine große Bedeutung. Ein Buchungstool ermöglicht die terminierte Buchung eines Arbeitsplatzes oder einer anderen Ressource, wie Besprechungszimmer, Parkplatz etc. Dies hat für die Nutzenden deutliche Vorteile, denn es erleichtert die Umstellung auf ein Sharing-Konzept und bietet die (psychologische) Sicherheit, dass ein Arbeitsplatz an Präsenztagen verfügbar sein wird.

In Bezug auf Arbeitsplätze kann zwischen zwei generellen Buchungskonzepten unterschieden werden:
- arbeitsplatzbezogene Buchung, bei der gezielt ein konkreter Arbeitsplatz im Vorfeld ausgewählt wird oder
- Kontingentbuchung, bei der ein Arbeitsplatz aus einem definierten Kontingent ausgewählt und somit seine Verfügbarkeit gesichert wird. Jedoch wird erst vor Ort entschieden, welcher konkrete Arbeitsplatz es sein soll.

Fünf Gründe für ein digitales Buchungssystem
- Kolleginnen und Kollegen finden
- tätigkeitsbezogene Auswahl von Orten
- Analyse der Flächenauslastung
- Flächenoptimierung durch Rückmeldung zur tatsächlichen Nutzung
- Sicherheitsgefühl, dass ein nutzbarer Arbeitsplatz vorhanden sein wird

Darüber hinaus bietet ein Buchungskonzept einen Mehrwert für die Flächenverantwortlichen, da die Auswertungen der Belegung beispielsweise einen Überblick über die Flächenauslastung geben und Rückschlüsse auf die zukünftige Bedarfsdeckung – und somit die kosteneffiziente Planung unter anderem des Energieverbrauchs – ermöglichen.

Neben den Chancen, die das Gebäude und Kosteneinsparungen betreffen, ist es ebenso wichtig, dass sich Unternehmen mit der Technik auseinandersetzen, welche die Kollaboration und Kommunikation in hybriden Arbeitsmodellen erleichtert. Denn durch das »Next Normal« und die hybride Arbeit müssen immer mehr Meetingräume mit interaktiver Medientechnik ausgestattet werden, damit dort weiterhin effektiv gearbeitet werden kann. Dabei ist es von Bedeutung, dass die Funktionalität und Flexibilität der Flächen zunimmt. Hierfür muss die richtige Hardware und damit einhergehend die Software-Tools ausgewählt werden.

10.4.3 Soulware

Räumlichkeit für eine aktive Pause; Quelle: © Peter Neusser

Die Rolle des Büros wird wichtig bleiben, denn Menschen gehen wegen Menschen ins Büro. Zwar wird das mobile Arbeiten in Zukunft ein fester Bestandteil des Arbeitsmodus sein, doch die digitalen Möglichkeiten beim Arbeiten von zu Hause aus oder an Third Places (bspw. Cafés, Co-Working-Spaces etc.) sind kein vollwertiger Ersatz für

Büroanwesenheit. Tätigkeiten, die vor allem den sozialen Kontakt erfordern und aufrechterhalten, sind von Bedeutung und der maßgebliche Grund, weshalb Mitarbeitende freiwillig ins Büro kommen. Ein weiterer Faktor ist die Aufenthaltsqualität, also die Vielfalt und der Wohlfühlfaktor der Räumlichkeiten.

Die vier primären Gründe, um in Zukunft gern ins Büro zu gehen

- direkte Kommunikation mit Kund:innen/Kolleg:innen: in Kontakt kommen
- formelle Besprechungen: vorbereiteter Austausch
- informelle Besprechungen: spontane und lockere Kommunikation zwischen Kolleg:innen
- Gruppenarbeit: mehrere Personen arbeiten gemeinsam an einer Arbeitsaufgabe (vgl. Trendstudie Workspace Benchmark, 2022)

Weitere wichtige Aspekte sind die Gesundheit und das Wohlbefinden der Mitarbeitenden, denn es besteht ein Zusammenhang zwischen Kultur, Prozessen, der (gebauten) Arbeitsumgebung und der Gesundheit. Dies kann im Arbeitsfeld auf unterschiedliche Kategorien zurückgeführt werden, wie zum Beispiel Materialien, Gemeinschaft und Orientierung im Raum. So wirken sich flexible Arbeitsorte positiv auf die Kreativität aus und inspirierende Umgebungen fördern die geistige Flexibilität.

10.4.4 Programming

Kaffeepause mit Kollegen; Quelle: © Arnold Weihs

Every user needs a small town: Für jede Aktivität braucht es den richtigen Platz, und zwar unter einem Dach vereint. Wie also können wir Räume gestalten, die motivieren und Identifikation schaffen? Räume, in denen sich Mitarbeitende wohlfühlen und produktiv arbeiten können? Um optimal nutzbare Büroflächen zu entwickeln, werden die Arbeitsformen der Teams betrachtet: Wie verbringen die Mitarbeitenden die Zeit im Büro – sitzen sie den gesamten Tag vor Sachbearbeitungsaufgaben oder befinden sie sich überwiegend in Meetings? Die Büroumgebung soll bestmöglich auf die tägliche Arbeit und die Bedürfnisse der Nutzenden abgestimmt sein. Es kann vereinfacht zwischen folgenden Flächenangeboten unterschieden werden:

- Basisarbeitsplatzflächen: Sie stellen die Flächen für die klassischen Schreibtische und individuelle Arbeit dar.
- Kollaborationsflächen: Hier werden Flächen zusammengefasst, die den interdisziplinären Austausch fördern und gemeinsames, kommunikatives Arbeiten stärken.
- Fokusangebote: Hiermit sind Rückzugsorte für ungestörte und hochkonzentrierte Individualarbeiten gemeint.
- Refresh-Angebote: Diese Flächen bieten Abwechslung für zwischendurch, wie beispielsweise Orte, an denen sich Mitarbeitende zum Kaffee verabreden oder Rückzug und Entspannung während des Arbeitsalltags finden können.

Generell stellt sich die Frage, was der richtige Mix aus den verschiedenen Flächenarten ist. Dabei ist es hilfreich, Profile aus Nutzenden mit ähnlichen Arbeitsweisen zu bilden und den verschiedenen Arbeitsweisen bzw. Tätigkeiten passende Raummodule zuzuordnen. So sind beispielsweise Rückzugsmöglichkeiten für Konzentration und Projekträume für Zusammenarbeit ideal.

Dabei geht es nicht allein darum, ein funktionales Konzept zu entwickeln, sondern auch emotionale und gestalterische Aspekte zu integrieren. Als Ergebnis entsteht häufig eine multifunktionale Fläche mit hoher Flexibilität, die aktivitätsbasiertes Arbeiten ermöglicht. Die Mitarbeitenden können sich je nach Tätigkeit den hierfür idealen Ort auswählen. Dabei haben sie die Möglichkeit, zum einen zwischen Büro, Homeoffice und Third Places zu entscheiden, und können zum anderen auch innerhalb des Büros zwischen vielfältigen Raumangeboten auswählen.

Als Folge können Sharing-Konzepte etabliert und somit aus weniger Fläche mehr Qualität herausgeholt werden.

10.5   Ein Beispiel aus der Praxis – eine Arbeitswelt, die bietet, was remote nicht möglich ist

Die Drees & Sommer SE ist ein europaweit führendes europäisches Beratungs-, Planungs- und Projektmanagementunternehmen im Immobilienbereich. In ihrem Firmengebäude OWP12 in Stuttgart-Vaihingen vereint sie repräsentative Funktionen mit modernsten Arbeitswelten und bietet rund 200 Mitarbeitenden eine Heimat.

Wofür kommen Mitarbeitende noch ins Büro?
Das Ziel war es, einen Ort zu schaffen, der Interaktion und gemeinsame Kreativität fördert und der darüber hinaus eine positive Identifikation mit dem Unternehmen stiftet. Das so entstandene Gebäude steht nun unter dem Motto: Great to see you!

Die Firmenzentrale wird allen modernen Anforderungen an Funktionalität, Komfort, Nachhaltigkeit und Digitalisierung gerecht. Zudem erzeugt das Plusenergiegebäude durch die Kombination verschiedener Technologien mehr Energie, als im Standardbetrieb verbraucht wird.

Eingangsbereich des Firmengebäudes OWP12; Quelle: © Jürgen Pollak

Vielfältigkeit und Flexibilität sind der Schlüssel

Das Multi-Space-Konzept bietet Mitarbeitenden maximale Freiheit und Flexibilität. Neben Standard-Arbeitsplätzen im Open-Space-Bereich sowie wenigen Einzelbüros finden sich vielfältige Arbeitsmöglichkeiten, welche die Mitarbeitenden bei ihren Aufgaben unterstützen. Die OWP12 bietet Rückzugsräume, Ad-hoc-Arbeitsplätze, Lounges, Projekträume und verschiedene Besprechungsmöglichkeiten.

Das Gebäude verzichtet dabei völlig auf fest zugewiesene Arbeitsplätze. Alle Mitarbeitenden können unabhängig von der Hierarchie genau den Arbeitsplatz wählen, der im jeweiligen Moment am besten zur geplanten Tätigkeit passt. Sämtliche Räume und Arbeitsplätze lassen sich über eine Buchungssoftware reservieren. Eine Clean-Desk-Policy sorgt dafür, dass die Mitarbeitenden die Arbeitsorte so verlassen, wie sie sie beim nächsten Mal gerne vorfinden möchten. Jedem Team ist ein bestimmter Bereich im Gebäude zugeordnet, sodass eine »Team-Heimat« als feste Anlaufstelle besteht, wobei dennoch alle Arbeitsplätze in diesem und auch in den umliegenden Gebäuden genutzt werden können.

Zahlreiche Mehrwerte für Mitarbeitende und Gäste
- vielfältiges Flächenangebot für effektive Kollaboration und den Austausch mit allen Kolleg:innen

- sehr gute IT-Ausstattung für Kollaboration und leistungsstarkes WLAN in allen Räumen, keine unnötigen Verkabelungen mehr
- modulare Bauweise für Änderungen im Bürokonzept mit geringem Aufwand
- besonderes Augenmerk auf die Auswahl hochwertiger, nachhaltiger Möbel und Materialien
- bevorzugter Einsatz von Cradle-to-Cradle®- Produkten
- Kantine mit regionalem Speiseangebot und 200 Sitzplätzen im Innenbereich sowie 60 Sitzplätzen im Außenbereich
- teilbarer Konferenzraum für bis zu 130 Personen

Die Nutzerzufriedenheit in diesem Gebäude ist generell als sehr hoch zu beschreiben. Viele Mitarbeitende suchen die OWP12 gezielt für Teammeetings, Kollaborationstermine oder auch für das Socializing mit Kolleg:innen auf. Die Zielsetzung, das Büro als zentralen Pfeiler im Dreiklang mit Homeoffice und »Third Places« zu (re-)etablieren, wurde erfolgreich umgesetzt – mit vielfältigem Mehrwert für Unternehmen und Mitarbeitende gleichermaßen.

Innovative Arbeitswelten im Bürogebäude OWP12; Quelle: © Drees & Sommer

Innovative Arbeitswelten im Bürogebäude OWP12; Quelle: © Drees & Sommer

Innovative Arbeitswelten im Bürogebäude OWP12; Quelle: © Drees & Sommer

Innovative Arbeitswelten im Bürogebäude OWP12; Quelle: © Drees & Sommer

Innovative Arbeitswelten im Bürogebäude OWP12; Quelle: © Jürgen Pollak

10.6 Literatur

Allmers, Swantje/Trautmann, Michael/Magnussen, Christoph (2022): On the Way to New Work – Wenn Arbeit zu etwas wird, was Menschen stärkt, 1. Aufl., Vahlen.

Baran, Engin (2017): Employer Branding: Komm zu uns, bleib bei uns, binde dich an uns – so bauen Sie eine starke Arbeitgeber-Marke auf. Wiesbaden: Springer Fachmedien.

Bastubbe, Heike/Neidhart, Franziska (2022): Führen mit Durchblick: Ein Impulsgeber für digitales und analoges Führen. Miteinander reden: Praxis. 1. Aufl., Hamburg: Rowohlt Taschenbuch Verlag.

Bohacek, Jan/Roß, Immanuel (2020): Update: UCC-Systeme im Überblick, https://www.macom.de/update-ucc-systeme-im-ueberblick/, abgerufen am 13.01.2023

Coradi, Annina/Schweingruber, Danny (2017): Workspace Design für höhere Innovation und Effizienz. In: Schircks, Arnulf/Drenth, Randy/Schneider, Roland (Hrsg.): Strategie für Industrie 4.0. Wiesbaden: Springer Gabler, https://doi.org/10.1007/978-3-658-16752-3_5

Käfer, Alina/Müller, Carina/Rief, Stefan (2022): Beyond Multispace. Szenarien zu veränderten Anforderungen an Büroflächen und -immobilien im urbanen Umfeld bis 2030. Fraunhofer IAO.

Mylius, Sven/Kargi, Elanur (2022): Trendstudie Workspace Benchmark 2022, Drees & Sommer, Stuttgart.

Schwarz, Florian/Wagner, Martin C. (2020): Kollaboration in hybriden Teams, https://www.macom.de/kollaboration-in-hybriden-teams/, abgerufen am 13.01.2023

Stajkovic, Alexander D./Luthans, Fred (2001): Differential effects of incentive motivators on work performance, Academy of Management Journal 2001, Vol. 44 (3), S. 580–590.

Hybrid Work Transformation

11 Transformation zu hybrider Arbeitskultur

Sarah Hatfield

Eine Arbeitskultur besteht aus der Summe der gezeigten Arbeitsweisen der Mitglieder einer Arbeitsorganisation. Im Rahmen der hybriden Arbeitskultur stellt sich vor allem die Frage, welche Arbeitskultur besonders förderlich für die Führung, die Zusammenarbeit in Teams und für einzelne Individuen im Kontext hybrider Arbeitsbedingungen ist. Im folgenden ersten Teilkapitel wird zunächst die Struktur einer Transformation zur hybriden Arbeitskultur anhand von sechs Grundfragen vorgestellt. Diese stehen im Kontext von gesteigerten Komplexitätserfordernissen der Akteur:innen in der hybriden Arbeitswelt. In den darauffolgenden Kapiteln wird die eigentliche Transformation auf den Ebenen der Organisationsentwicklung dargestellt und schließlich werden Impulse zur Ausgestaltung unter Berücksichtigung von Erfolgsfaktoren der Transformation gegeben.

11.1 Grundfragen und Kontext des Transformationsprozesses

Zunächst stellen sich in Kultur-Transformationsprozessen drei wesentliche Fragen, die auf die Veränderungsrichtung abzielen. Es handelt sich um zentrale Fragen, die auch als Grundlage von Change Stories bzw. im Storytelling herangezogen werden, um möglichst viele Identifikationspunkte mit dem Gegenstand der Veränderung zu schaffen (Bokler/Dipper, 2015). Die Merkmale dieser drei Bausteine und welche Implikationen sie speziell für den Wandel zur hybriden Arbeitskultur haben, werden in den nachfolgenden drei Kapiteln erläutert und stellen gewissermaßen die Dramaturgie des Transformationsprozesses dar:

- Von welcher Kultur wollen wir uns weg verändern? (**weg von**)
- Zu welcher Kultur wollen wir uns hin verändern? (**hin zu**)
- Wie soll die Transformation dazu aussehen? (**Trafo**)

Hierbei wird hybride Arbeitskultur als die Gesamtheit der praktizierten Arbeitsweisen, der Kollaborationsweisen im virtuellen und Präsenzraum sowie der Art und Weise des gelebten Leaderships verstanden. Dem liegt die Annahme zugrunde, dass hybrides Arbeiten vor allem dann gelingt, wenn bestimmte Voraussetzungen und Übereinkünfte über diese Gestaltungselemente bestehen. In der Folge bedeutet dies, dass bestimmte Schritte der Organisationsentwicklung unter Berücksichtigung dieser Kulturelemente nötig sind, um die gewünschte hybride Arbeitsform zu erlangen.

Darüber hinaus stellen sich drei weitere Fragen, die übergeordnet auf den Sinn, die Grundsätze und das Gelingen der Transformation abzielen. Während die erstgenannten Fragen eher den Prozess der Transformation fokussieren, zielen diese weiteren Fragen stärker auf die dafür benötigten Hilfsmittel und Erfolgsfaktoren ab. Die drei Kernfragen sind dem sogenannten »Golden Circle« nach Simon Sinek (Sinek, 2011) entliehen und werden näher in im Kapitel »Erfolgsfaktoren für die Transformation« behandelt:

- Warum wollen wir eine Veränderung bzw. warum ist eine Veränderung notwendig oder sogar sinnstiftend? **(why)**
- Welches sind die wesentlichen Erfolgsgrößen, die handlungsleitend sein und somit mit beobachtet und erhoben werden sollen? **(what)**
- Wie sieht das Mindset aus, das erfolgversprechend ist für die anvisierte Veränderung zu einer gelingenden hybriden Arbeitskultur **(how)**?

Um diese Fragen beantworten zu können, ist es wichtig, den Kontext der Hybridisierung der Arbeit zu verstehen, um ihren Effekten im Zuge der geplanten Transformation Rechnung tragen zu können. Die Flexibilisierung von Arbeit hin zu einer hybriden Arbeitswelt ist unweigerlich durch ein höheres Maß an Komplexität bestimmt (Scheller, 2017; Wigert/White, 2022). Diese Komplexität zeigt sich unter anderem anhand folgender Charakteristika:

1. Gestiegene Koordinationsanforderungen über Ort und Zeit der Zusammenarbeit, da mehr Arbeitsformate zur Verfügung stehen.
2. Eine zunehmende Entgrenzung bzw. ein Verschwimmen der Grenzen von Privat- und Arbeitszeiten durch die geringere räumliche Trennung.
3. Die Arbeitsleistung ist mitunter schwerer zu erfassen, da nun für Kolleg:innen und Führungskräfte noch schwerer beobachtbar.
4. Zunehmende Anzahl an Auswahlmöglichkeiten an Kollaborationswerkzeugen, die unterschiedliche Bedienanforderungen haben.
5. Durch die geringere Auslastung der Arbeitsräume in Teilpräsenz ergeben sich neue Möglichkeiten zur bewussten Gestaltung der Räumlichkeiten für Präsenzarbeit.

Die aufgezählten Merkmale stehen nicht unabhängig nebeneinander, sondern beeinflussen sich gegenseitig und erzeugen damit ein höheres Maß an Komplexität. Daher muss jeder Umgang mit neuen Arbeitsformen dieser gestiegenen Komplexität Rechnung tragen. Die hybride Arbeit bringt unterschiedliche Konstellationen in der Zusammenarbeit hervor und verlangt daher ein ständiges wechselseitiges Anpassen von Teamrollen, das Delegieren von Verantwortung dorthin, wo die meiste Kompetenz und Energie für Themen vorhanden ist, sowie einen kontinuierlichen Austausch zu den Erwartungen an die Arbeitsgestaltung und Ergebnisse.

Im Falle der hybriden Arbeitskultur lohnt sich eine Annäherung der Orientierungsfragen über die klassischen Ebenen der Organisationsdiagnose und -entwicklung: über die Organisations- oder Führungsebene, die Team- oder Kollaborationsebene sowie die individuelle oder Selbststeuerungsebene (Cummings, 2019). Diese Orientierungsfragen werden in den nachfolgenden Kapiteln zur Strukturierung des Kultur-Transformationsprozesses zugrunde gelegt.

11.2   Transformationsprozess auf organisationaler Führungsebene

Aufgrund des gestiegenen Maßes an Unvorhersehbarkeit und Volatilität in der Organisationsumwelt insgesamt (Scheller, 2017) und den im Kapitel »Grundfragen und Kontext des Transformationsprozesses« beschriebenen Komplexitätsanforderungen im Speziellen (Worley/Jules, 2020) ist es kaum möglich, dass Führungskräfte sämtliche Arbeitsprozesse selbst koordinieren und durchsteuern können oder sämtliche Entscheidungen qua ihrer Funktion isoliert treffen können. Es findet somit eine Verlagerung der Steuerung von zentral nach dezentral statt (Rybnikova, 2014). Führungsstile, die die klassische Dyade von Führenden und Geführten als Fixpunkt haben, stoßen an ihre Grenzen, da sie von einer zentralen Steuerung ausgehen. So ist es nicht verwunderlich, dass der Ansatz des Shared Leadership, oder zu Deutsch: der geteilten Führung, im letzten Jahrzehnt zunehmend an Beachtung gewonnen hat (Lang/Rybnikova, 2014; Piecha et al., 2012). Dieser Ansatz geht davon aus, dass Führungsrollen, Verantwortlichkeiten und Funktionen unter den Teammitgliedern aufgeteilt werden (Pearce/Conger, 2010). Dadurch kann die Person, die für eine spezifische Aufgabe am besten geeignet ist, temporär eine führende Rolle im Team übernehmen und so die Effektivität des Teams direkt beeinflussen (Quinn et al., 2006).

Somit ist auf organisationaler Ebene eine Transformation **weg von** klassischem dyadischem Führungsverhalten **hin zu** einer geteilten Führungsverantwortung der erfolgversprechende Weg im hybriden Arbeitskontext. Diese Transformation **(Trafo)** geschieht vor allem durch das bewusste Entscheiden und Aushandeln einer Führungskraft mit ihrem Team, welche Aufgaben, Entscheidungen und Zielsetzungen zentral beibehalten werden sollen und an welchen Stellen es durch Ressourcen- und Kompetenzausstattung sinnvoller ist, das Team oder einzelne Mitarbeitende Aufgaben und Entscheidungen dezentral ausführen zu lassen (Piecha at al., 2012). Als Anforderung an die Führungskraft wird ein gut ausbalanciertes Fordern und Fördern der Mitarbeitenden formuliert, um zum einen Orientierung und Zieltransparenz zu geben und zum anderen Handlungs- und Entscheidungsspielräume ausgestalten zu lassen. Das Ausbalancieren ist förderlich für die psychologische Sicherheit von Teams, die wiederum notwendig ist, um unter anspruchsvollen hybriden Arbeitsbedingungen hohe kreative und innovative Leistungen erbringen zu können (Hasebrook et al., 2020). Die hier beschriebene Führungs- und Kollaborationskultur trägt zur hybriden Arbeitskultur bei, indem Verhaltensweisen eingeübt werden, die es erlauben, hybride Settings kontinuierlich anhand der sich ändernden Rahmenbedingungen zu adaptieren.

11.3 Transformationsprozess auf kollaborativer Teamebene

In der Kollaboration von Personen und Teams sind vor allem zwei Entscheidungen zu treffen:

1. Welche Aufgabentypen lassen sich besser synchron, also zu einem Zeitpunkt durch mehrere Beteiligte (dynamische, kreative, emotionale Themen), und welche asynchron (technische Themen, Informationen, Status-Updates) bearbeiten?
2. Bei welchen Zusammenkünften empfiehlt sich Präsenz (informeller Ideenaustausch, Beziehungsaufbau und -pflege) und bei welchen sind Online-Meetings (Ressourcen- und Kostenschonung, zeitliche Limitierung) das Setting der Wahl? Bei welchen ist ein hybrides Format zielführend und machbar?

Neben der Klärung dieser Fragen und der Einigung auf situative Kollaborationsformen muss deutlich sein, dass ein häufiger Wechsel zwischen diesen unterschiedlichen Formen der Zusammenarbeit dazu führt, dass sich sehr unterschiedliche Konstellationen der Kollaboration ergeben. Ein Meeting zu einem Thema x kann zum Zeitpunkt 1 durch ganz andere Personen besetzt sein als zu einem Zeitpunkt 2 und dennoch kann eine inhaltliche Kontinuität gewahrt werden, wenn Rollen dynamisch verteilt werden.

Eine direkte Folge hybrider Arbeit ist also, dass man **weg von** starren Rollenverteilungen kommt, die aufgrund der sich häufiger ändernden personellen, räumlichen und thematischen Konstellationen nicht mehr zielführend sind. Vielmehr geht die Tendenz **hin zu** emergenter Führung (Hollander, 1961). Diese besagt, dass die Personen, die zu einem Zeitpunkt die größten zeitlichen Kapazitäten und inhaltliche Kompetenzen für ein bestimmtes Thema haben, quasi fluide in Rollen mit mehr Verantwortung hineingehen (Werther, 2013). Die laterale Beeinflussung von Kolleg:innen untereinander sowie die kurzfristige Übernahme von Führungsrollen führt dazu, dass klassische Hierarchiestufen verschwimmen und sich informelle Führungspersönlichkeiten bilden (Avolio et al., 2009).

Damit das Prinzip der emergenten Führung erfolgreich umgesetzt werden kann, ist aktive Zusammenarbeit, wechselseitiges Vertrauen und eine hochwertige Beziehungsqualität im Team erforderlich (Shondrick et al., 2010). Um diese hohe Beziehungsqualität zu erreichen, bedarf es des gemeinsamen Verständnisses von Zielen, einer angemessenen Kommunikation unter den Teammitgliedern und eines hohen Engagements hinsichtlich der Aufgabenbearbeitung (Lang/Rybnikova, 2014). Die hier beschriebene Teamkultur ist ein weiterer zentraler Faktor in der Entstehung einer hybriden Arbeitskultur.

11.4   Transformationsprozess auf individueller Ebene der Selbststeuerung

45 % der Befragten in der MS- Work-Trend-Index Studie (Microsoft, 2021) fühlen sich überarbeitet, 39 % erschöpft. Die erhöhte zeitliche und räumliche Flexibilisierung sowie die fluidere Übernahme von Rollen innerhalb von Aufgabenfeldern stellen hohe Anforderungen an die Kompetenz der Selbststeuerung des Einzelnen. Diese Steuerung ist jedoch notwendig zur Erhaltung der individuellen Resilienz im Arbeitsleben. Die Steuerung bezieht sich zum einen auf sich selbst, d. h. wie Individuen ihr Zeitmanagement handhaben, wie oft sie Pause machen und welche Mechanismen sie haben, um energetisch aktiviert zu bleiben. Zum anderen bezieht sich die Selbststeuerung auch darauf, wie Personen anderen begegnen.

Dass Negativität im Verhalten toxische Auswirkungen auf das Arbeitsgedächtnis und die Leistungsfähigkeit haben kann, zeigt die Forschung von Porath zur sogenannten Workplace Civility (Porath, 2016). Vor allem in Online- und Hybrid-Settings ist es aufgrund der mangelnden Möglichkeiten, Emotionen durch Mimik, Gestik und informellen Austausch zu begegnen, wichtig, dass ein achtsamer und zugewandter Umgangston gewahrt wird. Weiterhin sollte eine bewusste Orientierung **weg von** einer zu einseitigen Problemorientierung (Negativismus, schlechte Nachrichten etc.) **hin zu** einer Lösungsorientierung angestrebt werden, sodass Teilnehmende z. B. mit guter Energie aus Meetings gehen.

Weiterhin geht es bei Porath (Porath, 2016) darum, zur besseren Selbststeuerung von Kolleg:innen und Vorgesetzten aktiv Feedback einzufordern. Zudem sollte geklärt werden, zu wie viel Verantwortungsübernahme man bereit ist bzw. was an Ressourcen und Entscheidungen konkret von Führungskräften gebraucht und erwartet wird, um bestimmte Aufgaben und Rollen übernehmen zu können. Dies wird häufig auch als »vertikale Führung« bezeichnet (Piecha et al., 2012). Hier wird also ein Pfad **weg von** der reaktiven Ausführung vorab definierter Rollen und Aufgaben **hin zu** vertikaler Verantwortungsübernahme beschritten. Eine erhöhte Selbststeuerung sowie positive bzw. vertikale Einflussnahme sind damit weitere Bestandteile der hybriden Arbeitskultur.

Zusammenfassend finden sich in der nachfolgenden Tabelle die Hauptbestandteile des Transformationsprozesses zur hybriden Arbeitskultur als komprimierte Übersicht.

Ebene in der Kultur-entwicklung	Weg von ...	Hin zu ...	anhand der Prinzipi-en ...
Organisation: Steuerung hybrider Arbeit	klassischer zentraler Top-down-Steuerung	Dualität von Delegation und Partizipation, Fördern und Fordern, Orientierung und Spielraum	Shared Leadership durch Vorgesetzte
Team: hybride Kollaboration	fixen Teamrollen und Verantwortlichkeiten	reziproker Beeinflussung und Vertrauen, fluiden Teamrollen je nach Kapazität und Kompetenz	emergente Führung durch Teammitglieder
Individuum: Steuerung hybrider Arbeit	reaktiver Erfüllung von Aufgaben	proaktiver Gestaltung der Arbeit, hohem Maß an Selbststeuerung und Achtsamkeit	vertikale Führung durch Einzelne

Transformationsprozess zur hybriden Arbeitskultur

11.5 Erfolgsfaktoren für die Transformation

Nachdem in den vorangegangenen Kapiteln die Transformationsrichtungen und -gegenstände beschrieben und Zielkulturen der hybriden Arbeitskultur identifiziert wurden, geht es in diesem Kapitel darum, die Erfolgsfaktoren einer gelingenden Transformation zur hybriden Arbeitskultur durch die Beantwortung von drei zentralen Fragen (**why, what, how**) sicherzustellen.

Why? Die Vorteile der hybriden Arbeit bieten vielerlei Ansatzpunkte, um die Sinnfrage zu erläutern. Die Einsparung von Kosten aufgrund der weniger häufigen Pendelfahrten zum Arbeitsplatz, die höhere Flexibilität, die es ermöglicht, leichter private Termine wahrzunehmen, sind naheliegende Gründe, warum hybride Arbeit häufig als Arbeitsmodell präferiert wird. Aus strategischer Sicht bieten sich weitere Anknüpfungspunkte, denn Studien (z. B. Microsoft, 2021; Wigert, 2022) weisen darauf hin, dass jobsuchende oder wechselbereite Kandidat:innen künftig nur noch flexible Arbeitsmodelle in Betracht ziehen. Damit wird die hybride Arbeit zu einem zentralen Merkmal der Arbeitgeberattraktivität (Kunze/Zimmermann, 2022) und ein wichtiger Hebel zur Fachkräftesicherung. Auch die Identifikation mit und die Bindung zu Unternehmen kann durch die Art und Weise, wie Remote Work und Präsenzarbeit gestaltet werden, erhöht werden (Wigert, 2022). Welche konkreten strategischen Ziele Organisationen mit hybrider Arbeit verfolgen, sollten in jedem Falle transparent benannt werden, damit nachvollziehbar ist, worauf das hybride Arbeiten einzahlen soll und warum bestimmte Aufteilungen von Remote Work und Präsenz sinnhaft sind (und andere auch nicht). Hierzu zählt auch die klare Benennung von Arbeitsaufgaben, die Präsenz erfordern (z. B. Aufgaben, die eine starke Beziehungsbildung brauchen, wie das Onboarding, oder die eine hohe Aktivierung benötigen, um kreativen Output zu erzeugen), sowie von Aufgaben, die remote gut zu bewerkstelligen sind (z. B. asynchrones Arbeiten, Status-Updates, Dokumentenbearbeitung).

What? Sobald erläutert ist, welche Chancen Organisationen mit hybriden Arbeitsmodellen heben wollen, sollten diese Faktoren kontinuierlich erhoben werden, um sicherzustellen, dass die zentralen Ziele nicht verfehlt werden. Das ist vor allem dann hilfreich, wenn viele Akteure sich mit der Transformation zu hybriden Arbeitsweisen auf unsicheres Terrain begeben. Durch das Erfassen von Gütekriterien kann frühzeitig auf unerwünschte Effekte reagiert werden. Kenngrößen können Arbeitsanteile in Remote- und Präsenz-Settings sein, aber auch die Zufriedenheit von Mitarbeitenden, die Teameffektivität oder das schlichte Vorhandensein von notwendiger Ausstattung. Sollte eine dieser Größen stärkere Abweichungen zum gewünschten Soll-Zustand aufweisen, ist dies als klarer Hinweis zur Gegensteuerung aufzufassen. Es empfiehlt sich, zentrale Kenngrößen anhand von Dashboards für eine größtmögliche Zahl an Personen transparent zu machen. Gleichermaßen sollten die Evaluationszeiträume definiert und Sponsoren in der Organisation benannt sein, die das Tracking der Ergebnisse und das Ableiten von Maßnahmen als ihre Aufgabe definieren.

How? Sind die Gütekriterien, deren Messung sowie mögliche sich anschließende (Gegen-)Maßnahmen festgelegt, kommt es vor allem darauf an, wie im Transformationsprozess hiermit sowie mit den Erfordernissen auf den jeweiligen Ebenen der Transformation umgegangen wird. Die in den vorangegangenen Kapiteln beschriebenen Eigenschaften des Transformationsprozesses deuten darauf hin, dass diese vor allem durch Führungskräfte und Mitarbeitende mit flexiblen Mindsets umgesetzt werden.

Menschen mit einem flexiblen Mindset sind davon überzeugt, dass sie Fähigkeiten in jedem Bereich ausbauen und verbessern können, wenn sie genügend Einsatz bringen und bereit sind, Neues zu lernen (Dweck, 2017). Folglich sind Menschen mit einem flexiblen Mindset wissbegierig und sehen Fehler als eine Chance zur Weiterentwicklung an (Johnston, 2017). Flexible Denkweisen fördern die Funktionsfähigkeit des Teams und wirken sich positiv auf die Feedbackkultur aus (Rattan/Dweck, 2018) – und das ist eine Voraussetzung der gegenseitigen Beeinflussbarkeit im Sinne der emergenten Führung (s. Kap. »Transformationsprozess auf kollaborativer Teamebene).

Im Gegensatz dazu sind Menschen mit einem starren Mindset der Überzeugung, dass Intelligenz angeboren ist und die eigenen Talente und Fähigkeiten nur ganz langsam ausgebaut werden können (Hruby/Hanke, 2014), was den Prinzipien der geteilten, emergenten und vertikalen Führung (d. h. den zentralen Führungsprinzipien hybrider Arbeitskulturen) entgegensteht.

Gezielte Interventionen zur Steigerung eines flexiblen Mindsets sind damit ein zentraler Erfolgsfaktor für die Weiterentwicklung von Menschen in Organisationen (Han/ Stieha, 2020) und sollten bei der Erstellung jedes Transformationsprogramms berücksichtigt werden.

Hier finden sich die Erfolgsfaktoren in übersichtlicher Zusammenfassung:

Why – Purpose	What – Measure	How – Mindset
Flexibilität	Anteile der Büroarbeitszeit	flexibles Mindset
Effizienz	Anteile der Remote-Arbeitszeit	Testen, Fehler erkennen und teilen, Lernen
Arbeitgeberattraktivität	Mitarbeiterzufriedenheit	hohe Qualität der Kollaboration
Wertige Nutzung von Räumlichkeiten	Teameffektivität	Vertrauenskultur notwendig
Wert der Präsenzarbeit vs. Remote-Arbeit	Vollständigkeit der Ausstattung	ausgereifte Feedbackkultur

Erfolgsfaktoren der Transformation

11.6   Fazit

Zusammenfassend wird festgehalten, dass eine hybride Arbeitskultur sich aus einer Vielzahl an Kulturmerkmalen zusammensetzt, die in den vorangegangenen Kapiteln beschrieben wurden. Typisierende Ausgangs- und Zielkulturen wurden schematisch dargestellt. In der Alltagsrealität besteht die Herausforderung darin, die Zielkulturen für die eigenen Bedürfnisse der hybriden Arbeitswelt herunterzubrechen und zu definieren. Weiterhin besteht eine Herausforderung darin abzuschätzen, wie weit die aktuelle Ausgangskultur von der angestrebten Zielkultur entfernt ist, und eine Planung anzustreben, mit wie viel Zeit, Energie und Ressourcen der Transformationsprozess beschritten und bis wann ein bestimmter Reifegrad erlangt werden soll.

Dieser Beitrag stellt einen Ordnungsrahmen zur Konzipierung eines angepassten Transformationsvorhabens zur Etablierung effektiver Kulturmerkmale vor, die den Anforderungen einer hybriden Arbeitswelt gerecht werden. Jede Organisation muss für sich selbst die Anpassungsleistung erbringen, hieraus ein für ihre Bedürfnisse passendes Programm zur Transformation abzuleiten.

Transformationsprogramme sollten Interventionen auf Führungs-, Team- und individueller Ebene vorsehen sowie ein Kommunikationskonzept enthalten, welches gute Antworten auf die Why-, What- und How-Fragen gibt. Die Kommunikation kann natürlich nur so wirksam sein, wie tatsächlich Aufmerksamkeit des Managements vorhanden ist, die Transformation zur hybriden Arbeitskultur durch gezielte Evaluierung und begleitende Maßnahmen zu unterstützen – wie bei jeder kulturellen Transformation.

11.7 Literatur

Avolio, Bruce J./Walumbwa, Fred O./Weber, Todd J. (2009): Leadership: current theories, research, and future directions. In: Annual review of psychology 60, S. 421–449. DOI: 10.1146/annurev.psych.60.110707.163621.

Bokler, Andrea Maria/Dipper, Michael (2015): Der Start in eine Kulturtransformation. In: Changemanagement mit Cultural Transformation Tools: Wiesbaden: Springer Gabler, S. 21–26. Online verfügbar unter https://link.springer.com/chapter/10.1007/978-3-658-10922-6_4.

Cummings, Thomas G./Worley, Christopher/Waddell, Dianne/Creed, Andrew (2019): Organisation Development and Change, London: Cengage.

Dweck, Carol (2017): Mindset. Changing the way you think to fulfil your potential. Updated edition. London: Robinson.

Han, Soo Jeoung/Stieha, Vicki (2020): Growth Mindset for Human Resource Development: A Scoping Review of the Literature with Recommended Interventions. In: Human Resource Development Review 19 (3), S. 309–331. DOI: 10.1177/1534484320939739.

Hasebrook, Joachim/Hackl, Benedikt/Rodde, Sibyll (2020): Team-Mind und Teamleistung. Teamarbeit zwischen Managementmärchen und Arbeitswirklichkeit. 1. Aufl. 2020. Berlin, Heidelberg: Springer.

Hollander, Edward. P. (1961): Emerging leadership and social influence. In: L. Petrullo und B. M. Bass (Hrsg.): Leadership and interpersonal behaviour. Unter Mitarbeit von E. P. Hollander. New York: Holt, Rinehart & Winston.

Hruby, Jörg/Hanke, Thomas (2014): Essentials, Mindsets für das Management: Überblick und Bedeutung für Unternehmen und Organisationen, Wiesbaden: Springer Gabler.

Johnston, Ian (2017): Creating a growth mindset. In: SHR 16 (4), S. 155–160. DOI: 10.1108/SHR-04-2017-0022.

Kunze, Florian/Zimmermann, Sophia (2022): Die Transformation zu einer hybriden Arbeitswelt : Ergebnisbericht zur Konstanzer Homeoffice Studie 2020–2022. Online verfügbar unter http://kops.uni-konstanz.de/handle/123456789/58834.

Lang, Rainhart/Rybnikova, Irma (2014): Verteilte und geteilte Führung: Alle machen mit? In: Aktuelle Führungstheorien und –konzepte. Wiesbaden: Springer Gabler, S. 151–179. Online verfügbar unter https://link.springer.com/chapter/10.1007/978-3-8349-3729-2_6.

Microsoft (2021): Work Trend Index: 2021 Annual Report. The Next Great Disruption Is Hybrid Work – Are we Ready? Online verfügbar unter https://www.microsoft.com/en-us/worklab/work-trend-index/hybrid-work.

Pearce, Craig L./Conger, Jay A. (2010): All Those Years Ago: The Historical Underpinnings of Shared Leadership. In: Craig Pearce, Jay Conger, Jay Alden Conger und Craig L. Pearce (Hrsg.): Shared leadership. Reframing the hows and whys of leadership. Thousand Oaks, Calif: Sage Publications, S. 1–18.

Piecha, Annika/Wegge, Jürgen/Werth, Lioba/Richter, Peter G. (2012): Geteilte Führung in Arbeitsgruppen – ein Modell für die Zukunft? In: Die Zukunft der Führung. Berlin, Heidelberg: Springer, S. 557–572. Online verfügbar unter https://link.springer.com/chapter/10.1007/978-3-642-31052-2_29.

Porath, Christine (2016): Mastering Civility: A Manifesto for the Workplace. Grand Central Publishing.

Quinn, Robert E./Cameron, Kim S./Degraff, Jeff/Thakor, Anjan V. (2006): Competing values leadership: Creating value in organizations. Cheltenham: Edward Elgar.

Rattan, Aneeta/Dweck, Carol S. (2018): What happens after prejudice is confronted in the workplace? How mindsets affect minorities' and women's outlook on future social relations. In: The Journal of applied psychology 103 (6), S. 676–687. DOI: 10.1037/apl0000287.

Rybnikova, Irma (2014): Austauschtheoretische Führungssicht: »Wie du mir, so ich dir«. In: Aktuelle Führungstheorien und -konzepte: Wiesbaden: Springer Gabler, S. 121–149. Online verfügbar unter https://link.springer.com/chapter/10.1007/978-3-8349-3729-2_5.

Sinek, Simon (2011): Start with Why, London: Penguin.

Scheller, Torsten (2017): Auf dem Weg zur agilen Organisation. C.H. Beck, München.

Shondrick, Sara J/Dinh, Jessica E./; Lord, Robert G. (2010): Developments in implicit leadership theory and cognitive science: Applications to improving measurement and understanding alternatives to hierarchical leadership. In: The Leadership Quarterly 21 (6), S. 959–978. DOI: 10.1016/j.leaqua.2010.10.004.

Werther, Simon (2013): Geteilte Führung. Ein Paradigmenwechsel in der Führungsforschung. 1st ed. Wiesbaden: Springer Fachmedien Wiesbaden GmbH.

Wigert, Ben B. (2022): The Future of Hybrid Work: 5 Key Questions Answered With Data. In: Gallup, 15.03.2022. Online verfügbar unter https://www.gallup.com/workplace/390632/future-hybrid-work-key-questions-answered-data.aspx, zuletzt geprüft am 08.11.2022.

Wigert, Ben B./White, Jessica (2022): The Advantages and Challenges of Hybrid Work. In: Gallup, 14.09.2022. Online verfügbar unter https://www.gallup.com/workplace/398135/advantages-challenges-hybrid-work.aspx, zuletzt geprüft am 06.11.2022.

Worley, Christopher G./Jules, Claudy (2020): COVID-19's Uncomfortable Revelations About Agile and Sustainable Organizations in a VUCA World. In: The Journal of Applied Behavioral Science 56 (3), S. 279–283. DOI: 10.1177/0021886320936263.

12 Mitarbeitergetriebener, funktionsübergreifender KVP in digitalen Prozessen

Stephan Höfer und Manfred Estler

Hybrides Arbeiten in digitalen Prozessen sollte eigentlich sehr gut funktionieren. Durch die Digitalisierung werden Schnittstellen zwischen Abteilungen und Funktionen standardisiert sowie Abläufe durch Workflow-Systeme vorgegeben und ganz oder teilweise automatisiert. Es werden Aufgaben eindeutig zugewiesen, Datenverluste verhindert und Abweichungen vermieden. Die Nachteile der häufig noch etablierten tayloristischen, funktionsorientierten Silo-Aufbauorganisation in administrativen Bereichen werden dadurch ebenso kompensiert wie die räumliche Trennung der beteiligten Personen in einer hybriden Arbeitswelt.

Doch wie kommt es dann, dass Mitarbeitende immer häufiger über die Komplexität ihrer Arbeitswelt klagen? Wie kommt es, dass der First Pass Yield von Prozessen aufgrund von Rückfragen, Iterationen und Schleifen immer mehr sinkt, je länger ein digitaler Workflow etabliert ist? Wie kommt es, dass immer mehr schnittstellenübergreifende Kommunikationen, Entscheidungen und Maßnahmen erforderlich sind?

Es sind die vielen Sonder- und Einzelfälle, die für ein Abweichen vom digitalisierten Soll sorgen. Jeder Fall an sich tritt nur selten auf und verursacht absolut gesehen einen geringen Aufwand. Deshalb lohnt es sich nicht, ein aufwendiges Projekt zu initiieren, um die Schlüsselursache zu finden, das Problem nachhaltig zu lösen, die neue Vorgehensweise in die Systemwelt zu integrieren und die Mitarbeitenden in den veränderten Standards zu schulen. Stattdessen arbeiten Mitarbeitende auf informellen Wegen zusammen, um die Probleme durch Workarounds um das existierende System herum in den Griff zu bekommen. Jeder einzelne Workaround für sich ist wieder unkritisch, in Summe sorgt dieses Vorgehen jedoch mehr und mehr für einen Wildwuchs, den nur noch wenige Mitarbeitende durchschauen. Sind Mitarbeitende aufgrund ihres hybriden Arbeitens von diesen informellen Kanälen abgekoppelt, wir ihr Arbeiten immer komplizierter, fehleranfälliger und ineffizienter. Diesen Zuwachs an Prozessvarianten zu beseitigen oder zumindest zu reduzieren ist somit die Voraussetzung für den erfolgreichen Einsatz hybrider Arbeitsmodelle.

Doch wie kann das gelingen? Schon heute fällt es Unternehmen schwer, dieses Problem bei konventionellen Arbeitsformen in den Griff zu bekommen. Bei hybridem Arbeiten wird sich diese Situation eher verschärfen, da durch die räumliche und persönliche Distanz der Mitarbeitenden eine kontinuierliche Reduzierung des Problems erschwert wird.

Aus diesem Grund legt dieser Artikel den Schwerpunkt darauf, wie eine systematische kontinuierliche Reduzierung des Wildwuchses in digitalen Prozessen auch in einer hybriden Arbeitswelt schnittstellenübergreifend realisiert werden kann. Es wird eine Herangehensweise skizziert, wie ein entsprechendes Process-Floor-Management in Unternehmen etabliert werden kann, in dem die Mitarbeitenden unterschiedlichster Abteilungen gemeinsam eine kontinuierliche Verbesserung ihrer Prozesse herbeiführen. Es wird diskutiert, welche Kompetenzen in einer Organisation wie verankert sein müssen, damit Mitarbeitende von Betroffenen zu Beteiligten oder gar zum Process Owner werden und so die Gestaltung von Veränderung in die Breite einer Organisation hineintragen.

Somit liegt der Fokus dieses Beitrages auf den Herausforderungen, die sich im Rahmen des operativen Tagesgeschäfts für Mitarbeitende ergeben, und auf dem Vorschlag eines Lösungsansatzes, diese zu meistern. Nicht im Fokus stehen Überlegungen zur Reduzierung der Komplexität, wie sie im Rahmen der meist parallel stattfindenden Projektarbeit in klassischen Matrix-Organisationen stattfindet.

12.1   Die klassische Gestaltung von kontinuierlicher Verbesserung in Unternehmen

Shop-Floor-Management in der Produktion (Bertagnolli, 2018, S. 336 ff.) und Office-Floor-Management (Gauss, 2016) in den unterstützenden Bereichen sind etablierte Formen der Gestaltung eines kontinuierlichen Verbesserungsprozesses in Unternehmen. Während Shop-Floor-Management die lokalen Probleme in einem Produktionsbereich adressiert, erlaubt das Office-Floor-Management, innerhalb von administrativen Funktionen und Abteilungen Optimierungen durchzuführen.

Auch für umfangreiche prozessübergreifende Änderungen wie die Einführung neuer zusätzlicher Softwaretools oder neuer digitaler Systeme sind Unternehmen häufig gut vorbereitet. Zentralabteilungen wie IT oder Business Excellence (BE) stellen sowohl Kapazitäten als auch Kompetenzen bereit, um die erforderlichen Maßnahmen zu definieren und umzusetzen.

Völlig anders hingegen ist die Situation im Hinblick auf die eher kleinteilige Geschäftsprozessoptimierung bestehender Abläufe und Prozesse, also mit Blick auf den oben beschriebenen Wildwuchs:

- Sind schnittstellenübergreifende Änderungen erforderlich, reichen abteilungsinterne Maßnahmen und Office-Floor-Management nicht aus. Es kommt eher zu lokalen Optimierungen.
- Ist die ganzheitliche Prozessverantwortung auf mehrere Verantwortliche verteilt, laufen viele Maßnahmen ins Leere, da der Treiber und die Koordination fehlen.
- Muss die Fachabteilung für die Gestaltung der Veränderung auf Ressourcen aus den Bereichen IT oder Business Excellence zurückgreifen, werden diese schnell zum Engpass.

Um trotzdem Abhilfe zu schaffen, werden Lösungen um die Schwachstellen im Prozess herum gesucht, damit möglichst keine Systemänderungen erforderlich sind. Das macht die Prozesse kompliziert, intransparent und inkonsistent. Parallele Datensätze entstehen, parallel zur Datenbank im System werden neue Dokumente in Tabellenkalkulationsprogrammen geführt, Ausnahmefälle werden parallel zum eigentlichen System abgewickelt und es werden interne Absprachen getroffen, die außer den Beteiligten keiner kennt. Dieser Effekt verschlimmert sich mehr und mehr, und am Ende finden sich die Prozessbeteiligten kaum noch in diesem schon beschriebenen Wildwuchs zurecht.

12.2 Erforderliche Kompetenzen für eine kontinuierliche Verbesserung digitaler Prozesse

Gerade digitale Prozesse erlauben eine detaillierte Analyse mittels Process Mining (van der Aalst, 2016). Bis auf die letzte Nachkommastelle können Zeitverzüge dokumentiert, Abweichungen vom Kernprozess sichtbar gemacht und somit Probleme identifiziert und die negativen Konsequenzen quantifiziert werden. Viele Unternehmen bauen derzeit die dazu erforderlichen **Business-Analytics-Kompetenzen** aus und investieren in entsprechende Systeme. Das allein reicht aber nicht aus. Sind Schwachstellen sichtbar geworden, braucht es **Problemlöse-** und **Projektmanagementkompetenz,** um Sollprozesse zu entwickeln und erforderliche Maßnahmen umzusetzen. Viele dieser Maßnahmen werden Änderungen an der digitalen Abbildung der Prozesse auslösen. Hier werden Mitarbeitende mit entsprechender **IT-Kompetenz** gebraucht. Zudem erlangt das Thema Veränderungsmanagement eine immer größere Bedeutung. Personen verschiedener Abteilungen und Funktionen mit unterschiedlichen Vorkenntnissen, Prioritäten, Schwerpunkten und Ansichten müssen gemeinsam zu einer Prozessverbesserung geführt werden. Dies erfordert ein hohes Maß an **Moderations-** und **Change-Management-Kompetenz,** die die verantwortlichen Personen aufbringen müssen.

Am Ende des Problemlösungsprozesses braucht es
- ein hohes Maß an **Entscheidungskompetenz,** um die Weichen korrekt zu stellen,
- die **Bevollmächtigung,** die Dinge auch gegen Widerstand ändern zu dürfen, und
- die **Zeitkapazität,** Veränderung nachhaltig zu verankern.

Im Rahmen eines Forschungsvorhabens wurden diverse Expertinnen und Experten in Business Excellence Units von Unternehmen mit ca. 500 bis 2.000 Mitarbeitenden befragt, um Rückschlüsse auf die Art und Weise der Organisation und Durchführung von Veränderungsprojekten im Rahmen des Prozessmanagements zu ziehen. Neben den Ergebnissen aus semistrukturierten Interviews wurden ergänzend Inhalte aus Gesprächen mit Kontaktpersonen weiterer Unternehmen im Hinblick auf die in diesem Beitrag dokumentierten Schlussfolgerungen herangezogen.

12.3 Aufbauorganisatorische Verankerung von Veränderungsprojekten im Prozessmanagement

Die Interviews haben ergeben, dass jedes Unternehmen in seiner Aufbauorganisation Kompetenzen zur Prozessoptimierung im Rahmen von unternehmensinternen Exzellenzinitiativen in irgendeiner Form verankert hat. Die Bezeichnungen und Verantwortungsbereiche unterscheiden sich je nach Unternehmen, aber grundsätzlich können vier Expertengruppen identifiziert werden:
- **IT-Expertengruppe:** Ihr primäres Ziel ist es, einen stabilen Betrieb der vorhandenen Systemlandschaft zu gewährleisten und systemisch Änderungen umzusetzen.
- **Business-Excellence-Expertengruppe:** Ihre primäre Aufgabe es ist, unternehmensweise Standards (Best Practices) einzuführen (beispielsweise für die Berechnung bestimmter KPIs, die Nutzung bestimmter Templates (z. B. Agendatemplates), die Nutzung bestimmter Werkzeuge (z. B. Six-Sigma-Standards). Zudem sollen sie als Treiber von technologischen und systemischen sowie kulturellen Veränderungen fungieren.
- **Lean-Expertengruppe** (in vielen Unternehmen immer noch primär in der Produktion angesiedelt): Mitarbeitende dieser Gruppe sollen Verschwendung in Prozessen erkennen, Lösungen zur Eliminierung und Verringerung der Verschwendung implementieren und eine kontinuierliche Verbesserung sicherstellen.
- **Qualitätsmanagement-Expertengruppe:** Sie sollen die Qualität des Ergebnisses von Prozessen (in Form von Produkten und Dienstleistungen) sicherstellen und ebenfalls kontinuierlich verbessern.

Sehr heterogen waren die Antworten auf die Fragen zur Verankerung der Projektleitung für Veränderungsprojekte und die Rolle von Zentral- oder Stabsabteilungen. Gewünscht wurden aber fast durchgängig eine bedeutendere Rolle der einzelnen

operativen Abteilungen und die Schaffung weitreichender Kompetenzen zur Prozessoptimierung.

Da immer mehr Analysetools für das Prozessmonitoring einem immer größeren Personenkreis zur Verfügung stehen, werden immer mehr Veränderungsmaßnahmen
gleichzeitig eingesteuert. Dieses Einsteuern von Veränderungsmaßnahmen ist in
vielen Unternehmen nicht klar geregelt, sodass sich zentral und dezentral initiierte
Initiativen überschneiden, sich gegenseitig in die Quere kommen und Zuständigkei-
ten ungeklärt bleiben. Selbst wenn dieser Konflikt durch eine gute Kommunikation
und Koordination vermieden wird, ergibt sich die Schwierigkeit, dass Personen mit
Schlüsselkompetenz aus den unterschiedlichen Expertengruppen von verschiedenen
Seiten gleichzeitig angefragt werden und überlastet sind. Aus diesen Gründen ist die
Durchlaufzeit der Veränderungs- und Verbesserungsprojekte lang, ja viele Projekte
werden vorzeitig abgebrochen, da sich inzwischen die Prioritäten geändert haben.

Eine weitere wesentliche Erkenntnis aus den Gesprächen war, dass große Einigkeit
darin bestand, dass Projektteams in der Regel nicht über die finale Entscheidungskompetenz zur Umsetzung erarbeiteter Optimierungsmaßnahmen verfügen. Die in
der Praxis vorherrschende Einbeziehung des Managements in die entsprechenden
Entscheidungsprozesse hat teilweise eine demotivierende Signalwirkung, wenn Veränderungsprozess auf diesem Weg verzögert, zerredet oder auf die lange Bank ge-
schoben werden.

Wie kann unter diesen Umständen der Prozess der kontinuierlichen Verbesserung im
Umfeld digitaler Geschäftsprozesse gestaltet werden?

12.4   Vier mögliche Wege von der Verbesserungsidee bis zur Umsetzung in digitalen Prozessen

Zur Verdeutlichung der oben stehenden Überlegungen wird die Optimierung innerhalb des B2B-Order-to-Cash-Prozesses in einem Unternehmen betrachtet. Konkret
stellen Mitarbeitende des Rechnungswesens fest, dass immer wieder Abweichungen
zwischen bestellter und gelieferter Menge auftreten, die nicht korrekt im System dokumentiert sind. Dies führt zur Erstellung von falschen Rechnungen, die anschließend
aufwendig korrigiert werden müssen. Wo genau der Fehler auftritt, ist häufig nicht
bekannt. Laut Vertrieb ist eine solche Abweichung vom Unternehmen gewollt und mit
dem Kunden vertraglich vereinbart. Die Produktion teilt mit, dass dieser Fehler spora-
disch aufgrund von Synchronisationsproblemen zwischen den IT-Systemen auftreten
kann, die IT vertritt die Meinung, dass jemand in der Produktion vergessen hat, die
Daten an den richtigen Stellen im System zu aktualisieren. Wie sollte der Prozess der
Veränderung nun gestaltet werden?

- **Weg 1:** Eine Person aus dem Rechnungswesen reicht den Vorschlag ein, ein Optimierungsprojekt einzurichten, um die Schlüsselursache zu finden und das Problem zu lösen. Ein Gremium (Management-Board) begutachtet diesen Vorschlag und setzt bei Bedarf ein Projekt mit interner und externer Beteiligung auf, um dieses umzusetzen. Die Projektleitung übernimmt das BE, IT oder QM. Das Team setzt sich aus internen und externen Expertinnen und Experten zusammen. Ein Lenkungsteam entscheidet über den Umfang der Umsetzung.
- **Weg 2:** Auch hier reicht eine Person eines betroffenen Bereichs diesen Vorschlag ein, wird aber das Projektteam während seiner Arbeit aktiv unterstützen und ihre Expertise einbringen.
- **Weg 3:** Eine Person aus dem hauptsächlich betroffenen Bereich übernimmt die Verantwortung für dieses Projekt. Da sie aber nicht über alle notwendigen Kompetenzen verfügt, wird sie von Mitarbeitenden aus den genannten Expertengruppen unterstützt.
- **Weg 4:** Der Mitarbeitende stellt gemeinsam mit Mitarbeitenden der anderen betroffenen Fachabteilungen und in Absprache mit dem Process Owner ein Projektteam zusammen. Gemeinsam verfügen sie über alle erforderlichen Kompetenzen und setzen die Veränderung um.

Diese vier Wege sind in der Tabelle unten dargestellt. Zusätzlich ist aufgeführt, welche Instanz die Entscheidung über den Projektstart fällt, wo die Projektleitung verortet ist, wie sich das Projektteam zusammensetzt und welche Instanz über die anschließende Umsetzung entscheidet.

	Aufgabe Mitarbeiter	Entscheidung Start	Projektleitung	Unterstützendes Team	Entscheidung Umsetzung
1)	Idee konkretisieren Aufwand/ Nutzen quantifizieren Vorschlag einreichen	Management-Board	BE/IT	Expertinnen und Experten	Lenkungsteam
2)	Idee konkretisieren Aufwand/ Nutzen quantifizieren Vorschlag einreichen	Management-Board	BE/IT	Mitarbeitende plus Expertinnen und Experten	Lenkungsteam

	Aufgabe Mit-arbeiter	Entscheidung Start	Projektleitung	Unterstützen-des Team	Entscheidung Umsetzung
3)	Idee konkreti-sieren Aufwand/ Nutzen quanti-fizieren Vorschlag ein-reichen	Management-Board	Mitarbeitende	Expertinnnen und Experten	Lenkungsteam
4)	Prozessbeteilig-te für die Idee begeistern	Process Owner	Mitarbeitende	Gruppe von Pro-zessbeteiligten	Gruppe von Pro-zessbeteiligten

Vier Wege der Gestaltung von Veränderung in digitalen Prozessen

Welcher dieser Wege hat welche Vor- oder Nachteile?

- Mit Weg 1, 2 oder 3 wird der Umfang der realisierten Veränderungsmaßnahmen wesentlich von der Kapazität und den Kompetenzen der Expertinnen und Experten abhängig sein. Sie werden häufig zum Engpass.
- Mit Weg 4, werden die Mitarbeitenden immer stärker in die Eigenverantwortung gebracht. Sie nutzen ihre Fähigkeiten nicht nur, um eine Aufgabe zu erledigen, sondern auch, um Veränderung zu gestalten.
- Mit Weg 1, 2 oder 3 werden wenige, aber große Veränderungen gestemmt, sei es die Einführung einer neuen Software oder eine systemische Erweiterung.
- In Weg 4 werden viele, aber eher kleinere Verbesserungen adressiert.
- Mit Weg 1, 2 oder 3 wird sichergestellt, dass das umgesetzte lokale Optimum (diese singuläre Verbesserung des Prozesses) auch in die globalen Prozess- und System-landkarte passt und nicht woanders zu neuen Verschwendungen führt.
- Mit Weg 4 werden eher lokale Individuallösungen vorangetrieben und so die Ent-wicklung unternehmensübergreifender Standards erschwert.
- Mit Weg 1, 2 oder 3 können die erforderlichen Kompetenzen bei wenigen Mitarbei-tenden gebündelt werden.
- Mit Weg 4 müssen die beschriebenen Kompetenzen breit in den Fachabteilungen verankert sein. Allerdings steigt gleichzeitig die Gefahr, dass engagierte Leistungs-träger, die ohnehin schon stark ausgelastet sind, nun in die Überforderung getrie-ben werden.

Wo ist also der richtige Weg? Je komplexer die Zusammenhänge und Wechselwir-kungen, je höher die Notwendigkeit einer unternehmensübergreifenden Standar-disierung, desto eher streben Unternehmen Weg 1 oder 2 an. Hierfür ist in vielen Unternehmen die Infrastruktur und das Know-how vorhanden.

Doch was passiert mit den vielen eher recht kleinen Änderungen, wie in unserem Beispiel geschildert? Weg 1 und 2 ist hierfür überdimensioniert. Der Aufwand, einen solchen Veränderungsprozess ins Leben zu rufen, ist viel zu groß und ressourcenbindend. In diesem Fall muss Weg 4 angestrebt werden. Doch wie kann das umgesetzt werden?

12.5 Die Umsetzung eines Process-Floor-Managements

Wie bereits festgestellt, stellen Shop-Floor-Management in der Produktion (Bertagnolli, 2018, S. 336 ff.) und Office-Floor-Management (Gauss, 2016) im indirekten Bereich etablierte Methoden dar, um innerhalb von Produktionseinheiten oder administrativen Fachabteilungen Verbesserungspotenziale zu erkennen, Lösungen zu entwickeln und die Umsetzung der Veränderung zu initiieren und zu begleiten. In der Welt der Geschäftsprozesse reichen diese Ansätze aber nicht aus. Im oben gezeigten Beispiel wird das Office-Floor-Management der Abteilung Rechnungswesen das Problem zwar erkennen, es aber nicht lösen können, weil vor allem die Entscheidungskompetenz zur Umsetzung dafür in der Regel nicht vorhanden ist. Als Ergebnis wird dieses Problem nach oben eskaliert und damit Weg 1 oder 2 beschritten werden.

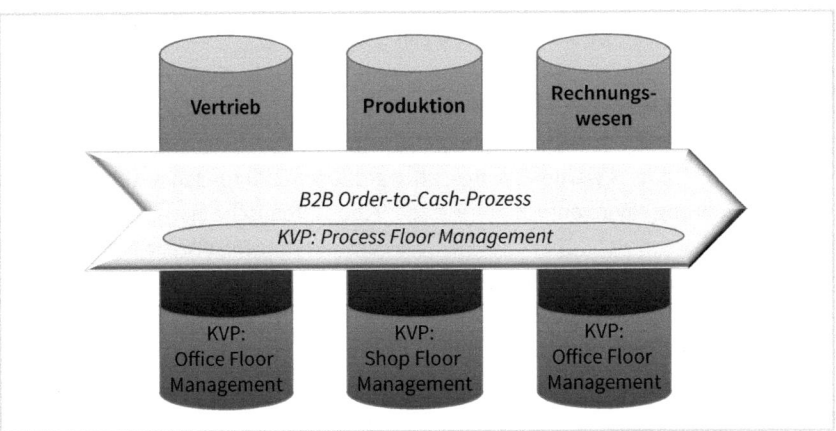

Die kontinuierliche Verbesserung digitaler Prozesse mittels Process-Floor-Management

Damit auch bei digitalen Geschäftsprozessen eine kontinuierliche Veränderung gemäß Weg 4 realisiert werden kann, wird in Analogie zu oben ein Process-Floor-Management, wie in der Abbildung dargestellt, benötigt:

- Mitarbeitende aus Kernprozessen der unterschiedlichen beteiligten Funktionen treffen sich in regelmäßigen Abständen (z. B. wöchentlich), um aufgetretene Probleme zu identifizieren und gemeinsam Lösungsideen zu entwickeln.

- Diesen Mitarbeitenden steht ein Zeitfenster (z. B. zwei Stunden pro Woche) zur Verfügung, um gemeinsam daraus resultierende Veränderungsmaßnahmen umzusetzen.
- Es sind Leitplanken definiert, innerhalb derer die Mitarbeitenden Entscheidungen selbstständig im Team treffen und verantworten.
- Liegen die für die Umsetzung erforderlichen Kompetenzen innerhalb der Gruppe nicht vor, wird die Maßnahme nach oben eskaliert und Unterstützung eingefordert.
- Die dadurch aufgezeigten Kompetenzdefizite der Mitarbeitenden werden gezielt durch Schulungsmaßnahmen und Coaching adressiert, um diese Art von Veränderung zukünftig auch innerhalb des Teams abbilden zu können.
- Die Führungskräfte bewerten ihre Mitarbeitenden nicht nur dahin gehend, wie gut sie ihre eigentliche administrative Aufgabe erfüllt haben, sondern auch daran, welche Veränderungen sie im Team erfolgreich umgesetzt haben.
- Sind die Prozesse zu komplex oder die Wechselwirkungen zu hoch, als dass die Veränderungen im Rahmen eines Process-Floor-Managements umgesetzt werden können, muss Weg 2 beschritten werden. Dort werden dann die Mitarbeitenden eingebaut, die sich im Rahmen des Process-Floor-Managements besonders bewährt haben.

Dieser Vorschlag für ein Process-Floor-Management soll auch dazu beitragen, dass engagierte Mitarbeitende sich sehr gut eigeninitiativ im Rahmen der kontinuierlichen Verbesserung einbringen können, ohne der Gefahr von Überlastung und Überforderung ausgeliefert zu sein.

Das skizzierte Vorgehen ist auch in einer hybriden Arbeitswelt denkbar. Die regelmäßige Identifikation von Problemen kann sehr wohl im Rahmen digitaler Meetings erfolgen. Die eigentliche Problemlösung und die Umsetzung werden zumindest zu Beginn sinnvollerweise physisch vor Ort am Process-Floor-Board erfolgen. KVP und hybride Arbeitsmodelle sind kein Widerspruch.

Das vorgeschlagene Process-Floor-Management greift dabei viele Aspekte auf, die im Zuge des Forschungsvorhabens als Übereinstimmungen aus den geführten Interviews herausgearbeitet werden konnten. Mit großer Übereinstimmung befürworteten die interviewten Personen eine Lokalisierung von Projektleitung und Entscheidungskompetenz dezentral im direkten Umfeld der Prozessbeteiligten. Allerdings wurde in großer Einigkeit angemerkt, dass eine Dezentralisierung der Entscheidungskompetenz über Veränderungs- bzw. Verbesserungsmaßnahmen als sehr herausfordernd angesehen wird. In beiderlei Hinsicht bleiben Unternehmen darin herausgefordert, für sie praktikable und erfolgreiche Wege zu identifizieren und zu implementieren.

12.6 Fazit

Auch die abteilungsübergreifende kontinuierliche Prozessoptimierung muss aus den Silos raus. Zwar ist ein Office-Floor-Management innerhalb der Silos weiterhin erforderlich, solange die Aufbauorganisationen tayloristisch strukturiert sind, damit kurzzyklische Optimierungen innerhalb einer Abteilung wie beispielsweise die Nivellierung der Verteilung der Arbeitslast oder die Synchronisation der Aufgaben bei Urlaub oder Krankheit sichergestellt sind.

Darüber hinaus ist es aber erforderlich, ein strukturiertes Process-Floor-Management zu installieren, das die Infrastruktur schafft, konsequent die Umsetzung von schnittstellenübergreifenden Veränderungen in der Organisation zu verankern, gezielt das Kompetenzportfolio der Mitarbeitenden in den operativen Fachabteilungen zu erweitern und somit die Gestaltung von Veränderung in die Breite zu tragen. Gelingt es den zentral angesiedelten Expertinnen und Experten, wenige, aber komplexe Probleme zu beseitigen, so gelingt es parallel den Mitarbeitenden in den Fachabteilungen, viele, aber einfachere schnittstellenübergreifende Veränderungen zu gestalten. Es wird zu einem Teil der DNA von Mitarbeitenden, nicht nur Veränderungen vorzuschlagen, sondern Veränderungen prozessübergreifend gemeinsam umzusetzen und sukzessive die dazu erforderlichen Kompetenzen aufzubauen. Dies wird dabei helfen, den Wildwuchs innerhalb vieler Geschäftsprozesse in den Griff zu bekommen und so gleichzeitig die Voraussetzungen für ein hybrides Arbeiten zu verbessern.

12.7 Literatur

Bertagnolli, Frank (2018): Lean Management. Wiesbaden: Springer Gabler.

Gauss, Axel (2016): Einkaufskosten reduzieren mittels Wertstromanalyse, Controlling & Management Review, Wiesbaden: Springer Fachmedien.

Van der Aalst, Wil (2016): Process Mining, Heidelberg: Springer.

13 Den Change zu einem hybriden Arbeitsmodell aktiv gestalten

Johanna Bath und Vanessa Kolodziej

> »If it ain't broken, don't fix it.« – »Verändere nur dann, wenn etwas kaputt ist.«
> Jimmy Carter

So viel sei schon einmal vorweg gestellt: Die Frage, ob eine Organisation überhaupt ein neues Arbeitsmodell benötigt, ist absolut berechtigt. Die Veränderung einer Arbeitsform sollte niemals ein Selbstzweck sein. Demnach ist es wichtig, im Vorfeld einen Deep Dive in das Unternehmensgeschehen zu machen und zu analysieren, ob so eine Veränderung überhaupt notwendig ist. Natürlich hat ein hybrides Arbeitsmodell, wie in den vorherigen Beiträgen im Buch bereits angeschnitten, ein enormes Potenzial für ein Unternehmen. Aber nicht jedes Unternehmen ist gleich und nicht überall sind die Bedürfnisse ähnlich. Und auch innerhalb der hybriden Arbeit gibt es verschiedenste Ausprägungen – von »Remote-first«-Unternehmen, in denen mobile Arbeit der Standard ist, bis hin zu »Präsenz-first«-Hybridunternehmen, die maßgeblich an einem oder mehreren Standorten arbeiten und in denen mobiles Arbeiten eher punktuell eingesetzt wird.

13.1 Die Symptomanalyse für den Status quo

Um den Veränderungs-/Optimierungsbedarf überhaupt festzustellen, muss als Erstes eine Symptomanalyse durchgeführt werden. Dabei wird nach Hinweisen gesucht, ob ein neues Arbeitsmodell benötigt wird. Oft sind diese gar nicht so versteckt und stören oder behindern den aktuellen Betriebsalltag bereits. Jedoch müssen diese Hinweise als Symptome für einen Arbeitsmodellwechsel erkannt werden. Was es braucht, ist die Verknüpfung von Hinweisen und eine Problem-Awareness bis hinauf in die Unternehmensleitung.

Hier eine kleine Liste mit alltäglichen Beispielen, die auf eine Transformation hinweisen:
- Die Übergangsbetriebsvereinbarung/Pilotbetriebsvereinbarung läuft aus und muss durch eine neue Betriebsvereinbarung abgelöst werden, die Remote Work dauerhaft mit einschließt.

- Bei den Führungskräften und Mitarbeitenden herrscht Unklarheit darüber, wann, wie und wo gearbeitet werden sollte und was die Bedarfe der internen und externen Kunden sind.
- Informell wird Remote Work häufig bereits gelebt und Mitarbeitende gehören faktisch einem Standort an, aber arbeiten vornehmlich remote.
- Mitarbeiterzufriedenheitsbefragungen zeigen Probleme bei Themen wie Zusammenarbeit und Kommunikation mit den Führungskräften oder dem Onboarding.
- Bei Onlinemeetings oder Online Social Events zeigt sich ein geringes Engagement der Mitarbeitenden geschweige denn positive Resonanz.
- Flexible Arbeit wird zunehmend von Toptalents beim Recruiting angefragt, jedoch kann darauf keine Antwort gegeben werden, da es hierzu keine Vereinbarungen oder Regelungen gibt.

Herausforderungen können aber auch auf Topmanagement-Level aufschlagen, z. B. weil die aktuelle Arbeitsorganisation nicht mehr in der Lage ist sicherzustellen, dass die Unternehmensziele erreicht werden (z. B. weil keine Mitarbeitenden mehr gefunden werden können, Abläufe nicht mehr sichergestellt sind, die Retention nicht hoch genug ist, um Wachstum zu ermöglichen, oder die Innovationskraft nachlässt)

Wenn Unternehmen hier bereits nach einem kurzen Quick Scan einige Symptome feststellen können, lohnt sich in jedem Fall die tiefere Analyse. Relevant wird das Thema »Transformation und Veränderung« dann, wenn eine klare Unternehmensanalyse durchgeführt wurde. Auch wenn Organisationsentwicklungsthemen oft in den Bereich der »soften« Unternehmensthemen eingeordnet werden, muss diese Transformation entsprechend gemanagt werden, wenn sie erfolgreich sein soll. Dabei sollten sich Verantwortliche die klassischen Managementfragen stellen:

- Welche Verbesserungen erwarten wir uns von einer Transformation?
- Welche KPIs sollen beeinflusst werden?
- Welche Unternehmensbereiche sind davon betroffen?

13.2 Diversität und Einbindung des Transformationsteams als Schlüsselelement bei Transformationsprojekten

Im nächsten Schritt sollte betrachtet werden, wer das Transformationsprojekt betreuen wird und wie das Kernteam aussehen soll. Zudem muss geklärt werden, welche Bereiche von Beginn an einbezogen werden müssen. Hier hat sich gezeigt, dass hybrides Arbeiten in den seltensten Fällen allein von HR oder Organisationsentwicklung eingeführt oder optimiert werden kann. Vielmehr ist ein gelungenes Zusammenspiel aus crossfunktionen Bereichen, wie Facility-Management, IT (Digital Workplace), Prozessmanagement, Strategie und ggf. anderen Bereich notwendig. Außerdem muss das Changeprojekt von vornherein durchdacht werden:

- Wie soll die interne Kommunikation aussehen?
- Und wie sehr möchte man die Mitarbeitenden, die zentrale und wichtigste Ressource des Unternehmens, an dem Prozess beteiligen?

Gerade in Bezug auf die Mitarbeitereinbindung gibt es in erster Linie zwei unterschiedliche Meinungen: Einerseits gibt es den Minimalansatz, bei dem Daten aus Mitarbeiterbefragungen ausgewertet und als Grundlage für den Veränderungsprozess genutzt werden. Die Vorzüge sind hier vor allem die schnelle Umsetzungsgeschwindigkeit und damit die schnelle »Ordnung und Struktur«. Zum anderen gibt es den Maximalansatz, bei dem ein Co-Creation-Prozess angestrebt wird. Bei diesem Ansatz werden die Mitarbeitenden am Prozess beteiligt und können dadurch das Ergebnis selbst mitgestalten. Wichtig hierbei zu erwähnen ist, dass die Mitarbeitenden eine ganz andere Einbindung in den Transformationsprozess erfahren, da schrittweise das Mindset, die Kultur und die Werte gestaltet werden. Dies ist insbesondere für ein nachhaltiges hybrides Arbeitsmodell maßgeblich. Man gibt hierbei den Mitarbeitenden die Chance, ihre Bedürfnisse und auch die Bedürfnisse ihrer Kolleg:innen zu verstehen und diese in eine bestmögliche Lösung zu transformieren. Das aktive Einbeziehen bei einem Co-Creation-Prozess stärkt das Wohlbefinden und steigert das Produktivitätslevel um das Vireinhalbfache (Alexander/De Smet/Langstaff/Ravid, 2021)!

13.3 Voraussetzungen zur Einführung von Hybrid Work

Man darf jedoch nie vergessen, dass jeder Veränderungsprozess in einem Unternehmen einzigartig und mit vielen Herausforderungen verbunden ist. Genauso ist es auch mit der Einführung von neuen Arbeitsmodellen wie Hybrid Work. Es gibt nicht das eine hybride Arbeitsmodell, das für jedes Unternehmen gleich gut funktioniert, da jedes Unternehmen unter anderem seine eigene Unternehmenskultur sowie differenzierte Mitarbeiterbedürfnisse zeigt.

Eine grundlegende Voraussetzung für die erfolgreiche Einführung von Hybrid Work im Unternehmen stellt der Unternehmenspurpose dar. Denn auf Grundlage dieses Purpose werden alle Fragen, die während des Einführungsprozesses aufkommen, beantwortet und daran Entscheidungen sowie Ziele ausgerichtet. Wenn es also im Unternehmen bereits eine klare Vision und Mission gibt, ist dies eine sehr gute Grundvoraussetzung. Ist dies nicht der Fall, entsteht hier Nachholbedarf, der zur Verknüpfung der Unternehmensstrategie mit dem Arbeitsmodell und damit der Arbeit jedes Einzelnen noch nachgeholt werden sollte.

Eine weitere Grundlage, die für den Einführungsprozess gegeben sein muss, ist ein Hybrid Work Framework. Hiermit ist nicht etwa eine Betriebsvereinbarung gemeint, die spezielle Angaben zu Office-Tagen enthält. Stattdessen versteht man unter dem

Hybrid Work Framework einen Rahmen, der nicht nur als Grundgerüst dient, sondern die wichtigsten grundlegenden Informationen beinhaltet und eine Orientierungshilfe bei der Planung und Ausführung von hybriden Arbeiten bietet. Gerade wenn flexibel gearbeitet werden soll, braucht ein flexibles Modell in einem komplex aufgebauten Unternehmen einen Orientierungsrahmen, der Stabilität und Ordnung bringen soll.

Oft versuchen Unternehmen, diesen Einführungsprozess abzukürzen, indem sie die Verantwortung für die Organisation des Arbeitsmodells in die einzelnen Teams verlagern. Vordergründig erscheint dies auch logisch: Es ist doch viel einfacher, wenn jedes Team für sich entscheiden kann, wie es hybrid arbeiten will. Doch in der Praxis stellt sich oft heraus, dass diese Lösungen oft zu kleinteilig sind und wichtige Bausteine eines gelungenen hybriden Modells, wie z. B. die nahtlosen End-to-end-Prozesse der Wertschöpfung oder die crossfunktionale Kommunikation außerhalb der Teams, nicht mehr optimal funktionieren. Hybrid Work ist ein komplexes Arbeitsmodell, das für viele neuartig und somit fremd ist. Wenn jedes Team das für sich beste Arbeitsmodell schaffen möchte, bedeutet dies gleichzeitig oft Chaos, hohe Kosten, aber auch Verlust des Vertrauens und der Glaubwürdigkeit gegenüber den Arbeitnehmer:innen, da eher die Willkür über die Arbeitsform entscheidet als der höhere Sinn der Organisation. Dadurch würde man nicht mehr als eine kohärente Organisation agieren, sondern in Silos, die unterschiedliche Bedürfnisse unterschiedlich befriedigen. Gerade in VUCA-Zeiten sind Planungssicherheit und Stabilität wichtig, um sowohl das Organisations- als auch das Interesse der Mitarbeitenden oder sogar ganzer Teams berücksichtigen zu können.

Abschließend kann zusammengefasst werden, dass ein Change zu einem hybriden Arbeitsmodell aktiv gestaltet werden sollte. Aber auch hier muss auf Orientierungshilfen und -rahmen sowie Regelungen gesetzt werden. Nicht zu vergessen ist die Bestimmung, wie sehr die Mitarbeitenden an einem solchen Projekt beteiligt sind und auch mitgestalten dürfen.

13.4 Co-Creation-Prozesse organisieren

Nur 24 % der hybrid und remote arbeitenden Mitarbeitenden fühlen sich laut einer Gartner-Studie mit dem Unternehmen und dessen Kultur verbunden (Baker/Zuech, 2022). Das ist eine erschreckende Zahl, nachdem in den vorherigen Beiträgen dieses Buches ausführlich erklärt wurde, weshalb die Unternehmenskultur ein wichtiger Baustein eines erfolgreichen hybriden Arbeitsmodells ist. Um die Mitarbeitenden bei einer solchen großen Transformation zu begleiten, ist der Co-Creation-Prozess ideal. Nicht zu unterschätzen ist ein großer organisatorischer, aber auch ressourcenintensiver Aufwand, der bei dieser Methodik einfließt. Jedoch ist er schlussendlich jede Ressource wert!

Viele Unternehmen wie beispielsweise EY setzen auf den Co-Creation-Prozess, indem sie ein Team zusammenstellen, das aus unterschiedlichen Funktionen, Bereichen und Hierarchien besteht. Sie werden als Change Champions gesehen, die nicht nur unterschiedliche Perspektiven beim Entstehungsprozess von neuen Arbeitsmodellen einbringen, sondern auch als Botschafter in die Belegschaft gehen und ihre Überzeugung von der Transformation hinaustragen. Durch den Co-Creation-Prozess erreicht man eine einzigartige Einbindung der Mitarbeitenden während eines laufenden Transformationsprozesses, der nicht nur die Veränderung in einem Unternehmen anregt, sondern auch einen Kultur- und Mindsetshift über den gesamten Prozess hinweg motiviert. Die Mitarbeitenden, die sich als Botschafter:innen und Vertreter:innen ihrer Abteilungen sehen und auch Interesse am Transformationsprozessen zeigen, sind meist mit Herzblut und kritischen Nachfragen dabei. Genau das ist es, was bei einem erfolgreichen Transformationsprozess benötigt wird.

Jetzt, da die Vorteile eines Co-Creation-Prozesses geklärt sind, stellt sich die Frage, wie er aussehen kann – gerade in Bezug auf Hybrid Work. Im ersten Schritt muss geklärt sein, ob ein neues Arbeitsmodell benötigt wird oder nicht (wie eingangs dargestellt). Sobald die Antwort feststeht, muss auch geklärt werden, welche Bereiche von Beginn an beteiligt sein sollen. Wer gehört zum Kernteam? Wie soll die interne Kommunikation aussehen und welche Kanäle eignen sich dafür? Will man einen Co-Creation-Prozess mit maximaler Mitarbeiterbeteiligung oder nicht? Diese Fragen sollten im ersten Meilenstein geklärt sein, bevor mit dem Co-Creation-Prozess begonnen wird.

Für den zweiten Meilenstein kommen wir zum eigentlichen Co-Creation-Prozess. In diesem Schritt ist bereits geklärt, welche Unternehmensbereiche beim Transformationsprojekt beteiligt sind und welche sich als eher weniger geeignet darstellen. Diese Entscheidung sollte jedoch erst nach der klaren Analyse im ersten Schritt und auch nach einem anschließenden Assessment getroffen werden. Das Ziel eines solchen Assessments ist die Einführung eines einheitlichen Bewertungsstandards innerhalb der Organisation, der als Fremdbild-Eigenbild-Abgleich dazu dient, den gemeinsamen Status quo zu messen. So können die wichtigsten Handlungsbedarfe strukturiert analysiert und die Projektziele priorisiert werden.

Für den Co-Creation-Prozess eignet sich zum Auftakt eine Kick-off-Veranstaltung für alle Bereiche, die bei der Transformation eingeschlossen werden. Hierbei sollte grundlegend erklärt werden, dass eine gemeinschaftliche Entscheidung für eine Veränderung des Arbeitsmodells getroffen wurde, welche Motive dahinterstehen und welche nächsten Schritte unter der Beteiligung der Mitarbeitenden angestrebt werden. Hierbei sollte in jedem Fall betont werden, dass man während dieses Prozesses alle Mitarbeitenden ins Zentrum stellt und alle die Chance haben, unabhängig von Unternehmensposition und -bereich, bei diesem Projekt mitzuwirken.

Nach der Kick-off-Veranstaltung sollte im weiteren Verlauf allen Mitarbeitenden die Möglichkeit gegeben werden, sich für eine weitere Informationsveranstaltung einzutragen, in der es um detailliertere Informationen und auch um Mitwirkmöglichkeiten beim Transformationsprojekt geht. Aus Erfahrung melden sich viele Interessent:innen an, weil diese dem gesamten Prozess und auch dem Arbeitsmodell Hybrid Work kritisch gegenüberstehen. Diese Kritiker:innen wollen die Veranstaltung nutzen, um auch ihre Sichtweise kundzutun und sich in ihrer Position bestärkt zu fühlen. Bei einigen Prozessstudien konnte beobachtet werden, dass diese Zusammensetzung eine gute Mischung aus kritischen Anregungen, aber auch konstruktiven Lösungen ergibt.

Für eine solche Informationsveranstaltung hat es sich bewährt – basierend auf unzähligen Prozessstudien –, die Interessentengruppen in kleinere Gruppen aufzusplitten, um eine überschaubare Gruppengröße zu ermöglichen. Der Vorteil eines solchen Setups ist, dass sich im kleineren Rahmen mehr Mitarbeitende trauen, auch Fragen und kritische Meinungen zu äußern. Genau diese sind wichtig, um ein vollumfängliches Bild der unterschiedlichen Arbeitssituationen unterschiedlicher Teams zu erhalten und sie auch in den weiteren Projektverlauf mit einbinden zu können.

Auch grundlegende Fragen gilt es hierbei zu stellen und ein Austauschformat zu initiieren und zu gestalten, in dem es darum geht, wie andere Abteilungen mit Veränderungen des Arbeitsmodells umgehen. Gerade in den Bereichen Onboarding, Wissensmanagement, synchrone und asynchrone Zusammenarbeit sowie Teambuilding ist es sinnvoll, einen Erfahrungsaustausch zu initiieren. Vielleicht gibt es bereits Best Practices, die auch andere Abteilungen und Bereiche anwenden können. Durch die sehr gemischten Gruppenkonstellationen aus Führungskräften und Mitarbeitenden wird der Proximity Bias zwischen beiden Parteien verkleinert. Somit erhalten auch Führungskräfte einen ganz anderen Einblick in unterschiedliche Situationen und auch Umgebungen, in denen gearbeitet wird und wie diese auf die Mitarbeitenden wirken.

Heutzutage kommt es grundsätzlich in vielen Unternehmen vor, dass die Führungskräfte und die Mitarbeitenden eine ungleiche Auffassung der Erfolgsfaktoren hybrider Arbeit haben. Durch solche Co-Creation-Prozesse wird diese Diskrepanz verringert, da es zu einem ehrlichen und regen Austausch der Erfahrungen und Auffassungen kommt.

Aus den Diskussionen, Ergebnissen und kritischen Anmerkungen lassen sich oft Maßnahmenpakete ableiten, die dann vom Change-Team angegangen werden können. Häufig übersteigt die Anzahl der vorgeschlagenen Maßnahmen allerdings die Möglichkeiten des Change-Teams. Um hier eine Fokussierung zu erreichen, kann das Status-quo-Assessment helfen, die wichtigsten Handlungsbedarfe zu priorisieren.

Beispiele für Maßnahmenpakete können die Gestaltung des internen und übergreifenden Mindset-Change sein, interne Kommunikations- und Verbreitungsmaßnahmen oder auch die Erarbeitung von Orientierungshilfen, um ein erfolgreiches hybrides Arbeiten sicherzustellen. Aber auch Infrastrukturthemen, wie räumliche Veränderungen oder die digitale Ausstattung, oder Prozesse wie der Mitarbeiterentwicklungsprozess können zur Sprache kommen.

Diese Maßnahmenpakete können in Kleingruppen erarbeitet und dem gesamten Change-Team durch Zwischenpräsentationen vorgestellt werden. Durch das schrittweise Erarbeiten einzelner Pakete und das kontinuierliche Einholen von kritischen Anmerkungen, z. B. in Feedbackrunden, können diverse Perspektiven eingebunden werden – so entstehen Maßnahmenpakete, die für die Belegschaft sinnvoll sind. Durch das Durchdenken aus verschiedenen Perspektiven wird auch sichergestellt, dass nicht nur ein Arbeitsmodell erstellt wird, das für alle passen muss, sondern dass es jeweils an die unterschiedlichen Arbeitsbereiche und -umgebungen angepasst wird. Die Mitglieder des Change-Teams werden so nicht nur zur Arbeitsgruppe, sondern gleichzeitig auch zu Botschafter:innen, die die Prozessschritte und -updates an die restlichen Mitarbeitenden verteilen können und bei Rückfragen jeglicher Art als Ansprechpartner:innen zur Verfügung stehen.

Wichtig ist, dass die erarbeiteten Maßnahmen und Lösungen auch umgesetzt werden. Dies ist im 3. Meilenstein zu beachten. Hier müssen die Maßnahmen geplant und umgesetzt werden. Außerdem müssen die Zeitschiene sowie Verantwortlichkeiten geklärt werden.

Der vierte Meilenstein ist das Go-live, in dem die Maßnahmen implementiert und klar kommuniziert werden. Kommuniziert werden sollte zusätzlich, welche fixen Regeln bestehen und welche Experimente angestoßen wurden. Hier kann man als Faustregel nehmen: Strategische und konzeptionelle Entscheidungen sollten fixiert werden, aber kleinere Veränderungen der Infrastruktur oder der Tools eher spielerisch angegangen werden – z. B. können in einem Pilotprojekt definierte Maßnahmen und Lösungen bewusst als Try-out sowie Trial and Error aufgesetzt und somit immer nachgeschärft und neu überlegt werden. Die Arbeit an der Arbeit wird in den nächsten Jahren nicht abgeschlossen sein, sondern wird viel mehr zur Kernkompetenz, um die sich ein Unternehmen dauerhaft kümmern muss. Daher ist auch die Erfolgsmessung, welche Maßnahmen sinnvoll und welche eher wirkungslos waren, so wichtig. Regelmäßige Assessments des Status quo und entsprechende KPIs sind damit ein wichtiger Baustein der Umsetzung.

13.5 Literatur

Alexander, Andrea/De Smet, Aaron/Langstaff, Meredith/Ravid, Dan (2021): What employees are saying about the future of remote work. McKinsey&Company. https://www.mckinsey.com/capabilities/people-and-organizational-performance/our-insights/what-employees-are-saying-about-the-future-of-remote-work, abgerufen am 12.09.2022

Baker, Mary/Zuech, Teresa (2022): Gartner Says HR Leaders Are Struggling to Adapt Current Organizational Culture to Support a Hybrid Workforce. Gartner. https://www.gartner.com/en/newsroom/press-releases/2022-05-17-gartner-says-hr-leaders-are-struggling-to-adapt-current-organizational-culture-to-support-a-hybrid-workforce, abgerufen am 04.11.2022

Die Zukunft ist hybrid

14   Future Digital Workplace

Cornelia Heyde

Auch schon vor der Pandemie hat sich die Arbeit drastisch verändert. Die Prozesse wurden flexibler, reaktionsschneller, vernetzter und kollaborativer. Das Arbeitstempo erhöhte sich und die Menge an Informationen, die uns zur Verfügung standen, nahm dramatisch zu.

Die letzten zwei Jahre haben diese Entwicklungen noch einmal beschleunigt und unsere Arbeitswelt in vielerlei Hinsicht auf den Kopf gestellt. Viele haben ihre Arbeit von einem Tag auf den anderen auf Remote Work umgestellt und von zu Hause aus gearbeitet. Über zwei Jahre später kehren sie nun nach und nach an ihren Arbeitsplatz zurück, doch nichts ist wie früher. Die Arbeitsweisen ändern sich erneut, dieses Mal von remote zu hybrid. Hybrid Work wirft ganz neue Fragen auf und bringt ganz neue Herausforderungen mit:

- Mitarbeitende, die weiterhin flexibel entscheiden wollen, an welchem Ort sie arbeiten
- Teams, die versuchen, effektive und integrative hybride Meetings abzuhalten
- Organisationen, die herausfinden, wie sie eine hybride Belegschaft am besten koordinieren können

Viele Unternehmen fragen sich:

- Wie können wir unsere Organisationen grundlegend neu verdrahten, um Flexibilität zu nutzen?
- Wie können wir sicherstellen, dass alle Mitarbeitenden einen Platz am Tisch haben, egal ob sie remote oder im Büro arbeiten?
- Wie können wir die Zukunft der Arbeit so gut wie möglich für alle gestalten?

14.1   Chance auf eine neue und bessere Zukunft der Arbeit

Microsoft ist ein Pionier der neuen Arbeitswelt. Schon mit der Gründung im Jahr 1975 war Hybrid Work für das Unternehmen präsent, denn Bill Gates selbst arbeitete damals schon remote von Harvard aus. Das traf auch auf die meisten Mitarbeitenden im Vertrieb zu. Microsoft-Entwickler dagegen kamen ins Büro, weil sie dort die besten Computer und die schnellste Konnektivität vorfanden. Die Fähigkeit, von zu Hause aus zu arbeiten, hing schon immer von der Zuverlässigkeit und Leistungsfähigkeit der Internetinfrastruktur ab. Dennoch verbrachten die Microsoft-Softwareentwickler nie die gesamte Arbeitszeit im Büro, denn lange Code-Kompilierungszeiten bedeuteten früher eine längere Wartezeit, die sie für persönliche Aktivitäten nutzten. Die Arbeitszeiten bei Microsoft waren damals schon flexibel. In einem frühen Mitarbeiterhandbuch vom Herbst 1985 heißt es: »You should establish your normal working hours with your manager and agree with him/her on the degree of acceptable variance in those hours ...«

Microsoft forscht seit über 30 Jahren zu Remote-Arbeit und Telepräsenz und lässt alle Erkenntnisse dazu in seine Produkte einfließen, beginnend mit der MS-DOS-Unterstützung für Modems im Jahr 1981. Microsofts anfängliche Mission »A computer on every desk and in every home« beinhaltete ebenso das Arbeiten von zu Hause aus.

Dennoch hat auch Microsoft während der Pandemie viel dazugelernt. Die Lernkurve war vergleichbar mit vielen anderen Unternehmen. Microsoft hat viel experimentiert, hat seine Telemetrie, seine eigenen Forschungen und das tägliche Gespräch mit den Kunden genutzt, um besser zu verstehen, wie Menschen heute zusammenarbeiten und welche Trends sich daraus für die Zukunft ableiten lassen.

14.2   Einige Trends für die Zukunft der Arbeit

#Hybrid Work

Die Expert:innen sind sich einig: Hybrides Arbeiten – die Kombination aus mobiler und bürobasierter Arbeit – wird auch in Zukunft unseren Arbeitsalltag bestimmen. Doch was heißt das eigentlich? Nun, für viele heißt das mehr Homeoffice und weniger Präsenzpflicht im Büro. Weniger lästiges Pendeln und Im-Stau-Stehen. Es heißt aber auch weniger persönliche Kontakte, dafür mehr Video Calls, die Nutzung von digitalen Tools zur Zusammenarbeit und damit verbunden auch ein neues Verständnis von Leadership und Wohlbefinden – viele neue Herausforderungen also. Doch 74 % Führungskräfte halten nicht mit den Erwartungen ihrer Mitarbeitenden Schritt (Teevan, 2022, S. 63). Diese streben zunehmend nach Flexibilität, Autonomie und Gehör, doch es gibt Lücken zwischen den Erwartungen und dem, was Organisationen ihnen derzeit bieten.

Damit eine hybride Arbeitswelt auch wirklich funktioniert, müssen alle Beteiligten daran mitwirken. Führungskräfte tragen die Verantwortung, neue Prozesse kulturell wie technisch zu managen, ihr Team zusammenzuhalten und in Verbindung zu bleiben, auch wenn man von unterschiedlichen Orten agiert. Ein nachhaltiger Wandel gelingt nur, wenn alle am selben Strang ziehen und den Wandel aktiv mitgestalten.

Bei Microsoft war flexibles Arbeiten auch schon vor der Pandemie möglich. Hier glaubt man nicht an starre Arbeitszeiten oder Anwesenheitspflicht. Seit 2014 sind die sogenannte Vertrauensarbeitszeit und der Vertrauensarbeitsort in der Betriebsvereinbarung verankert. Das Verständnis von Leadership ist seit Jahren durch die Digitalisierung und Führung auf Distanz geprägt. In den meisten Fällen sind die Teams auf verschiedene Standorte verteilt und nur selten am selben Ort tätig. Vertrauen und Flexibilität spielen in der Unternehmenskultur eine entscheidende Rolle und das Wohlbefinden der Mitarbeitenden steht im Vordergrund.

#Begegnungsorte

Viele Beschäftigte auf der ganzen Welt haben die letzten Monate zum Teil remote gearbeitet. Da sich die Teams an diese neue Realität gewöhnt haben, fragen sich viele: Werden physische Büros in der Zukunft der Arbeit verschwinden? Studien von Microsoft zeigen, dass die Arbeit wahrscheinlich eine fließende Mischung aus persönlicher und Remote-Zusammenarbeit sein wird. Physische Orte gehen also nicht verloren, doch sie müssen sich verändern und sich weiterentwickeln, um den neuen Anforderungen gerecht zu werden.

Effektives und konzentriertes Arbeiten ist auch von zu Hause aus möglich. Um Aufgabenlisten abzuarbeiten und an Telefonkonferenzen teilzunehmen, ist es nicht notwendig, ins Büro zu kommen. Doch wir alle sind soziale Wesen und wir wollen zusammenkommen, um Ideen miteinander zu diskutieren und die Energie persönlicher Veranstaltungen zu erleben. Wir kommen ins Büro, um Kollegen:innen zu treffen. Die Rolle des Büros muss daher grundlegend überdacht werden in der Art und Weise, wie wir arbeiten, uns vernetzen und zusammenarbeiten.

Das Office der Zukunft ist ein Begegnungsort, an dem sich Teams treffen, um sich auszutauschen, produktiv und kreativ zusammenzuarbeiten. Starre Schreibtische werden Flächen für Networking und Kollaboration weichen. Zudem werden besondere Mitarbeiterangebote, wie Trainings- und Fitnessräume, Massagen und Sportangebote, Wäscheservice und Kinderbetreuung etc. zunehmen. Der obligatorische Obstkorb hat dagegen keinen Reiz mehr.

Das Bindeglied zwischen Remote Work und Büro stellen digitale Technologien dar. Es werden Meetingräume gebraucht, die die analoge mit der digitalen Welt verbinden, die Barrieren zwischen Räumen, Orten und Menschen beseitigen und die Meetingerlebnisse auf beiden Seiten inklusiver gestalten. Es sollte möglich sein, unabhängig vom Aufenthaltsort miteinander zu interagieren, mitzugestalten und Ideen in Echtzeit auszutauschen. Idealerweise sollten sich die Teilnehmenden auf Augenhöhe begegnen und zu jeder Zeit wissen, wer spricht und wo im Raum er oder sie sich befindet. Dabei können alle dieselben digitalen Tools, wie Whiteboards, Chats und Meetingnotizen verwenden. Um dies zu erreichen, ist es unter Umständen nötig, die physisch vorhandenen Besprechungsräume neu zu konzipieren, aber auch die gesamte digitale Erfahrung der virtuellen Kommunikation und Zusammenarbeit neu zu gestalten.

»Das Risiko bei hybriden Meetings besteht darin, dass Teilnehmer*innen vor Ort zu anonymen Gesichtern in einem Raum werden, während Teilnehmende, die sich virtuell zuschalten, ins Leere sprechen und nicht wissen, ob sie gesehen oder gehört werden oder wie sie sich einbringen können.«

Jaime Teevan, Chief Scientist, Microsoft

Microsoft Corporation, Teams Front Row Layout

#Digitale Gleichberechtigung

Bei der Arbeit geht es um so viel mehr als nur darum, Dinge zu erledigen. Und die digitale Transformation endet nicht am Schreibtisch. Während wir normalerweise darüber sprechen, wie sich hybride Arbeit auf Büromitarbeitende auswirkt, haben sich die wenigsten Gedanken über Produktions- und Servicemitarbeitende gemacht. Dabei macht diese Gruppe ca. 80 % der weltweiten Belegschaft aus und stellt das Rückgrat der Weltwirtschaft dar (Teevan, 2022, S. 79).

Schaut man sich die Digitalisierung der Arbeit hinsichtlich Kommunikation und Kollaboration an, fand diese vor allem für die Mitarbeitenden in den Büros statt, Produktions- und Servicemitarbeitende waren bisher nicht die Zielgruppe. Ihre Bedürfnisse nach Information, Austausch und Kollaboration sind nicht mehr bedient worden. Das begann mit der Digitalisierung der Mitarbeiterzeitung und der fehlenden Zugriffsmöglichkeit auf das Intranet mangels Benutzeridentität und Endgerät. Während die Büromitarbeitenden bereits in Social Intranets unterwegs waren, wurden die Produktions- und Servicemitarbeitenden mehr und mehr von der Kommunikations- und Informationswelt des Unternehmens abgekoppelt. Viele von ihnen fühlen sich heute abgehängt. Die Pandemie hat dies noch verstärkt, weil die Kommunikation des Managements sie nicht mehr erreicht hat. Die wichtigsten Informationen haben sie zuvor über ihren Vorgesetzten und über das schwarze Brett erhalten.

Doch genau wie diejenigen, die in Büros arbeiten, müssen die weltweit fast drei Milliarden Frontline-Mitarbeitenden in der Lage sein, sich über ihre Organisationen hinweg zu vernetzen und zusammenzuarbeiten. Ein Information Worker ist jemand, der Informationen verwendet, um Entscheidungen über Prozesse zu treffen, und dann Informationen sammelt, um diese Prozesse zu iterieren und zu verbessern. Das Gleiche gilt aus Sicht von Microsoft auch für Frontline Worker, mit dem Unterschied, dass sie mobiler sind und ihre Tools dementsprechend angepasst sein müssen.

Produktions- und Servicemitarbeitende stehen heute an einem Wendepunkt und denken über einen Jobwechsel nach. Um ihre Talente zu halten und neue zu gewinnen, müssen sich Unternehmen ihren Produktions- und Servicemitarbeitenden widmen, um Kultur und Kommunikation für sie zu verbessern, Geschäftsprozesse zu rationalisieren und Stress abzubauen.

Unternehmen gehen hierfür gern den Prozessweg oder suchen nach speziellen Lösungen, wie Mitarbeiter-Apps, die den Basis-Anwendungsfall »Unternehmensnachrichten« aufgreifen und auf das BYOD-Szenario setzen. Dabei handelt es sich häufig um parallele Lösungen zum Intranet, die von der Arbeitsumgebung der Büromitarbeitenden entkoppelt sind.

Das Zielbild sollte eine nahtlose Einbindung aller Mitarbeitenden in einer gemeinsamen digitalen Arbeitsumgebung sein, auf die von überall und von jedem Gerät aus zugegriffen werden kann. Die Mitarbeitenden stehen hierbei im Mittelpunkt. Es geht darum, sie in ihrer täglichen Arbeit zu unterstützen und ihnen Möglichkeiten der Kommunikation, Vernetzung und Zusammenarbeit zu geben. Die Unternehmenskommunikation kann über diese Plattform Unternehmensnachrichten an alle Mitarbeitenden ausspielen, Werte vermitteln, Orientierung und Halt geben. HR kann hierüber sämtliche Unternehmensprozesse zur Verfügung stellen, wie z.B. das Onboarding, Urlaubsanträge, Reisekostenabrechnung und Angebote zur Weiterbildung. Die Mitarbeitenden selbst haben einen einfacheren und schnelleren Zugriff auf Informationen sowie Dokumente und ein bi-direktionaler Kommunikationsweg ermöglicht es ihnen, sich mit anderen Kolleg:innen zu verbinden, sich besser ins Business einzubringen und Gehör zu finden. Für die Produktions- und Servicemitarbeitenden ergeben sich zudem zusätzliche Möglichkeiten der Prozessautomatisierung, die Zeit und Ressourcen einspart. Zwei Klassiker sind dabei die Schichtplanung, die häufig noch in Form von Aushängen kommuniziert wird, oder auch das Aufgabenmanagement, bei dem gern noch mit Checklisten auf Klemmbrettern gearbeitet wird. Beides lässt sich gut mit einer App abbilden.

Die Unterstützung aller Mitarbeitenden mit der richtigen Technologie erleichtert ihre Arbeit und hilft Unternehmen, sich schnell an ständig ändernde Arbeitsbedingungen anzupassen.

#Barrierefreiheit und Inklusion

Alle Mitarbeitenden zu unterstützen bedeutet auch, individuelle Anforderungen wie Seh- oder Hörbehinderungen zu berücksichtigen. Das heißt, Kollaborations- und Kommunikationssysteme müssen zugänglicher sein und den neuen Herausforderungen gerecht werden. Für Microsoft bedeutet dies, Menschen von jedem Ort aus zu verbinden und Zusammenarbeit auf Augenhöhe zu ermöglichen, sie dabei zu unterstützen, produktiv zu sein, sich bestmöglich zu vernetzen, sich verbunden zu fühlen und auf das eigene Wohlbefinden zu achten.

In den meisten Online-Meetings teilen die Teilnehmenden Inhalte, indem sie ihren Bildschirm oder ein bestimmtes Fenster freigeben. Doch diese Art der Freigabe ist für diejenigen nicht zugänglich, die Screenreader verwenden. Dies macht es Menschen mit Sehbehinderung schwer, sich vollständig in Besprechungen einzubringen. Es werden daher Tools benötigt, die das Teilen von Inhalten in Meetings auf verschiedene Weise effektiver, konsumierbarer und inklusiver gestalten. Mithilfe solcher Tools können Besprechungsteilnehmende Dokumente direkt in einem Online-Meeting gemeinsam erstellen und bearbeiten und die freigegebenen Inhalte für Teilnehmende mit Screenreader zugänglicher machen als mit einer einfachen Bildschirmfreigabe.

Für gehörlose und schwerhörige Mitarbeitende und diejenigen, die in lauten Umgebungen arbeiten, sind Untertitel und Transkripte ein entscheidendes Werkzeug für Inklusion und Produktivität.

Zudem ist eine einfache und intuitive Bedienung essenziell, wenn die Mehrwerte der Rechentechnik allen Nutzenden zugänglich gemacht werden sollen. Die bisherigen Schnittstellen wie Tastatur und Maus sind dazu immer weniger geeignet. Tippen ist nicht jedermanns Lieblingsart zu schreiben, sei es aufgrund einer Behinderung oder persönlicher Vorlieben. Funktionen, die das Tippen reduzieren, können allen helfen, die Effizienz zu verbessern und die Ermüdung von Hand und Handgelenk zu vermeiden.

Die Sprache ist für den Menschen das wichtigste Kommunikationsmittel und somit stellt die Spracherkennung auch einen wichtigen Faktor bei der Mensch-Maschine-Kommunikation dar. Mithilfe der Spracherkennung können technische Geräte per Sprachbefehl gesteuert werden. Dies kann vor allem in mobilen Szenarien die Datenerfassung erheblich vereinfachen. Jurist:innen und Ärzt:innen nutzen die gesprochene Texterfassung (Diktat), um Schriftstücke schneller und effizienter zu erstellen. Dieser Produktivitätsvorteil kommt Nutzenden heute ebenso bei der Verwendung von Spracherkennungswerkzeugen zugute. Mit Diktierfunktionen in Produktivitätswerkzeugen kann Sprache in Text umgewandelt werden und somit können schnell Dokumente, E-Mails, Notizen und Präsentationen erstellt werden. Mit der Sprachsuche kann zudem jede:r sagen, wonach sie oder er sucht und die Suche findet es genauso, als hätte man es eingegeben. Das funktioniert nicht nur mit der Suche im Browser, sondern auch innerhalb von Office-Applikationen wie Microsoft Word. Sprache ist ein integriertes Feature in vielen Office-Anwendungen und kann auch zum Vorlesen von Texten und Dokumenten genutzt werden.

#Künstliche Intelligenz

Science-Fiction ist längst Realität, denn künstliche Intelligenz (KI) ist bereits in unserem Alltag angekommen. Unter »KI« wird im allgemeinen Technologie verstanden, die menschliche Fähigkeiten im Sehen, Hören, Analysieren, Entscheiden und Handeln ergänzt und stärkt. Gerade in Zeiten des Fachkräftemangels kann Technologie Personallücken schließen und die Produktivität steigern – vor allem dort, wo hoher Aufwand durch wiederkehrende Prozesse entsteht. Information Worker sind heute mit einer regelrechten Informations- und Datenflut konfrontiert und verwenden sehr viel Zeit darauf, relevante Informationen zu finden, zu filtern und zu verarbeiten. Hier bedarf es Unterstützung und Werkzeuge, die es erleichtern, relevante Informationen zu entdecken, zu erkennen, zu verstehen und zu nutzen. KI-Systeme können dazu beitragen, schneller und effektiver neue Erkenntnisse aus vorhandenen Daten zu gewinnen und neues Wissen zu generieren.

Künstliche Intelligenz hat das Potenzial, den Arbeitsplatz in vielerlei Hinsicht zu verändern. Sie kann helfen, die Fähigkeiten der Mitarbeitenden zu verbessern und Teamarbeit zu fördern. Sie hilft heute schon Sprachbarrieren zu überwinden, ermöglicht mehrsprachige Konversationen in Echtzeit zu führen, sowie die automatische Übersetzung von Dokumenten. Sie unterstützt Autor:innen mit Textvorschlägen bei einer Schreibblockade, korrigiert Grammatikfehler, gestaltet Präsentationen interessanter durch KI-generierte Bilder und Designs und hilft, den Posteingang zu optimieren. Suchmaschinen nutzen KI, um noch schneller zu finden, was die Nutzenden suchen, und die besten Antworten zu liefern – selbst bei komplexen Fragen.

In Zukunft werden KI-Systeme mehr und mehr Routineaufgaben übernehmen und somit den Menschen dabei unterstützen, bessere Ergebnisse zu erzielen. Vor allem die automatisierte Eingabe und Analyse von Daten macht es möglich, die Fehleranfälligkeit zu reduzieren und fundierte Entscheidungen zu treffen. KI wird auch helfen, persönliche Arbeitsmuster zu analysieren und zu erkennen, wie man seine persönliche Produktivität steigern und die Teamzusammenarbeit verbessern kann. Persönliche Assistenten werden dabei unterstützen, Besprechungen zu planen, Terminanfragen zu bearbeiten und verfügbare Meetingräume zu finden und zu buchen. Künstliche Intelligenz verändert die Art und Weise, wie Menschen und Organisationen arbeiten. Unternehmen und ihre Mitarbeitenden werden so von Routineaufgaben entlastet und können sich auf die wesentlichen Geschäftsanforderungen konzentrieren.

#Asynchrone Zusammenarbeit

Die Anzahl und Länge von Meetings hat seit Beginn der Pandemie drastisch zugenommen. Das wirkt sich direkt auf die Produktivität aus. Nicht alle Meetings in unserem Kalender sind für die Koordination oder soziale Beziehungen wichtig. Ganz im Gegenteil, zu viele geplante Meetings sind nicht sinnvoll oder zielführend und somit überflüssig. Es gilt also zu überlegen, ob diese Treffen durch asynchrone Kommunikation und Kollaboration ersetzt werden können, denn sitzungsfreie Tage verbessern nachweislich die Eigenständigkeit, Produktivität und Zufriedenheit der Mitarbeitenden. Auch die Teamkreativität ist nicht unbedingt immer am besten, wenn die Menschen zusammen sind. Asynchrone Ideenfindungsmethoden wie »Brainwriting« können die Entscheidungsfindung sogar verbessern.

Asynchrones Arbeiten ermöglicht es den Mitarbeitenden, ihren Arbeitstag selbst zu gestalten – mit Zeiten für konzentriertes Arbeiten ohne Ablenkungen und Unterbrechungen. Die asynchrone Kommunikation ersetzt wiederkehrende Meetings durch schriftliche oder aufgezeichnete Dokumentation. Dies erfordert die richtigen Werkzeuge, um sicherzustellen, dass Teams so effizient wie möglich zusammenarbeiten und kommunizieren können.

Chat-Arbeitsbereiche können Routinebesprechungen ersetzen, wenn sie mit Bedacht verwendet werden und nicht zu einer Chat-Überlastung führen. Studien haben herausgefunden, dass erfolgreiche Teams in Intervallen arbeiten und kommunizieren, durchsetzt mit Zeiten individueller Arbeit. Tools, die es ermöglichen, ohne Kontextwechsel zu kommunizieren, zu planen und kreativ zu sein, unterstützen die effektive Teamzusammenarbeit.

Virtuelle Whiteboards sind ideal für die Zusammenarbeit und das Brainstorming. Sie digitalisieren diesen Prozess und ersetzen persönliche Workshops, bei denen man zusammensitzt, während ein Teilnehmer die Metaplankarten an die Wand klebt.

Der Wechsel zu weniger Meetings erfordert auch ein besseres Meeting-Management. Künstliche Intelligenz (KI) kann dabei helfen, das Meeting-Verhalten zu verbessern und dieses effektiver und inklusiver zu gestalten. KI kann Muster erkennen, die für Menschen nur schwer wahrnehmbar sind. Anhand dieser Erkenntnisse können Tipps gegeben werden, wie die Meeting-Kultur verbessert werden kann. Wird mithilfe von KI auch eine Meeting-Zusammenfassung zur Verfügung gestellt, die alle relevanten Informationen, wie die Aufzeichnung, das Transkript, die präsentierten Dokumente sowie Notizen und Aufgaben enthält, reduziert dies auch die Angst bei Mitarbeitenden, etwas zu verpassen, und fördert das asynchrone Arbeiten.

Um asynchrone Zusammenarbeit zusätzlich zu fördern, ist es wichtig, klare Erwartungen darüber zu formulieren, wie und wann die Mitglieder des Teams miteinander kommunizieren sollen, um Missverständnisse und ineffiziente Kommunikation zu vermeiden.

#Wohlbefinden

Eines der bedeutendsten Dinge, die wir alle in den letzten zwei Jahren gelernt haben, ist, dass Nonstop-Videoanrufe, E-Mails und Chats zu einer digitalen Überlastung geworden sind und unser Wohlbefinden beeinträchtigt haben. Die Zeit, die wir in Meetings verbringen, hat massiv zugenommen – teilweise hat sie sich verdoppelt. Die Meetings dauern im Durchschnitt zehn Minuten länger und finden immer häufiger ad hoc als geplant statt. Die Stanford University untersuchte bereits verhaltensbiologisch das Phänomen der »Meeting Fatigue«, ein Erschöpfungszustand, den Videokonferenzen auslösen. Hinzu kommt die Sorge, dass Mitarbeitende durch die flexiblen Arbeitszeiten ständig erreichbar sein müssen und dass bei der Arbeit zu Hause die Wertschätzung oft vernachlässigt wird und der Gedanke »Niemand sieht, was ich mache« aufkommt. Die Folge dessen kann sein, dass Mitarbeitende noch mehr arbeiten, um sichtbarer zu werden.

Die Intensität der Arbeitstage und das, was von den Teams erwartet wird, ist deutlich gestiegen. Kein Wunder, dass sich über 50 % der Mitarbeitenden überarbeitet und erschöpft fühlen. Immer mehr Menschen berichten von einem größeren Bedürfnis, Gesundheit, Wohlbefinden und Familie gegenüber der Arbeit zu priorisieren. Verglichen mit den Zeiten vor der Pandemie möchten sie diese Bedürfnisse durch die Art und Weise, wie und wo sie arbeiten, besser integrieren (Microsoft, 2022b, S. 7).

Arbeitsbedingter Stress erhöht das Risiko von psychischen und physischen Gesundheitsstörungen, verringert die Produktivität aufgrund von Fehlzeiten und Burnout, beeinträchtigt die Entscheidungsfindung, verringert die allgemeine Arbeitszufriedenheit und lässt das Risiko von stressbedingten Unfällen und medizinischen, rechtlichen und Versicherungskosten steigen.

Produktivität kann also nicht nur eine kurzfristige Mitarbeiterleistung sein. Menschen brauchen Leistungszyklen und sie brauchen Zyklen der Erholung. Die besten Athleten der Welt wissen das schon sehr lange. Um allen in der Organisation zu helfen, smarter zu arbeiten und ein Gleichgewicht zu erreichen, sind neue Teamnormen und -werkzeuge erforderlich, um sich davor zu schützen, »always on« zu sein. Tools, die helfen, nach der Arbeit abzuschalten und Stress abzubauen, können das Wohlbefinden der Mitarbeitenden fördern. Microsoft hat hierfür beispielsweise Virtual Commute veröffentlicht, um Teams-Benutzenden den Übergang in den Feierabend am Ende des Tages zu erleichtern.

Meetingfreie Tage und Fokuszeiten können helfen, mehr Zeit für nicht unterbrochene individuelle Arbeit und das Abarbeiten von To-dos zu finden und somit den Stress der

Besprechungsüberlastung zu reduzieren. Der Fokusplan in Microsoft Viva Insights hilft allen, regelmäßig Zeit im Kalender für die Arbeit mit höchster Priorität einzuplanen und zu reservieren, um konzentriert arbeiten zu können.

Um eine gesunde Arbeitsumgebung zu schaffen, die die Effizienz und das Wohlbefinden stärken, benötigen Führungskräfte Einblicke in die Arbeitsgewohnheiten ihres Teams, die zu Überlastung und Stress führen können, wie z. B. die Arbeit nach Feierabend, zu viele Besprechungen oder zu wenig Fokuszeit. Mithilfe von gemeinsamen Teamplänen (in Viva Insights) lassen sich Fokuszeiten und besprechungsfreie Tage festlegen.

#Digitale Prozesse

Der Trend zu Hybrid Work macht auch ein Umdenken für Prozesse und Business-Applikationen notwendig. Hybrid Work braucht effiziente, digitale und leicht zugängliche Prozesse – nutzbar ohne Medienbrüche und unabhängig von Standort, Endgerät und Sprache. Und dafür ist nicht immer gleich ein externer Dienstleister oder ein kostspieliges Projekt notwendig. »Low Code – No Code«-Lösungen kommen vor allem bei Arbeitsabläufen infrage, die von einer Fachabteilung oder einem kleineren Personenkreis genutzt werden.

- Workflows und Apps können auch ohne Programmierkenntnisse entwickelt werden.
- Apps und Workflows sind über den Browser und das Smartphone nutzbar.
- Die Apps können auf die unterschiedlichsten Datenquellen zugreifen. Dabei ist es egal, ob die Daten in der Cloud oder auf lokalen Servern liegen.
- Apps können ganz leicht durch vordefinierte Funktionen erweitert werden.

Mithilfe von »No Code – Low Code«-Plattformen können Entwickler:innen Anwendungen schneller und effizienter erstellen, indem sie viele der manuellen Schritte, die bei der Entwicklung von Anwendungen erforderlich sind, automatisieren. Die IT kann zudem affinen und engagierten Nutzenden die Möglichkeit geben, eigenständig Applikationen und digitale Workflows zu erstellen. Das entlastet die IT und beschleunigt Innovationen direkt aus den Fachbereichen heraus. Die IT-Abteilung gibt hierfür den »Citizen Developern« die Leitplanken vor, um Wildwuchs zu vermeiden und weiterhin den Unternehmensrichtlinien hinsichtlich Security, Compliance und Nachhaltigkeit gerecht zu werden. Gleichzeitig entwickelt sich die IT hier von der Rolle des reinen Dienstleisters hin zum Enabler des Business und erhöht die digitale Fitness des Unternehmens.

#Metaverse

Die Digitalisierung hat die Art und Weise verändert, wie wir kommunizieren und wie Geschäfte gemacht werden, und ermöglicht die Vernetzung sämtlicher Lebensbereiche. Während der Pandemie haben wir uns hybride Arbeitsformen angeeignet, innovative Technologien wie Mixed und Virtual Reality haben die Ausbildung und Lehre bereichert und es ermöglicht, Familie und Freund:innen auf digitalem Wege zu treffen. Für die Zukunft bieten sie noch viele weitere Einsatzpotenziale, sei es in der visuellen Planung oder Präsentation von Produkten, der Beurteilung mehrdimensionaler Daten oder in Form einer holografischen Visualisierung eines Kommunikationspartners zur besseren standortübergreifenden Zusammenarbeit. So könnte das Konzept »Assisted Working« helfen, in einem gewissen Maß auch den zunehmenden Fachkräftemangel zu kompensieren. Die Verbindung zwischen der physischen und digitalen Welten hat längst begonnen und bringt ganz neue Chancen mit sich.

Das Metaverse stellt einen Paradigmenwechsel im Zeitalter immersiver Technologien dar. Dabei handelt es sich um einen digitalen, dreidimensionalen Raum, welcher Menschen, Orte und Dinge nahtlos miteinander verbindet und hilft, Barrieren, wie die räumliche Entfernung, zu überwinden. Menschen bewegen sich in diesen virtuellen Erlebniswelten durch einen Avatar, der heute noch einer Zeichentrickfigur ähnelt, doch in Zukunft optisch dem realen Bild eines Menschen gleichkommen soll. Erstmals erwähnt wurde das Metaverse im Jahr 1992 in Neil Stephensons Roman »Snow Crash«. Seit Beginn der Remotearbeit wurde das Interesse daran wieder stark geweckt, denn das Metaverse ermöglicht es, flexibel an jedem Ort zu arbeiten und gleichzeitig die persönlichen Kontakte zu den Kolleg:innen aufrechtzuerhalten. 51 % der Generation Z können sich vorstellen, in den nächsten zwei Jahren im Metaverse zu arbeiten, dort mit ihren Teams zu kollaborieren und an virtuellen Events teilzunehmen (Microsoft, 2022a, S. 27).

Vieles von dem, was Menschen mit der Idee des Metaverse verbinden, ist schon jetzt keine Vision mehr, sondern Realität. Es erfordert aber auch ein Umdenken darüber, wie Anwendungen und Geräte in neuen digitalen Räumen funktionieren. Ergebnisse einer laufenden Microsoft-Studie zeigen, dass die Menschen das Metaversum für ca. 5 bis 10 % ihrer Meetings verwenden werden, während der PC die bevorzugte Methode zum Arbeiten bleibt. Und auch die Akzeptanz von Avataren im beruflichen Kontext steigt, doch es müssen beispielsweise noch die Angemessenheit bei deren Anwendung und die ethischen Implikationen verschiedener Arten von Avataren in allen Bereichen und für Nutzende mit Behinderungen besser verstanden werden.

> *»Das Metaversum ist hier, und es verändert nicht nur die Art und Weise,*
> *wie wir die Welt sehen, sondern auch, wie wir an ihr teilhaben –*
> *von der Fabrikhalle bis zum Konferenzraum.«*
> Satya Nadella, CEO, Microsoft

Bislang nutzen die meisten Unternehmen die virtuellen Welten eher, um mit ihren Kund:innen in Kontakt zu treten, als interne Abläufe zu optimieren. Immobilienunternehmen bieten Wohnungsbesichtigungen an, Modehersteller eröffnen eigene Shops.

Die wenigsten nutzen das Metaverse bisher, um Meetings abzuhalten. Dabei hat dies Vorteile: Es fallen keine Reisekosten an, es spart Zeit und Geld und schont die Umwelt. Die Uni Hamburg hat in einer Studie herausgefunden, dass Teilnehmende von Meetings mit VR-Brille ein stärkeres Präsenzempfinden haben als in normalen Videokonferenzen – niemand schreibt nebenher E-Mails oder verfolgt das Meeting nur im Stillen. Meetingräume könnten in Zukunft also stärker mit VR-Brillen ausgestattet sein. Das Metaverse ist ein Weg, den Teamgeist zu stärken.

Mesh in Teams

Mithilfe des industriellen Metaversums verschmelzen auch hier die reale und die digitale Welt. Das bedeutet, dass sich die Arbeit auch in den Fabriken neu organisieren lässt und auch Fabrikmitarbeitende verschiedene Aufgaben aus dem Homeoffice heraus erledigen können. Unternehmen gibt das mehr Flexibilität, um auf den Fachkräftemangel zu reagieren, da Mitarbeitende nicht mehr zwingend in der Fabrik vor Ort anwesend sein müssen, sondern mithilfe von Remote Work von überall aus arbeiten können. Gleichzeitig dient dies auch dem Arbeitsschutz der Mitarbeitenden, denn sie sind weniger Lärm und giftigen Dämpfen ausgesetzt.

#Lebenslanges Lernen

Digitale Technologien prägen die gesamte Wirtschaft und haben letztendlich einen erheblichen Anteil am Strukturwandel, mit dem praktisch alle Unternehmen umgehen müssen. Digitalisierung erfordert Schnelligkeit und vor allem Anpassungsfähigkeit. Für die Qualifikation der Mitarbeitenden bedeutet dies: Aktuelles Wissen muss schnell, flexibel und global zugänglich sein. Mitarbeitende müssen sich neue Technologien und Prozesse aneignen – und das produktive Arbeiten damit will gelernt sein. Ist der Zugang zu den neuen Themen erschwert oder ist fehlende Zeit eine Hürde, stellen sich schnell Frustration und Produktivitätsverluste ein.

Neben der Bereitstellung von digitalen Lernplattformen, die einfach zugänglich sind und auf die einzelnen Mitarbeitenden zugeschnittene Lerninhalte bereitstellen, gilt es vor allem auch, eine Lernkultur der individuellen und gemeinschaftlichen Weiterentwicklung zu gestalten, in der das Lernen Spaß macht und die leicht in den Arbeitsalltag zu integrieren ist.

Lernen ist darüber hinaus die neue Währung der Talentbindung. Wenn sich Beschäftigte in ihrem Unternehmen nicht weiterentwickeln können, werden sie es über kurz oder lang verlassen. Mehr als die Hälfte der Mitarbeitenden in Deutschland (55 %) gibt an, dass sie ihre Fähigkeiten am besten durch einen Arbeitsplatzwechsel weiterentwickeln können. So alarmierend diese Aussage ist: Für Führungskräfte ergibt sich daraus auch eine Chance für internes Recruiting, wenn sie in die Weiterentwicklung und Weiterbildung ihrer Mitarbeitenden investieren. Denn laut Microsoft Work Trend Index würden zwei von drei Beschäftigten (62 %) bleiben, wenn es einfacher wäre, intern den Job zu wechseln (Microsoft, 2022b, S. 25–26). Es braucht also eine Möglichkeit, sich intern weiterzuentwickeln und zu lernen.

#ZeroTrust

Schon vor der Pandemie war der Schutz von Laptops und Smartphones für Unternehmen eine der zentralen Herausforderungen. Mit Hybrid Work und dem nahtlosen Wechsel zwischen Büro, Homeoffice und dem mobilem Arbeitsplatz hat das Unternehmensnetzwerk plötzlich keine festen Grenzen mehr und erhöht die Gefahr von Sicherheitsrisiken, wie Cyberattacken, Diebstahl, Spionage und Sabotage. Mit zunehmender Konnektivität, Datenverarbeitung und dem Einsatz von KI werden die Angriffsflächen für Hacker immer größer. Das bringt neue Anforderungen an die IT-Sicherheit und Compliance mit sich.

In hybriden Arbeitsumgebungen hat das oft bemühte Sinnbild der Burgmauer zum Schutz der Unternehmensdaten ausgedient, denn diese Mauern müssen durchlässiger werden, um von den Vorteilen des ortsunabhängigen, digitalen Arbeitsplatzes profitieren zu können. Hinzu kommt die steigende Komplexität durch BYOD, Schatten-IT, IoT sowie Hybrid- und Multi-Cloud. Es sollte nicht mehr das Rechenzentrum bzw. das interne klassische Netzwerk im Mittelpunkt stehen, sondern der sichere Zugriff von Nutzern und Geräten auf Anwendungen – und das überall. So sind unterschiedlichste Geräte von zahlreichen Orten aus mit dem Unternehmensnetzwerk verbunden. Dazu kommt, dass die stärkste Burgmauer nicht vor internen Angriffen schützt.

Vertrauen ist gut, doch in Fragen der IT-Sicherheit auch unbezahlbar. Daher gilt bei Microsoft der Zero-Trust-Ansatz – ein Zugriffsmodell, bei dem jeder Zugriff eines Nutzenden vollständig authentifiziert, autorisiert und in Echtzeit verschlüsselt wird. Beim Zero-Trust-Ansatz wird nicht die Burg durch einen Burggraben, sondern jeder einzelne Raum mit individuellen Schutzmaßnahmen gesichert. Man schützt nicht mehr den Perimeter des Netzwerks, sondern jede einzelne Ressource vor unbefugtem Zugriff.

Das heißt, beim Thema IT-Sicherheit vertraut man zunächst nichts und niemandem, stattdessen schützt und verifiziert man Systeme bereits im Vorhinein. Dabei hilft u. a. der Einsatz von Multi-Faktor- und passwortloser Authentifizierung, die generelle Einschränkung von Zugriffsberechtigungen, die zeitnahe Installation sicherheitsrelevanter Updates, die Installation von Virenschutzprogrammen sowie die Verschlüsselung von sensiblen Daten und Dokumenten.

14.3 Fazit

Die Veränderungen, die in den letzten Jahren die Arbeitswelt erfasst haben, sind nicht vorübergehender Natur. Flexibles und hybrides Arbeiten ist ein Feature und keine Modeerscheinung. Die Zukunft des digitalen Arbeitsplatzes wird von einer zunehmenden Verlagerung von Büroarbeit in die Cloud und durch die Verbreitung von Tools zur Unterstützung der Zusammenarbeit und Kommunikation geprägt sein. Es wird auch erwartet, dass die Nutzung von künstlicher Intelligenz und Automatisierungstechnologien zunehmen wird, um Arbeitsprozesse zu verbessern und die Produktivität zu steigern. Eine weitere wichtige Entwicklung wird die zunehmende Flexibilität sein, die es Mitarbeitenden ermöglicht, von überall auf der Welt zu arbeiten.

Um dies erfolgreich umzusetzen, braucht es jedoch mehr als Technologie. Es braucht zusätzlich eine kooperative Unternehmenskultur, mehr Klarheit in den Zielen und damit eine stärkere Fokussierung auf das, was wirklich wichtig ist. Das größte Kapital, das Unternehmen haben, sind die Mitarbeitenden. In ihr Wohlbefinden und in ihre Weiterentwicklung zu investieren ist das Beste, was Unternehmen tun können, um auch in Zukunft positive Geschäftsergebnisse zu erzielen.

14.4 Literatur

Microsoft (2022a): Great Expectations: Making Hybrid Work *Work*, Work Trend Index Annual Report, https://www.microsoft.com/en-us/worklab/work-trend-index/great-expectations-making-hybrid-work-work, abgerufen am 27.03.2023

Microsoft (2022b): Work Trend Index Special Report: Hybrid Work Is Just Work. Are We Doing It Wrong?, https://www.microsoft.com/en-us/worklab/work-trend-index/hybrid-work-is-just-work, abgerufen am 27.03.2023

Teevan, J., Baym, N., Butler, J., Hecht, B., Jaffe, S., Nowak, K., Sellen, A., and Yang, L. (Hrsg.) (2022). Microsoft New Future of Work Report 2022. Microsoft Research Tech Report MSR-TR-2022-3, https://aka.ms/nfw2022, abgerufen am 27.03.2023

15 Virtual Reality in der Teamentwicklung

Lukas Karwan

Was ist an Virtual Reality (VR) besonders? Und wie kann diese Technologie die Teamentwicklung in einer hybriden Arbeitswelt verändern? In diesem Text werden wir zeigen, wie VR ein Gefühl der Nähe erzeugt, das weit über das in Videokonferenzen hinausgeht. Andererseits zeigen wir, wie VR den physischen Arbeitsplatz um Erlebnisse erweitern kann, die sonst nicht möglich wären. Mit VR entsteht ein dritter Raum mit spezifischen Möglichkeiten und Potenzialen, die nur hier umsetzbar sind – angesiedelt irgendwo zwischen dem physischen Büro, in dem sich Mitarbeitende begegnen, und dem virtuellen Arbeitsplatz (Videokonferenzen, Mails, Chats) im Homeoffice.

Doch bevor wir in die Potenziale von VR für Teams eintauchen, wollen wir zunächst definieren, was wir in diesem Text unter dem Begriff »Teamentwicklung« verstehen. Es gibt unterschiedlichste Konzepte der Teamentwicklung, die in der Praxis oft in Mischformen auftreten. Eine eindeutige Eingrenzung des Begriffs liefern Stumpf und Thomas (2003): Mit Teamentwicklung »…sind systematische Interventionen gemeint, in deren Rahmen neugebildete oder bereits bestehende Arbeitsgruppen insbesondere unter qualifizierter Anleitung von Moderatoren daran arbeiten, ihre Leistungsfähigkeit sowie die Qualität des Arbeitens und Zusammenwirkens in der Gruppe zu optimieren«.

Für diesen Text haben wir drei Potenziale von VR identifiziert, die den Teamentwicklungsprozess durch Interventionen, wie Workshops oder regelmäßige Kollaboration in VR, positiv beeinflussen können. Der Trend zu verteilten, hybriden Teams wurde schon an anderen Stellen in diesem Buch beleuchtet. Wir wollen ganz im Geiste dieses Buches den Fokus auf verteilte Teams legen. Zu den klassischen Bereichen der Teamentwicklung, die wir oben genannt haben, kommen ergänzende Herausforderungen einer hybriden Arbeitsorganisation hinzu. Das Review »Challenges and barriers in virtual teams: a literature review« von Morrison-Smith und Ruiz (2020) gibt einen breiten Überblick über den aktuellen Stand der Forschung und wird für diesen Text als Grundlage herangezogen.

15.1 Virtual Reality – eine Annäherung

Virtual Reality ist eine Technologie, die es Menschen ermöglicht, sich in einer dreidimensionalen, computergenerierten Umgebung zu bewegen und zu interagieren, als ob sie tatsächlich dort wären. Dazu werden spezielle VR-Headsets verwendet, die den

Nutzenden ein realistisches visuelles und akustisches Erlebnis vermitteln, das sich anfühlt, als wäre es echt.

Presence: das Besondere an VR?

VR ist eine komplexe Technologie: Hardware, Schnittstellen, Software, Plattformen und technische Netzwerke wirken eng zusammen, um ein VR-Erlebnis zu erzeugen. Stark vereinfacht kann man VR jedoch auf ein Alleinstellungsmerkmal reduzieren: Presence. »Presence« ist das Gefühl, tatsächlich in einer virtuellen Realität anwesend und Teil der Umgebung zu sein. Das hat zur Folge, dass Ereignisse, die dort geschehen, als echt empfunden werden. Dabei handelt es sich aber keineswegs um einen Glauben oder eine Überzeugung der Nutzenden, die virtuelle Welt sei real. Im Gegenteil: Das Besondere an Presence ist, dass wir auf die virtuelle Welt reagieren, als sei sie echt, obwohl wir stets genau wissen, dass es sich um eine virtuelle, also nicht physisch existente Welt handelt. Presence ist das Ergebnis des Zusammenspiels zwischen Hard- und Software. Eine hochwertige VR-Hardware, die es den Nutzenden ermöglicht, die Bewegungen des Kopfes und in manchen Fällen auch des Körpers in der virtuellen Umgebung nachzuvollziehen und in einen Avatar in der virtuellen Welt zu übertragen, macht das Gefühl der Presence erst möglich. Die Software muss in der Lage sein, eine realistische und glaubwürdige virtuelle Welt zu erzeugen, die in Echtzeit gerendert und aktualisiert wird.

Das Alleinstellungsmerkmal von VR: Presence

Slater hat den Begriff der Presence geprägt. Diesen definiert er als »sense of being there« (Slater, 2018, S. 1). Slater spricht dabei von einer Art Illusion, die durch ein VR-System erzeugt wird. Sie führt dazu, dass Nutzende auf die virtuelle Welt so reagieren, wie sie auch in der realen Welt reagieren würden. Und das, obwohl sie sich zu jederzeit bewusst sind, dass die virtuelle Welt nicht echt ist.

Ein Beispiel: Wenn in der VR ein virtueller Tiger zähnefletschend auf uns zuspringt, reagieren wir darauf. Und selbst wenn der Verstand im Nachhinein sagt »Das ist doch gar kein echter Tiger gewesen«, ist es zu spät. Die Reaktion hat bereits stattgefunden. Das Interessante ist: Die plötzliche virtuelle Erscheinung des Tigers in VR hat dieselbe Reaktion der Nutzenden zur Folge wie das plötzliche Erscheinen eines echten Tigers.

15.2 Potenziale von Virtual Reality in der Teamentwicklung

15.2.1 Nähe trotz Distanz

In verteilten Teams ist es schwieriger, ein Vertrauensverhältnis zwischen den Mitgliedern aufzubauen. Das liegt unter anderem daran, dass es weniger Gelegenheiten gibt, in Interaktion zu treten. Es fehlen zudem viele nonverbale Signale, die es einem möglich machen, eine Situation und die Person zu bewerten. Dabei ist das Vertrauen untereinander die Grundlage für erfolgreiche Zusammenarbeit:

> »Team trust has a significant effect on team performance and can be considered the ›glue‹ that holds collaborations together.«
>
> Morrison-Smith/Ruiz, 2020

Das erste Potenzial der VR liegt in der Möglichkeit, Nähe zu den Teammitgliedern zu empfinden. Doch dafür müssen wir zunächst verstehen, was ein Avatar ist, was er kann und warum damit Nähe entstehen kann.

Avatar – der Körper als Schnittstelle in die virtuelle Welt

Ein Avatar ist eine digitale Repräsentation einer Person in der virtuellen Realität. In der Regel handelt es sich dabei um ein 3D-Modell, in das Nutzende einer VR-Anwendung schlüpfen. Wenn sie in der physischen Welt auf sich hinunterblicken, sehen sie Teile ihres Körpers, ihren Torso, Beine, Hände. Analog dazu sieht man in der virtuellen Realität die Körperteile des Avatars. Sobald die Bewegungen des eigenen Körpers nun in Echtzeit auf den Avatar übertragen werden, entsteht die Illusion, man sei der Avatar. Der Avatar ist eine Art Schnittstelle, wie Computermaus und Tastatur: Er ermöglicht es den Nutzenden, sich in der virtuellen Welt zu bewegen und mit dieser zu interagieren.

Avatare können unterschiedliche Formen annehmen und ganz verschieden aussehen. Sie können mittlerweile dem physischen Pendant immer ähnlicher werden, wie das Projekt »Metahuman« zeigt (wenn auch der Reiz von VR darin besteht, in andere »Rollen« zu schlüpfen; dieses Phänomen ist nicht neu, schon Social Media haben zur Ausprägung einer parallelen »digitalen Identität« ermuntert). Mit der voranschreitenden Technik wird dieser Avatar irgendwann auch in Mimik, Gestik und Verhalten ununterscheidbar von den Nutzenden sein.

Begegnen sich zwei Avatare von echten Personen, entsteht ein Gefühl der »Copresence« (Slater et al., 2022). Sobald die Avatare sich bewegen und sprechen wie die Nutzenden, spürt man die Nähe des Gegenübers. Dieser Effekt wurde schon mehrfach empirisch nachgewiesen (siehe: Slater et al., 2022, S. 4). Eindrücklich ist das Gefühl der Copresence vor allem dann, wenn ein Avatar bei der Begegnung zweier Personen in der virtuellen Welt in die persönliche Zone des anderen eindringt. Die meisten Nutzenden reagieren abwehrend auf diese Erfahrung, ganz so, als würde die echte, nicht virtuelle Person eine Grenze verletzen.

Die Intensität, mit welcher die Nähe empfunden wird, ist unter anderem abhängig von der Qualität des Avatars. Vereinfacht ausgedrückt gilt: Je mehr Informationen über die Nutzenden durch das VR-System auf den Avatar übertragen werden, desto mehr haben die anderen Nutzenden den Eindruck, die echte Person stünde mit ihnen im virtuellen Raum.

In der Praxis wird sich ein hybrides Team von Zeit zu Zeit physisch treffen. Die meiste Zeit arbeiten die Teammitglieder jedoch allein oder in Videokonferenzen. Hier kann VR sein Potenzial entfalten: Die Teammitglieder haben damit die Möglichkeit, das Homeoffice mithilfe von VR durch ein virtuelles, dreidimensionales Büro zu erweitern und dort einen Teil der Aufgaben gemeinsam zu bearbeiten. Die Copresence gibt den Teammitgliedern eine neue Möglichkeit, die Beziehungen untereinander zu vertiefen. Ein Avatar in der virtuellen Realität teilt mit den Nutzenden eine große Bandbreite an nonverbalen Informationen, die dabei unterstützen können, Vertrauen aufzubauen. Eine offene VR-Kollaborationsumgebung bietet viel Freiraum und regt neben der Erledigung arbeitsbezogener Aufgaben auch den informellen Austausch an. Sind die Nutzenden in einem Raum, führt das Phänomen der Copresence ganz natürlich dazu, dass Gespräche (Small Talk) entstehen. Durch VR-Anwendungen mit einer spielerischen Herausforderung kann dieser Effekt angebahnt und verstärkt werden.

Damit sich dabei ein Gefühl der Gemeinschaft einstellen kann, müssen die Aktivitäten in der virtuellen Welt natürlich zum Team und zur Situation passen: sei es ein Meeting im virtuellen Office, das gemeinsame kreative Arbeiten an einer VR-Design-Anwendung oder eine VR-Anwendung, in der eine Herausforderung kollaborativ angenommen werden muss. VR kann hier also den Aufbau von Vertrauen im Team unterstützten und so die positive Teamentwicklung voranbringen.

15.2.2 Fokus und Kontextwechsel

Ablenkung ist eine der zentralen Herausforderungen von hybrid arbeitenden Teams (siehe auch die Ausführungen zur »Fokuskrise« im Beitrag » Hybrid Work/hybride Arbeit – was sie mitbringt und wie sie sich heute und künftig entwickelt«). Ersetzt man die direkte Kommunikation durch einen Chat-Messenger, wird oft erwartet, dass das Gegenüber schnell antwortet. Gerade da, wo die Effizienz von Informationen anderer abhängt, ist eine schnelle Antwort relevant. Diese Erreichbarkeit führt dazu, dass es schwierig wird, Aufgaben in Ruhe und ohne Unterbrechungen zu erledigen. Dadurch leidet die Arbeitsqualität, der Stress nimmt zu, die Produktivität nimmt ab.

Hier findet sich das zweite Potenzial von VR: VR umschließt die Sinne der Nutzenden fast vollkommen. Die Nutzenden können nur das sehen und hören (vorausgesetzt, sie tragen Kopfhörer), was die virtuelle Welt ihnen anbietet. Was um sie herum in der physischen Welt passiert, kann vollkommen ausgeblendet werden. Die Kontrolle darüber, was gerade wesentlich ist und in der VR gezeigt wird, liegt nun bei den Entwicklern von VR-Umgebungen. Die VR-Experience wird für die Teamentwicklung den großartigen

Effekt haben, dass sich die Nutzenden, wenn sie einmal in der VR sind, nur noch darauf konzentrieren können.

Der Preis der Konzentration – »VR-Fatigue«

Der hohe Fokus hat aber einen Preis. Die meisten Menschen empfinden die verbrachte Zeit in der VR als anstrengend. Die wichtigsten zwei Gründe:

- VR-Experiences sind meist neuartig und verlangen viel Aufmerksamkeit. Dies kann sehr anstrengend sein, insbesondere wenn die virtuelle Welt sehr detailliert und dynamisch ist.
- In VR bewegt man sich mit Armen, Beinen und dem ganzen Körper. Zusätzlich erzeugt das Headset Wärme im Bereich der Augenpartie, es entsteht ein Druckgefühl. VR ist körperlich anstrengend!

Daher empfiehlt es sich, VR-Sessions zu Beginn auf 30 bis 60 Minuten zu beschränken.

In der VR ist es relativ einfach, unterschiedliche Kontexte auf sehr realistische Weise zu erzeugen. Das eröffnet dem Team viele neue Möglichkeiten für die Teamentwicklung – beispielsweise durch die Simulation von Szenarien, die in der realen Welt schwierig oder unmöglich zu reproduzieren wären.

Teammitglieder können in diese neuartige Welt eintauchen und sich als Team an Aufgaben außerhalb ihres gewohnten Rahmens ausprobieren. Das verhindert »träges Wissen«. Träges Wissen ist Wissen, das in unserem Gedächtnis gespeichert ist, das aber nicht aktiv zur Lösung von Problemen oder bei der Entscheidungsfindung genutzt wird (vgl. Renkl et al., 1996, S. 115). So kann es passieren, dass alle Teammitglieder zwar in der Theorie wissen, wie sie im Alltag mit einem Konflikt umgehen, in der jeweiligen Situation das Wissen aber nicht abrufen können. Dafür braucht es ein Training, ein Learning by Doing. Wenn die Teammitglieder mithilfe von VR immer wieder in neue Kontexte gebracht werden, werden sie nach und nach Strategien entwickeln, mit denen sie sich effizient auf neue Herausforderungen einstellen können. Und weil VR quasi von jedem Ort der Welt verwendet werden kann, ist ein Kontextwechsel zeit- und ressourcenschonend.

15.2.3 Maske und Avatar

VR ermöglicht es einem Menschen, in einen Avatar zu schlüpfen. Ein Avatar entfaltet dabei eine Wirkung sowohl auf die Nutzenden selbst als auch auf die Gruppe. Wie ein Avatar aussieht und was die Gruppe sehen kann, hat Einfluss auf das Verhalten der Nutzenden. Hier steckt das dritte Potenzial, das für die Teamentwicklung genutzt werden kann.

Der Ausgangpunkt des dritten Potenzials ist die Theorie zur Teamentwicklung nach Tuckman. Bonebright (2010) bestätigt in ihrem Artikel, dass die Theorie auch heute noch eine gute Grundlage für die Arbeit mit der Teamdynamik ist (S. 118). Tuckman erarbeitete ein Modell der Teamentwicklungen, das aus fünf Phasen besteht: Forming (Bildung), Storming (Sturm), Norming (Regelbildung), Performing (Leistung) und Adjourning (Beendigung).

In der ersten Phase, der Bildungsphase, lernen sich die Teammitglieder kennen und legen die Grundlagen für das zukünftige Zusammenarbeiten. In der zweiten Phase, der Sturmphase, kommt es häufig zu Konflikten, die gelöst werden müssen, um darauf aufbauend in die dritte Phase, die Regelbildungsphase, übergehen zu können. In der vierten Phase, der Leistungsphase, arbeitet das Team effektiv zusammen und erreicht seine Ziele. Adjourning ist die Endphase einer Teamzusammenarbeit.

Teams durchlaufen diese Phasen auch unbewusst. Eine Veränderung der Umwelt, also eine neue Aufgabe, neue Projekte, neue Mitglieder in der Gruppe oder das Ausscheiden von Teammitgliedern starten diesen Prozess wieder neu. Ein Team ist dann leistungsfähig, wenn es in der Lage ist, diesen Prozess bewusst auf einer Metaebene zu begreifen und die Phasen aktiv anzunehmen. Und gerade in einer Remote-Arbeitsumgebung wird das besonders herausfordernd, weil eine hohe Qualität an Interaktion schwieriger herzustellen ist. Wenn es um Konflikte geht – ein Indiz für die Storming-Phase – fällt der Puffer der informellen Kommunikation in einem Remote-Setting weg. Morrison-Smith und Ruiz (2020) stellen fest, dass es eine erfolgreiche Strategie ist, die Teamregelsetzung aktiv in den Arbeitsprozess zu integrieren. In gemeinsamen Workshops können (Rollen-)Konflikte in einer kontrollierten Umgebung durchgespielt, Normen für den Umgang im Alltag ausgehandelt und entsprechendes Verhalten eingeübt werden.

Welches Potenzial kann VR hier entfalten? VR-Anwendungen können darauf abzielen, Verhaltensmuster offenzulegen und anzupassen. Man kann in einer virtuellen Welt die Storming-Phase ganz natürlich einleiten: So lassen sich sehr einfach teamdynamische Aufgaben simulieren (zum Beispiel: die Rettungsmission eines Raumschiffs), die das Team vor ein Problem stellen, das es kollaborativ lösen muss.

Eine weitere Möglichkeit besteht darin, vorhandene destruktive Normen und Verhaltensweisen, die sich mit der Zeit eingeschlichen haben, offenzulegen und zu verändern. Wir haben im Kapitel »Nähe trotz Distanz« festgestellt, dass Avatare Träger nonverbaler Kommunikation sind. Je mehr Informationen ein VR-Headset tracken und auf den Avatar übertragen kann, desto mehr entspricht die Interaktion im virtuellen Raum der im physischen Raum. Und dank der (Co-)Presence werden diese Interaktionen als real empfunden. Was wäre, wenn wir diesen Mechanismus nutzen würden? Hier steckt beträchtliches Potenzial in der VR: Mit wenig Aufwand können

Aussehen (Kleidung, Größe) und Aspekte von Verhalten (Mimik, Stimmfarbe) eines Avatars für die anderen Nutzenden gezielt ausgeblendet und sogar verändert werden. Wir können also nicht nur, wie im Kapitel »Fokus und Kontextwechsel« erwähnt, einen anderen Kontext simulieren: VR gibt den Nutzenden die Möglichkeit, eine andere Rolle auszuprobieren!

Teammitglieder erwarten aufgrund ihrer Erfahrungen ein bestimmtes Verhalten von den anderen Teammitgliedern. Die Summe dieser Erwartungshaltungen an Verhalten ergibt, vereinfacht ausgedrückt, die Gruppendynamik. In der Storming-Phase werden diese Erwartungshaltungen ausgehandelt. Bei einigen Teams gelingt das zügig mit wenigen Konflikten, bei anderen kann es turbulent zugehen. Teams, die in ihrer Storming-Phase stecken bleiben und ihre Konflikte nicht produktiv gelöst haben, sind deshalb nicht leistungsfähig, weil sie, statt sich auf die ihnen zugeteilte Aufgabe zu konzentrieren, ihre ungelösten Konflikte austragen müssen. Eine Intervention ist dann notwendig, im Remote-Setting aufgrund der fehlenden Nähe aber nur schwer umzusetzen. Durch die relativ einfach herzustellende Nähe in der VR kann ein Storming-Prozess bewusst und aktiv angegangen werden. Zum Beispiel kann ein Team sich zu einer VR-Experience treffen, in der die Teammitglieder gemeinschaftlich eine Aufgabe lösen sollen. Diese Aufgabe kann die Besonderheit haben, dass bestehendes und gewohntes Verhalten einfach ausgeblendet wird. Eine bestimmte Information der Person, sagen wir ein kritischer Blick, wird einfach vom System ignoriert und nicht auf den Avatar übertragen. Ein negatives Verhaltensmuster eines Teammitglieds wird plötzlich während einer gemeinschaftlichen Aufgabe keine Wirkung mehr entfalten. Und aus Mangel an Alternativen muss nun neues Verhalten ausprobiert werden. Das Bündel an bestehenden Erwartungshaltungen erhält so einen »Reset«. Führt nun das neue, spontane Verhalten zum Erfolg, können sowohl das Teammitglied als auch das Team daraus lernen. Das schafft einen Experimentierraum für neue Kommunikationsmuster und kann eine Neusortierung der Rollen (Norming-Phase) innerhalb einer Gruppe anbahnen. Das Team kann aufbauend auf dem Erlebten in einer Reflexion (unter Anleitung) neue Möglichkeiten der Kommunikation entwickeln und etablieren.

15.3   Synthese

Für Unternehmen mit verteilten, hybrid arbeitenden Teams kann VR einige der großen Herausforderungen lösen: Vertrauen und das damit verbundene Wir-Gefühl etablieren, nachhaltiges Internalisieren von produktivem Verhalten fördern, fokussiert die Kommunikation in unterschiedlichen Kontexten trainieren, sowie einen Raum bieten, in dem individuelle Teamregeln (Normen) effektiv ausgehandelt werden können. VR hat damit das Potenzial, in Zukunft das Werkzeug der Wahl bei der Teamentwicklung von hybriden Teams zu werden.

15.4 Literatur

Bonebright, Denise A. (2010): 40 years of storming: a historical review of Tuckman's model of small group development, Human Resource Development International, 13, 111–120.

Morrison-Smith, Sarah/Ruiz, Jaime (2020): Challenges and barriers in virtual teams: a literature review, SN Applied Sciences, 2, 1096. https://doi.org/10.1007/s42452-020-2801-5

Renkl, Alexander/Mandl, Heinz/Gruber, Hans (1996): Inert knowledge: Analyses and remedies, Educational Psychologist, 31, 115–121.

Slater, Mel (2018): Immersion and the illusion of presence in virtual reality. British Journal of Psychology, 109, 431–433. https://doi.org/10.1111/bjop.12305

Slater, Mel/Banakou, Domna/Beacco, Alejandro/Gallego, Jaime/Macia-Varela, Francisco/ Oliva, Ramon (2022): A Separate Reality: An Update on Place Illusion and Plausibility in Virtual Reality, Frontiers in Virtual Reality 3. https://doi.org/10.3389/frvir.2022.914392

Stumpf, Siegfried/Thomas, Alexander (2003): Teamarbeit und Teamentwicklung, Göttingen: Hogrefe.

16 Hybrid Work der Zukunft: die Zusammenarbeit menschlicher Intelligenz mit künstlicher Intelligenz

Johanna Bath

Im März 2016 hielt die Welt den Atem an – zumindest die 200 Millionen Zuschauer:innen, die live verfolgten, wie die künstliche Intelligenz (KI) mit Namen Alphago gegen den Go-Weltmeister Lee Sedol spielte und schlussendlich gewann. Zuvor hatte die KI bereits den europäischen Meister Fan Hui besiegt und erreichte damit ein Ziel, das die Wissenschaftscommunity erst ein Jahrzehnt später erwartet hätte.

Noch erstaunlicher als der Sieg in dem sehr komplexen Spiel selbst waren zwei weitere Eigenschaften des Go-Computers: Zum einen hatte sich KI das Spielen zu großen Teilen selbst beigebracht und sich mit der Zeit stetig verbessert. Ein Meilenstein in der KI-Forschung, die davor in weiten Teilen nur auf einfachen statistischen Entscheidungsbäumen und damit dem relativ simplen Nachahmen von durch den Menschen vorgegebenem Output basierte. Die KI wurde damit unabhängig vom Menschen und seinen Vorgaben – und kann so eigene Vorgehensweisen und sogar Kreativität und Intuition entwickeln. Zum anderen spielte Alphago eine Spielvariante, die in der 3000-jährigen Geschichte des Spiels noch nicht vorgekommen war – ein weiterer Beweis, dass KI mehr kann als das reine Nachahmen von menschlichem Verhalten. (Deepmind, o. D.)

16.1 Die Zukunft von KI

Die – mittlerweile sogar in einer Netflix-Serie verewigte – Geschichte von Alphago illustriert einen der beiden großen Treiber, die KI zu einer Technologie machen, die heute relevanter ist denn je.

Der erste große Treiber ist die weitere Verbilligung der Rechenleistung und damit der Kosten, die für die hohen Anforderungen an Datenbearbeitung beim Einsatz von KI anfallen. So erklärte der führende deutsche KI-Forscher Jürgen Schmidhuber bereits vor einigen Jahren, dass die Rechenleistung alle fünf Jahre zehnmal billiger wird. Damit steigt die Anzahl an Operationen, die für einen bestimmten Preis gerechnet werden kann, exponentiell an. Und dieser Trend wird sich fortsetzen, da die physikalischen Grenzen noch nicht ausgereizt sind. 1941 konnten die ersten Rechner eine Operation pro Sekunde rechnen, zehn Jahre später konnte man für denselben Preis 100 Operationen durchführen, 60 Jahre später eine Million Operationen. Ein Menschenhirn kann optimistisch gerechnet 10^{20} Operationen pro Sekunde rechnen. Ein Kilogramm Materie (des theoretischen idealen Computermaterials Computronium) kann deutlich mehr rechnen als alle Menschenhirne auf der Welt zusammen (Schmidhuber, 2018). Das bedeutet, dass die technologische Grundlage für KI, eine riesige Anzahl an Rechenoperationen durchzuführen, immer günstiger geworden ist und auch in absehbarer Zukunft immer günstiger wird. Damit ist ein flächendeckender Einsatz der Technologie nicht nur möglich, sondern auch sehr wahrscheinlich geworden.

Der zweite große Treiber ist die oben bereits beschriebene Fähigkeit von KI, komplexere Vorgänge nicht nur nachzumachen, sondern sich selbst immer weiter zu verbessern, bis sogar das menschliche Verhalten übertroffen werden kann – und das, ohne dass es zuerst notwendig ist, die KI durch den Menschen aufwendig anzulernen. Dieser Fortschritt geht mittlerweile sogar so weit, dass die KI in der Lage ist, sich selbst komplette Spiellogiken, mögliche Züge und Spielstrategien beizubringen, ohne dass etwas anderes eingespeist wurde als die reinen Regeln des Spiels. (Deepmind, o. D.)

Auch beteiligt bei dieser Entwicklung ist Schmidhuber, der Pionier der selbstlernenden künstlichen Intelligenz, die über ein rückgekoppeltes neuronales Netzwerk verfügt. Vereinfacht besteht dieses Netzwerk aus zwei Systemen: aus einem, das über den nächsten Spielzug entscheidet, und aus einem, das die Qualität des Spiels bewertet und so als neutrale Instanz rückkoppeln kann, ob sich die Spielposition verbessert oder verschlechtert hat. Durch diese Vorgehensweise hat die künstliche Intelligenz gelernt, selbstständig zu lernen und damit in bestimmten Disziplinen viel schneller besser werden als das menschliche Gehirn. (Schmidhuber, 2018)

Ein praktisches Beispiel für die Anwendung dieser Technologie ist Google Translate. Wer kennt nicht den berühmt-berüchtigten Ausspruch »to be happy like a honey cake horse« (sich freuen wie ein Honigkuchenpferd) – als Synonym für misslungene automatisierte bzw. wortwörtliche Übersetzungen. Genau dieses Problem hatten auch die Anfangsversionen von Google Translate. Sie konnten zwar über Entscheidungsbäume grammatikalische Regeln und Vokabeln erlernen – aber eben nicht Ausnahmen von diesen Regeln wie Redewendungen, Sprichwörter, Metaphern etc., was gerade in der Anfangszeit des Übersetzungstools zu manchmal ungewollt komischen Ergebnisse führte (Pellone, 2021). Aber auch hier sorgte ab ca. 2016 der Einsatz von »Long Short-Term Memory (LSTM)« für den großen Durchbruch. Das LSTM ist ein neuronales Netzwerk, das – vereinfacht gesagt – nicht nur wie ein Spielcomputer aus dem Ist-Zustand Vorhersagen zum Ausgang des Spiels berechnen kann, sondern auch in der Lage ist, zurückzublicken und auch diese Informationen sinnvoll einzubinden. Ein noch komplexerer Prozess als Spiel-KIs wie Alphago. Diese Fähigkeit ermöglicht es der KI, sich aus der Vergangenheit oder dem Kontext Informationen abzuleiten, und bildet damit die Fähigkeit des menschlichen Gehirns sowie des Lang- und Kurzzeitgedächtnisses noch viel besser nach (Olah, 2015).

16.2   Wie verändert sich die Arbeitswelt durch diese Weiterentwicklung von KI?

Zusammenfassend können wir festhalten, dass die Fähigkeit von KI in schnellen Schritten sehr kostengünstig in der Lage sein wird, das menschliche Gehirn in bestimmten Bereichen zu übertreffen. Und damit wird es sehr wahrscheinlich sein, dass die Zukunft von Hybrid Work auch bedeutet, die Zusammenarbeit von menschlicher Intelligenz und künstlicher Intelligenz zu beherrschen.

Konkrete Anwendungsfälle gibt es heute bereits bzw. zeichnen sich in naher Zukunft ab: »Show and tell robotics« bezeichnet die Disziplin, Robotern durch Anleiten und Vormachen etwas beizubringen, das diese dann über die Zeit immer besser machen (z. B. Kleidung nähen oder Fertigungsaufgaben). Wie ein Kind, das etwas erlernt, folgt der Roboter dabei verbalen Anweisungen und Korrekturen und schaut sich ab, wie ein Mensch etwas vormacht (Schmidhuber, 2018). So wird es immer leichter für Roboter, menschliche Arbeiten nachzuahmen, und wird so über kurz oder lang Produkte in höherer Qualität als der Mensch liefern – und das auch bei wechselndem Input. Roboter werden damit den Menschen bei solchen Tätigkeiten ersetzen können. Die Aufgabe des Menschen wir dann in der Zusammenarbeit, im Anlernen oder Warten von Robotern bestehen.

Aber auch im Whitecollar-Bereich wird es große Veränderungen geben: Ein Beispiel ist hier das Projekt »KISprachtec« an der Hochschule Reutlingen. Ziel der Forschung ist es, eine KI zu befähigen, technische Dokumente automatisch aus den Produktdaten (dem sog. digitalen Zwilling) abzuleiten. So können beispielsweise Fertigungsanweisungen, Service- oder Reparaturanleitungen automatisch erstellt werden. (Palm, 2022)

Und diese Entwicklung erstreckt sich nicht nur auf »klassische« und damit rechenlastige Disziplinen (wie z. B. Bilderkennung oder Datenanalysen), sondern auch auf ganz andere Leistungen, z. B. aus dem Kreativbereich. Im Jahr 2022 sorgte die Bildgenerierungs-KI »DALL-E 2« für Furore, die mit einer reinen Worteingabe neue Bilder auf der Basis vorgegebener Stichworte kreieren kann, die aussehen wie ein von einem Designer entworfenes oder einem Fotografen abgelichtetes Bild. Aber auch bestehende Bilder können im Nachgang verändert oder erweitert werden, beispielsweise indem Elemente hinzugefügt oder der Bildausschnitt vergrößert wird (Redaktion, 2022).

Für den Menschen sind so veränderte oder erzeugte Bilder nicht von Originalen, also von durch Menschen erschaffenen Bildern, zu unterscheiden.

16.3 Hybrid Work bedeutet auch: Zusammenarbeit zwischen menschlicher und künstlicher Intelligenz

Das Jobprofil, das sich hinter dem Titel »Designer« verbirgt, wird sich durch KI grundsätzlich verändern. Dies kann man am Beispiel der Video- und Bildkünstlerin KarenХ Cheng erklären, die im Auftrag der Frauenzeitschrift Cosmopolitan das erste KI-generierte Cover der Zeitschrift erzeugte. Im Brainstorming mit der Redaktion wurde entschieden, dass als Thema eine »starke Frau« gezeigt werden sollte – die Wahl fiel auf eine Astronautin. Natürlich war die KI DALL-E in der Lage, mithilfe des Stichworts »Astronautin« ein Bild von einer Astronautin zu erzeugen. Auf dem Bild war aber kaum eine Frau zu erkennen und auch Blickwinkel, Körperhaltung und Aufnahmewinkel des Bildes mussten von Cheng in stundenlanger Arbeit durch eine stetige Veränderung der sogenannten »Prompts«, also der Stichwörter an die KI, optimiert werden. Das endgültige »Prompt« bestand aus 29 Wörtern, die genau vorgaben, wie das Bild aussehen sollte. Die Designerin entwickelte mit ihrer Kreativität also nicht mehr das Bild selbst, sondern die Stichwörter, mit denen die KI so angefüttert werden kann, dass das Endergebnis passt (Cheng, 2022).

Natürlich führen solche drastischen Veränderungen bei Menschen zu Angst – der Angst, irgendwann in naher Zukunft von KI ersetzt zu werden. Cheng sieht das in einem Podcast-Interview sehr differenziert. Für sie steht fest, dass sich die Rolle des Menschen in Kreativprozessen zwar durch KI verändern wird, aber dass es nicht um ein Entweder-Oder geht, sondern um Kollaboration.

> *»It is not about human vs. AI, but human with AI.«*
> Karen X Cheng (Cheng, 2022)

Was aber klar ist, ist, dass sich die Rolle des Menschen in dieser Zusammenarbeitsbeziehung schneller verändern wird als je zuvor. So gibt es im Beispiel von Cheng heute bereits »Prompt Generators«, also KIs, die darauf spezialisiert sind, Prompts für die Bildgenerierung für KIs zu erzeugen, und die damit den »manuellen« Prozess, den Cheng für das Cosmopolitan-Cover durchlaufen musste, auch wieder beschleunigen können.

Die Zeiten, in denen mit einmal gelerntem Wissen ein ganzes Berufsleben lang gewirtschaftet werden konnte, sind definitiv vorbei und wir stehen vor einem riesigen Upskilling- und Reskilling-Bedarf. So ist sich auch KI-Forscher Schmidhuber sicher, dass die Fähigkeit, gegebenenfalls einen komplett neuen Beruf zu erlernen, für die Zukunft extrem wichtig wird. Er rät der nächsten Generation daher: »Lernt zu lernen. Jeder Beruf, den ihr ergreift, wird sich gewaltig ändern« (Schmidhuber, 2018).

16.4   Was Unternehmen tun können, um sich auf die hybride Arbeitswelt mit KI vorzubereiten

Amerikanische Expert:innen sehen den Anstieg der Arbeitsproduktivität in Unternehmen durch KI bei 11 % bis 40 % – und nicht nur der Technologiesektor wird sich hier maßgeblich verändern. Prognosen zufolge werden 70 % der Unternehmen bis 2030 KI einsetzen (Howard, 2019).

Auch deutsche Expert:innen sind sich sicher, dass KI keine Zukunftsmusik mehr ist und bereits jetzt die ersten Schritte unternommen werden sollten, um sich auf die Veränderungen, die KI für das Unternehmen bringen können, vorzubereiten. Dazu ist es unbedingt nötig, sich im Management auf strategischer Ebene mit dem Thema auseinanderzusetzen, da der Einsatz von KI deutlich ganzheitlicher angegangen werden muss, als es beispielsweise bei einem neuen Softwareprojekt der Fall wäre. Es muss klar sein, welche strategischen Unternehmensziele man erreichen will, die Technologie muss in ihren Grundzügen von den Entscheidern verstanden werden und klare Zwischenziele müssen festgelegt werden. (Schlögel, 2022)

Im Wettrennen um KI sind Daten ein großer Machtfaktor. Es ist zu erwarten, dass Unternehmen, die bereits heute strukturierter und mehr Daten sammeln als andere, KI als verstärkende Kraft nutzen können, diese Daten bestmöglich zu verwenden, um noch effizienter und effektiver zu werden. Das bedeutet, eigene Daten, Datengenerierung, Strukturierung und Systematisierung aufzubauen und zu optimieren und dann früh eigene KI-Anwendungen einzusetzen, ist unabdingbar (Howard, 2019).

Auch Ängste im Zusammenhang mit KI müssen abgebaut werden. Oft wird beispielsweise angeführt, dass die KI »auch nicht perfekt« sei und dass sich menschliche Biases (also Voreingenommenheiten) auch in der KI wiederfinden. Dabei wird die neue Technologie oft an deutlich höheren Anforderungen gemessen als die bisherige Lösung – nämlich den auch fehleranfälligen Menschen. Hier sieht Rama Chellappa, KI-Forscher an der John Hopkins University und Autor des Buches »Can we trust AI?« die Lösung in der »Rationalisierung« des Problems – also in der Antwort auf die Frage: Wie oft kommt es statistisch betrachtet tatsächlich zu Fehlfunktionen im Vergleich zum Menschen? Zum anderen liegt die Lösung in der Aufklärung – ähnlich der Packungsbeilage von Medikamenten. Man könnte so eine Art Empfehlung aussprechen, für welche Anwendungsfälle eine bestimmte KI geeignet ist und für welche nicht (Chellappa, 2022).

Im Zentrum dieser Veränderung muss das Mitnehmen der Belegschaft stehen – zum einen durch Schulungen, zum anderen durch das Schaffen von Perspektiven für diejenigen, deren Job durch KI völlig verändert wird oder sogar wegfällt. Die Mitarbeitenden werden mehr denn je gefordert sein, sich neue Fähigkeiten im Bereich dieser

Technologien anzueignen und die Veränderungen der beruflichen Rollen anzunehmen. (Howard, 2019)

Wenn das gelingt, kann eine neue hybride Arbeitswelt aus Mensch und Maschine zu einem effektiveren und effizienteren Erfolgsmodell werden – so wie die hybriden Arbeitsmodelle, die wir heute kennen, es bereits sind.

16.5 Literatur

Chellappa, Rama (2022): FBL81: Rama Chellappa – Can We Trust AI? The Feedback Loop by Singularity: Anchor von Spotify, 2022, https://open.spotify.com/episode/78ujStkDurxXhuzzHQIiuG, abgerufen am 12.01.2023

Cheng, Karen X. (2022): I used @OpenAI #dalle2 to create the first ever AI-generated magazine cover for @Cosmopolitan!! The prompt I used is at the end of the video #dalle, https://twitter.com/karenxcheng/status/1541438655327133697, abgerufen am 10.01.2023

Deepmind (o. D.): AlphaGo, https://www.deepmind.com/research/highlighted-research/alphago, abgerufen am 12.12.2022

Howard, Andy (2019): Wie können wir uns auf die KI-Revolution vorbereiten?, https://www.schroders.com/de-de/de/privatanleger/insights/wie-koennen-wir-uns-auf-die-ki-revolution-vorbereiten/, abgerufen am 12.01.2023

Olah, Christopher (2015): Understanding LSTM Networks – colah's blog, https://colah.github.io/posts/2015-08-Understanding-LSTMs/, abgerufen am 02.01.2023

Palm, Daniel (2022): Text creation with artificial intelligence: »KISprachtec« research project receives funding from the state of Baden-Wuerttemberg, https://www.esb-business-school.de/en/news-items/news-detail-page/text-creation-with-artificial-intelligence, abgerufen am 12.01.2023

Pellone, Sarah (2021): Der Aufstieg von Google Translate: eine etwas andere Liebesgeschichte, in: Supertext-Magazin 2021, https://blog.supertext.ch/2021/08/der-aufstieg-von-google-translate-eine-etwas-andere-liebesgeschichte/, abgerufen am 12.12.2022

Redaktion (2022): Dall-E 2, https://www.chip.de/downloads/webapp-Dall-E-2_184408699.html, abgerufen am 05.01.2023

Schlögel, Christian (2022): 5 Tipps, um ein Unternehmen KI-ready zu machen, in: BigData-Insider v. 2022, https://www.bigdata-insider.de/5-tipps-um-ein-unternehmen-ki-ready-zu-machen-a-2097e733d0a1af77fa479439ce70a534/, abgerufen am 07.01.2023

17 Virtual Reality und Metaverse – die Zukunft der immersiven Arbeit

Alexander Pinker

17.1 Virtual Reality – die immersive Art der Kommunikation

Hollywood lebt uns diese Realität seit Jahrzehnten vor: das Abtauchen in eine virtuelle Welt. Ob bei *Matrix*, *Ready Player One* oder auch *Tron* – die virtuelle Welt fasziniert die Menschheit schon sehr lange. Kein Wunder, dass sich eine besondere Technologie nicht aufhalten ließ und zu einer Revolution der Nutzererlebnisse führte – die virtuelle Realität. Schon 1962 ließ Morton Heilig die Nutzenden mit seinem Sensorama in eine fremde Welt abtauchen. Damals noch mit fest montiertem Stuhl und dem Kopf in einer Röhre, umgeben von künstlichen Gerüchen und Windstößen (vgl. Craig et al., 2009, S. 4). Doch Morton Heilig hat eines früh verstanden: Der Mensch möchte träumen, und zwar mit geöffneten Augen.

Virtual Reality, also die virtuelle Realität, erfüllt im Wesentlichen einen Traum, den die Menschen schon lange mit sich herumtragen. Mit dieser Technologie kann man ohne Aufwand überall hin, wo man möchte. Egal ob ein virtueller Urlaub, die Interaktion mit virtuellen Personen oder eine virtuelle Testfahrt mit einem Auto, (vgl. Vince, 2004, S. 2) – mit VR ist man mittendrin. Das klingt jetzt wie ein Werbespruch, doch die Praxis zeigt, wie umfangreich Virtual Reality mittlerweile Einzug in unseren Alltag gehalten hat, so beispielsweise in der Industrie, der Gamesbranche oder dem Tourismus. Doch was verbirgt sich hinter der virtuellen Realität?

Definitionen: Virtual Reality, Mixed Reality und Augmented Reality

Virtuelle Realität (Virtual Reality, VR) ist eine computergenerierte Wirklichkeit mit Bild (3D) und in vielen Fällen auch Ton. Sie wird über Großbildleinwände, in speziellen Räumen (Cave Automatic Virtual Environment, kurz CAVE) oder über ein Head-Mounted Display (Video- bzw. VR-Brille) übertragen. (vgl. Bendel, 2021)

Augmented Reality (AR) bezeichnet die Darstellung digitaler Elemente über die reale Welt. Das bedeutet, dass man, während man die reale Welt betrachtet, zusätzliche Informationen durch digitale Elemente bekommt. Diese können beispielsweise in Form von 3D-Objekten, Texten oder Bildern auftreten und werden in Echtzeit berechnet, um mit der Umgebung zu interagieren. AR kann auf mobilen Geräten wie Smartphones oder Tablets, aber auch mithilfe spezieller Brillen oder Headsets genutzt werden.

Mixed Reality (MR) geht noch einen Schritt weiter. Hierbei wird nicht nur die reale Welt mit digitalen Elementen überlagert, sondern es findet auch eine Interaktion zwischen diesen beiden Welten statt. Das bedeutet, dass digitale Objekte reale Objekte erkennen und mit ihnen interagieren können. Ein Beispiel dafür ist die Nutzung von MR in der Industrie: Maschinen und Werkzeuge können digital dargestellt und mithilfe von Gesten und Bewegungen gesteuert werden (vgl. Tremosa, 2022).

In ihrer wohl verbreitetsten Form erlaubt uns Virtual Reality also, über ein Headset von Anbietern wie Valve, Occulus/Meta oder Sony in eine virtuelle Welt einzutauchen. Die reale Welt wird dabei größtenteils ausgeblendet und durch die virtuelle Welt ersetzt, die versucht, eine digitalisierte Form der Realität abzubilden oder zu adaptieren (vgl. Herberger, 2020, S. 216). »Virtuelle Realität« ist dabei der Oberbegriff für alle immersiven Erlebnisse, die sich aus rein realistischen Inhalten, rein synthetischen Inhalten oder einem Hybrid aus beiden Formen erschaffen lassen (vgl. Foundry, 2017).

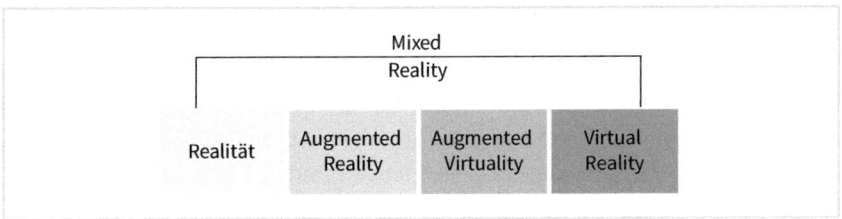

Von der Realität zur virtuellen Realität

Der Markt wächst dabei kontinuierlich, denn immer mehr bekannte Firmen möchten ein Teil der immersiven Wirklichkeit werden. VR ermöglicht es wie kein anderes Medium, Content hautnah zu erleben (vgl. McKee/Porter 2017, S. 180). Daher wird VR heute bereits in vielen, zum Teil bereits erwähnten Bereichen angewendet. Doch die wenigsten Anbieter außerhalb des Gaming-Bereichs werden von der breiten Öffentlichkeit wahrgenommen. Gerade im Entertainment, im Tourismus und in der Medizin wurden bereits beeindruckende Anwendungen geschaffen (vgl. VR-Dynamix, 2018).

Auch beim hybriden Arbeiten ist die virtuelle Realität eine große Chance für viele Unternehmen, wie sich während der Pandemie zeigte. Die meisten von uns verbinden virtuelles Arbeiten zunächst mit dem Homeoffice. Unternehmen wie Ford, die ihre Autoproduktion pandemiebedingt zeitweise einstellten, wurden aber noch kreativer. Um ihre neuen Fahrzeuge und Prototypen voranzutreiben, arbeiteten die Teams von Ford über ein Virtual-Reality-System kollaborativ an der Produktgestaltung und -entwicklung. Das verwendete Virtual-Design-Studio wurde ursprünglich entwickelt, um es den Designer:innen zu ermöglichen, mit Kolleg:innen an den weltweit verteilten Unternehmensstandorten zusammenzuarbeiten. Während der Pandemie haben die VR-Headsets und die Software ihren Weg in die Wohnungen und Häuser der Entwicklerteams gefunden, wo sie immersiv an neuen Autotypen arbeiteten und die Fahrzeuge von morgen planten. Durch Headsets und Controller konnten die Designer:innen im virtuellen Raum miteinander interagieren und die Autos, ähnlich einem Modell aus

Ton, entwerfen. Oberflächenhighlights und Formen wurden dabei so gut dargestellt, dass die Mitarbeitenden auch in der Lage waren, Designentscheidungen zu treffen. (vgl. Ford Motor Company, 2020)

Der Markt für VR-Anwendungen entsteht gerade erst, trotzdem wurde im vergangenen Jahr bereits ein Umsatz von 11,99 Milliarden Dollar erreicht (vgl. Tenzer, 2022). Alteingesessene Unternehmen, Konzerne oder Start-ups haben jetzt die Möglichkeit, ihre Nische in der virtuellen Welt zu finden. Von neuen Konzepten für die Headsets bis zum Mobilitätskonzept sind den Geschäftsmodellen der virtuellen Welt keine Grenzen gesetzt.

17.2   Der Aufschwung des Metaverse

Trotz der vielen Chancen der rein virtuellen Realität geht die Immersion vielen Unternehmen noch nicht weit genug. In den letzten Jahren sind die virtuelle Welt und die reale Welt daher immer näher zusammengerückt und es entstanden beeindruckende erste Lösungen des virtuellen Zusammenseins. Diese neuen Gestaltungsformen ermöglichten es den Nutzenden, sich in einer neuen Umgebung zu bewegen und aus ihrem Alltag auszubrechen (vgl. Carter, 2021). Die Gestaltung einer zweiten Identität mittels Avataren, wie man es von Filmen bzw. Büchern wie *Ready Player One* kennt, haben dieses Phänomen schließlich in die Medien und die öffentliche Wahrnehmung gebracht. Mittlerweile haben wir auch einen neuen Namen für diese neuen Welten – das Metaversum.

Eine aktuelle Studie des GAME – Bundesverband der deutschen Games-Branche e.V. zeigt, dass das Interesse am Metaversum, gerade in unserem Land, sehr groß ist. Der Verband hat 2022 herausgefunden, dass die Kommunikation und das gemeinsame Interagieren beim Spiel oder auf Events für viele Nutzende das wichtigste Thema im Metaverse sind. Gleichzeitig wurde deutlich, dass viele Befragte keine Vorstellung davon haben, was sich wirklich hinter dem neuen Begriff verbirgt und was der Hype am Ende bringen kann. (vgl. game, 2022)

Das Metaverse ist tatsächlich ein Hype, doch so neu und innovativ, wie es oft scheint, ist das Metaversum gar nicht. Bereits 1992 etablierte Neal Stephenson den Begriff »Metaverse« in seinem Science-Fiction-Roman »Snow Crash«, in dem er das Konzept von virtuellen Welten und der Interaktion mit diesen darstellte (Stephenson, 1992, S. 18). Das wirklich Interessante hinter der Ursprungsgeschichte ist jedoch, dass Stephenson selbst stets größte Angst davor hatte, dass seine Vision des Metaversums irgendwann Realität werden könnte. Er sah das Risiko darin, dass die Menschen der echten Welt zu schnell den Rücken zukehren würden. Aus diesem Grund wollte er selbst aktiv bei der Gestaltung eines Metaverse mitwirken. (vgl. Erl, 2022)

Ob der Autor mit seinen Befürchtungen recht behalten wird, muss die Zukunft zeigen, denn der Erfolg des Metaversums kennt bislang kein Ende. Einige bezeichnen es sogar mittlerweile als die »nächste Generations des Internets«. Doch was ist das Metaverse eigentlich?

17.2.1   Das Metaverse – Definition und Merkmale

Wenn man diese Frage stellt, kommt vielen automatisch der frisch umbenannte Meta-Konzern in den Sinn. Jedoch haben Mark Zuckerberg und Facebook mit der eigentlichen Vision des Metaverse nicht viel zu tun, sie waren nur geschickt darin, den Trend als Marketingchance zu nutzen.

In der breiten Literatur gibt es einen Trick, wie man sich dem Begriff des Metaversums näher kann – und zwar indem man ihn durch das Wort »Cyberspace« im Kopf ersetzt. Dies funktioniert gut, da es sich beim Metaverse nicht um eine spezielle Technologie handelt. Es ist vielmehr ein Wandel in der Art, wie wir miteinander interagieren und wie wir Technologien dafür einsetzen. (vgl. Ravenscraft, 2022)

Das Metaverse ist daher weit mehr als die virtuelle Realität, mit der wir uns eingangs beschäftigt haben. Es beinhaltet vielmehr die Freiheit der Nutzenden zu wählen, über welches Medium sie daran teilnehmen möchten. Das kann natürlich mittels Head-Mounted Display sein, doch genauso ist es möglich, mittels Augmented Reality oder Mixed Reality virtuelle Inhalte in unsere Umgebung zu bringen oder über einen PC oder ein Smartphone mittels Browser, Software oder App das Metaversum zu betreten (vgl. Madiega et al., 2022, S. 2). Wenn man das Metaverse jedoch klassisch definieren möchte, dann ist es in seiner Reinform eine Übersetzung unserer realen Welt in die virtuelle Umgebung:

> **Definition: Metaversum**
>
> Das Metaversum ist ein massiv skaliertes und interoperables Netz von in Echtzeit gerenderten virtuellen 3D-Welten, die von einer praktisch unbegrenzten Anzahl von Nutzenden synchron und dauerhaft erlebt werden können – mit einem individuellen Gefühl der Präsenz und mit der Kontinuität von Daten, wie Identität, Geschichte, Berechtigungen, Objekte, Kommunikation und Zahlungen (vgl. Ball, 2021).

Dabei sind einige Bausteine prägend für das Metaversum. Es ist
- grenzenlos,
- persistent,
- dezentralisiert,
- immersiv,
- eine virtuelle Ökonomie und
- ein soziales Erlebnis.

Das Metaverse findet in Echtzeit statt. Jede Interaktion darin ist weder aufgezeichnet noch zeitversetzt, sondern findet, ähnlich der klassischen Face-to-Face-Kommunikation, im jeweiligen Moment statt. Das Metaverse gehört in der Idealvorstellung niemanden, es ist dezentral und ähnlich ungebunden, jedenfalls was die Inhalte und Interaktionen angeht, wie es das Internet ist. Das Metaverse ist offen und interoperational, dies bedeutet, dass es keine Zugangsbarrieren gibt und alle virtuelle Güter so einsetzen können, wie sie es möchten. Trotz dieser Bewegungsfreiheit kann es, wie auch in der realen Welt, geschlossene Räume oder Ebenen geben, die bestimmte Zugangsvoraussetzungen haben. (vgl. Ball, 2022, S. 29 ff.)

Ein Beispiel findet sich bei einem Konzert von Snoop Dogg: Hier wurden spezielle VIP-Tickets im Metaverse verkauft. Diese ermöglichten ein erweitertes Erlebnis während des Konzerts auf einer speziellen Fläche der digitalen Villa des Musikers. (vgl. Hayward, 2021)

Das Metaverse ist immersiv, ermöglicht also das Eintauchen in ein virtuelles Erlebnis, da der Wechsel von der realen Welt in die digitale Welt mit wenigen Klicks oder dem Aufsetzen eines Headsets möglich ist. (vgl. Ball, 2022, S. 29 ff.)

17.2.2   Was tut man im Metaverse?

OMD/Annalect haben 2022 einen Trendreport zu den Top-Aktivitäten im Metaverse publiziert, um zu identifizieren, wo die virtuelle Welt eine wirkliche Existenzberechtigung hat. Bei den 3.000 befragten Nutzerinnen und Nutzern gab es dabei klare Vorstellungen davon, was sie in der virtuellen Welt tun möchten. Dabei konnten sich 61 % der Befragten vorstellen, aktiv in eine virtuelle Welt einzutauchen. Davon würden 48 % in dieser reisen, 46 % in ihr spielen oder 45 % sich weiterbilden wollen. Für weitere 41 % steht der soziale Austausch im Fokus, während 37 % kulturelle Erlebnisse in der virtuellen Umgebung suchen. (vgl. OMD Germany, 2022)

Mit diesen Aktivitäten im Hinterkopf setzen immer mehr Firmen auf die virtuelle Welt des Metaversums. Dabei gibt es mehr Akteure als nur Facebook/Meta oder Microsoft. Um die Infrastruktur, die dezentralen Strukturen mittels Blockchain oder auch die räumliche Datenverarbeitung zu ermöglichen, braucht es eine Reihe an Expert:innen und Visionär:innen, die das Metaversum florieren sehen möchten. Zu den zukunftsorientierten Unternehmen gehören unter anderem die folgenden:

Meta/Facebook
An erster Stelle steht das Unternehmen Meta. Berichten zufolge verfügt das Unternehmen derzeit über die umfangreichsten Ressourcen, um das Konzept des Metaversums kommerziell erfolgreich umzusetzen. Dabei spielen nicht nur die jahrelang

aufgebauten Communitys auf Plattformen wie Facebook, Instagram und WhatsApp eine entscheidende Rolle, sondern auch die vorhandene Technologie, über die das Unternehmen verfügt. (vgl. Meta, 2022)

Durch die Akquisition von Oculus im Jahr 2014 hat Meta eine führende Position in der Herstellung von Virtual-Reality-Headsets erlangt. In Kombination mit dem hauseigenen Inhalte-Team und der Expertise im Bereich Social-Media-Geschäft ist Meta nun gut gerüstet für den erfolgreichen Weg in die virtuelle Zukunft. Meta setzt dabei auf das Netzwerken und die Verlagerung der Arbeit in den virtuellen Raum. (vgl. Solomon, 2014)

Nvidia

Seit der Ankündigung, dass Nvidia in Zusammenarbeit mit Meta einen KI-Supercomputer für das Metaverse entwickelt, ist offensichtlich, dass der Chiphersteller und KI-Pionier eine aktive Rolle in diesem aufstrebenden Markt einnehmen möchte (vgl. Boyle, 2022). Das Unternehmen wird zunehmend als führend in Bezug auf das Metaversum angesehen, was sich sowohl durch Berichte über interaktive Avatare als auch durch die verstärkten Aktivitäten in der 3D-Modellierung für immersive Umgebungen zeigt. Das im Jahr 2021 angekündigte Nvidia Omniverse konzentriert sich auf die wesentlichen Geschäftsbereiche des Unternehmens, nämlich das Zusammenspiel von KI, Grafik und Supercomputing in der virtuellen Welt. (vgl. NVIDIA, 2022)

Decentraland

Decentraland zählt zu den Pionieren im Bereich des Metaverse und stellt bereits eine funktionsfähige Plattform bereit. Das Unternehmen hat das Metaverse als zentrales Produkt und als Fokus seiner Arbeit deklariert (Decentraland, 2022). Seit der Gründung im Jahr 2017 ist Decentralands Geschäftätigkeit auf das Metaverse-Immobiliengeschäft ausgerichtet. Im Jahr 2022 wurden digitale Immobilien im Wert von über drei Millionen US-Dollar verkauft, was einen bedeutenden Erfolg für das Unternehmen darstellt (vgl. Ordano et al., 2022).

Dadurch, dass es eigene Baukästen für das Metaverse anbietet, mit denen sich Nutzende ihre Welten bauen können, ist das Unternehmen stark im nutzerzentrierten Grundgedanken des Metaverse verankert und unterscheidet sich so von den bisher genannten Anbietern.

Epic Games

Vielleicht kennen manche Lesende Epic Games aus einem anderen Bereich. Bekannt geworden ist das Unternehmen mit seinem Spiel *Fortnite*, in dem man sich gemeinsam durch eine virtuelle Welt bewegt und Abenteuer erlebt.

Im Grunde genommen erscheint die Vision des Metaversums, wie sie später verwirklicht werden soll, nicht allzu fern von dem, was das Unternehmen plant. Im Jahr 2022 gab Epic Games bekannt, dass es sich künftig verstärkt auf die Entwicklung und Gestaltung des Metaversums fokussieren wird. Zu diesem Zweck wurde in einer Finanzierungsrunde ein Betrag von zwei Milliarden Dollar aufgebracht (vgl. Gross, 2022).

The Sandbox
The Sandbox ist ein erstmals am 15. Mai 2012 erschienenes Videospiel für iOS und Android mit dem Fokus auf dem Erbauen von eigenen Welten im Pixelstil. Es wurde von Pixowl entwickelt und 2018 von Animoca Brands übernommen. Heute ist *The Sandbox* jedoch weit mehr als eine App, sondern ein weiterer zentraler Mitspieler im Rennen um das Metaversum. (vgl. The Sandbox, 2019)

Auch wenn die Pixeldarstellung nicht ganz den Prototypen der anderen hier erwähnten Unternehmen entspricht, kann *The Sandbox* auf Partner wie Snoop Dogg, adidas, Atari und sogar die Schlümpfe und eine breite Nutzerschaft blicken. *The Sandbox* legt den Fokus auf Events. (vgl. The Sandbox, 2021)

Microsoft
Microsoft ist ein wichtiger Akteur im Bereich des Metaversums und hat mit seiner Lösung namens »Mesh« eine eigene digitale Plattform entwickelt. Diese virtuelle Welt kann nahtlos mit anderen Microsoft-Diensten wie Teams, Windows oder VR-Angeboten integriert werden und fügt sich somit nahtlos in die Windows-Umgebung ein. Die breite Verfügbarkeit von Microsoft-Produkten auf vielen Computern könnte ein entscheidender Faktor für den langfristigen Erfolg von Mesh sein. Während Meta versucht, das Metaverse völlig neu zu erobern, wird Microsoft seine Präsenz und Expertise in der Technologiebranche nutzen, um im Wettbewerb um die Vorherrschaft im Metaverse zu bestehen. (vgl. Microsoft, 2022)

Die Liste der hier aufgeführten Unternehmen ist nicht vollständig, vielmehr gibt es noch einige weitere, wie Apple und Niantic (bekannt durch *Pokémon Go*), die an Hardware oder an Inhalten für das Metaverse arbeiten. Wer am Ende jedoch das Rennen macht oder ob vielleicht nicht sogar ein großes gemeinsames Metaversum entsteht, wie es einige Szenarien für unsere immersive Zukunft vorhersagen – das wird sich in den nächsten Jahren noch herauskristallisieren.

17.3   Die Zukunft der Arbeit im Metaverse

Mit so vielen Unternehmen, die derzeit an der Zukunft der virtuellen Welt arbeiten, stellt sich natürlich auch schnell die Frage nach den Chancen für den Arbeitsmarkt.

Gerade in einer immer stärker hybrid arbeitenden Welt verbergen sich hinter Entwicklungen wie dem Metaverse große Chancen.

Wenn man sich allein eine Welt vorstellt, in der man – egal wo man sich befindet – mit den Kolleg:innen an einen Tisch setzen kann und sich so doch »Face-to-Face« gegenübersitzt, ohne eine lange Geschäftsreise auf sich zu nehmen, dann klingt das schnell wie Science-Fiction. Doch dank des Metaverse sind diese Zukunftsszenarien realistischer, als es im ersten Moment vielleicht scheint.

Bei den aktuellen Lösungen für den virtuellen Arbeitsplatz im Metaverse ist nicht mehr nötig als ein Computer, eine Maus und eine Tastatur (vgl. Purdy, 2022). Um natürlich ein optimales immersives Erlebnis zu erhalten, wäre ein Headset noch zusätzlich hilfreich. Einige Anbieter, wie beispielsweise das HTC Vive Sync, ermöglichen es sogar, mittels eingebauter Sensoren die Augen- und Lippenbewegungen zu analysieren und mit dem Avatar zu synchronisieren (vgl. VIVE, 2022). So können fast lebensechte Unterhaltungen in das digitale Büro übertragen werden.

Doch die Arbeit in der virtuellen Realität ist nicht das einzige Szenario für das Metaverse. Wie bereits beschrieben, gibt es auch die Möglichkeit, virtuelle Inhalte mittels Augmented Reality oder Mixed Reality in den Raum zu projizieren. In den letzten Jahren gab es rasante Fortschritte in der computergenerierten Holografie, die den Einsatz von Headsets langfristig überflüssig machen könnten. So bietet die PORTL Hologram Company mit ihrem Epic-Hologramm-System eine Lösung, bei der man sich mit den Kolleg:innen einfach mittels holografischer Displays treffen kann und dabei eine nahezu realistische Kopie des anderen vor sich hat. (Shieber, 2020)

Firmen wie beispielsweise Meta oder Google leisten Pionierarbeit in der Entwicklung von VR-Handschuhen mit haptischem Feedback, die es den Nutzenden ermöglichen, mit virtuellen 3D-Objekten zu interagieren und dabei deren Textur, Form oder Gewicht zu erleben.

Das Metaverse ist ein Raum der unbegrenzten Möglichkeiten. Ob man nun virtuelle Freundschafen schließen, digitale Immobilien kaufen oder arbeiten möchte, es ist beinahe alles möglich. Gerade seit dem Aufkommen des hybriden Arbeitens, nach der Pandemie, suchen viele Unternehmen, aber auch Mitarbeitende nach Alternativen zu klassischen Videokonferenzen.

Laut aktuellen Studien scheint das Metaversum die Arbeitswelt auf mindestens vier Arten zu revolutionieren, durch
- neue immersive Formen der Teamzusammenarbeit,
- neue digitale, KI-gestützte Kolleg:innen,

- die Beschleunigung des Lernens und des Erwerbs von Fähigkeiten durch Virtualisierung und Gamification-Technologien sowie
- das Entstehen einer virtuellen Wirtschaft mit völlig neuen Unternehmen und Arbeitsrollen (vgl. Purdy, 2022).

17.3.1   Neue Formen der Zusammenarbeit

Ein Beispiel für neue immersive Formen der Zusammenarbeit im hybriden Team findet man beim indischen Unternehmen NextMeet, das eine Avatar-basierte Metaverse-Plattform anbietet, die interaktive Arbeits-, Kollaborations- und Lernlösungen ermöglicht. Das Unternehmen möchte durch seine Lösungen die bei einigen Mitarbeitenden durch COVID-19 und das virtuelle Arbeiten entstandene Isolation und Unverbundenheit dadurch minimieren, dass sie gemeinsam in einer digitalen Arbeitsumgebung arbeiten können. (vgl. NextMeet, 2022; Purdy, 2022)

> »Mit der Verlagerung von der Pandemie zur Remote Arbeit ist die Bindung der Mitarbeiter zu einer der größten Herausforderungen für viele Unternehmen geworden. In der flachen 2-D-Umgebung eines Videogesprächs kann man 20 Personen nicht bei der Stange halten; manche Leute mögen es nicht, vor der Kamera zu stehen; man simuliert kein reales Szenario. Aus diesem Grund wenden sich Unternehmen metaversen Plattformen zu.
>
> Purdy, 2022

Doch NextMeet ist nicht allein auf dem Feld der neuen Formen der immersiven Kollaboration. Während bei dem indischen Unternehmen digitale Avatare von Mitarbeitenden in Echtzeit in virtuellen Büros und Besprechungsräumen ein- und ausgehen und Meetings, inklusive Präsentation, halten können (vgl. Purdy, 2022), geht das britische Unternehmen PixelMax einen anderen Weg. Es möchte digitale Arbeitsplätze anbieten, die keine Headsets erfordern, sondern bei denen der Fokus komplett auf die Interaktion zwischen den Kolleg:innen gelegt wird. Informelle Gespräche, die bei Videokonferenzen selten vorkommen, sollen hier eine neue Bühne bekommen. So soll die Mitarbeitendenzufriedenheit optimiert und ausgebaut werden, da die informelle Kommunikation ein wichtiger Faktor für die Motivation der Kolleg:innen ist. (PixelMax, 2022)

Es ist zu erwarten, dass besonders eine bessere Teamarbeit und eine optimierte Kommunikation mit weit entfernten Kolleg:innen der Treiber für das Metaversum sein werden. Das Metaversum bietet die Möglichkeit, kreativ neue Wege zu gehen und die Büros und Arbeitsplätze, wie wir sie kennen, völlig zu überdenken. Das virtuelle Büro muss nicht dem ähneln, was wir aus unserem Arbeitsalltag kennen, sondern kann völlig anders interpretiert und gestaltet werden. So können die individuellen Bedürfnisse der Mitarbeitenden gehört werden und Teams arbeiten dann in der Umgebung, in der sie am produktivsten sind. Ob also Raumschiff, Schiff oder Strand – alles ist im Metaversum möglich. (vgl. Purdy, 2022)

17.3.2 Schnelleres Lernen im Metaverse

Das lebenslange Lernen ist, wenn es um die Zukunft der Arbeit geht, nicht mehr wegzudenken. Ob als Vorbereitung auf neue Technologien oder zur Aneignung neuer digitaler oder analoger Fähigkeiten, Mitarbeitende müssen sich schon heute kontinuierlich weiterentwickeln. Das Metaverse kann in diesem Bereich einen enormen Mehrwert für Unternehmen und Mitarbeitende bieten, da es die Aus- und Weiterbildung revolutionieren könnte. Vorbei die langen Fahrten in entfernte Seminarhotels oder die unglücklich gelegten Schulungszeiten, die das eigene Projekt einschränken. Durch die Dezentralität des Metaversums und die aufgelöste Bindung an Raum und Zeit können neue Fähigkeiten und Inhalte schneller und effizienter erlernt werden – und das sowohl in Augmented Reality, Virtual Reality als auch Mixed Reality. (vgl. Bauld, 2022)

Eine Möglichkeit sind dabei beispielsweise KI-gestützte digitale Lernassistenten, die bei der Ausbildung und Karriereentwicklung behilflich sind (vgl. Amos, 2022). Auch das Lernen in praxisnahen Bereichen kann durch das Metaverse optimiert werden. So ist es möglich, jedes Objekt, ob nun Handbuch, Maschine oder Produkt, in das Metaversum zu übertragen. Die Lernenden interagieren dann mit dem digitalen Zwilling, wie sie es auch in der Realität tun würden. Auf diese Weise können neue Maschinen erprobt und optimiert, aber auch alltägliche Situationen trainiert werden. Das Unternehmen Tailspin bietet beispielsweise eine VR-gestützte Lösung für den Personalbereich an, in der mittels realistischer Szenarien die Entlassung eines Kollegen erprobt wird. Abhängig von den gewählten Worten und der Gesprächsstrategie reagiert der virtuelle Gesprächspartner anders – vom Wutanfall bis hin zur Akzeptanz. So können Mitarbeitende besser auf schwierige Situationen vorbereitet werden. (vgl. Scotting, 2021)

Auch in anderen Branchen findet die virtuelle Realität mittlerweile Einsatz im Training. Beispielsweise nutzt das medizintechnische Unternehmen Medivis das Mixed-Reality-Headset von Microsoft zum Training von Medizinstudierenden. Die angehenden Ärzt:innen agieren in Echtzeit mit 3D-Anatomiemodellen und lernen so, das medizinische Personal optimal zu unterstützen. Auch Krankheiten wie Alzheimer oder altersbedingte Schwerhörigkeit werden durch die immersive Technologie simuliert. (vgl. Ajao, 2022)

Ein letztes Beispiel der Mitarbeitendenweiterbildung mittels VR und Metaverse findet sich bei DHL. Geschwindigkeit und Präzision sind in der Logistik von Paketen und

Päckchen eine Grundvoraussetzung. Die Mitarbeitenden können mithilfe eines VR-Headsets den kürzesten Weg und die beste Verpackungsstrategie proben und später in einem baugleichen Logistikzentrum anwenden. So werden Abläufe schon vor dem eigentlichen Arbeitsbeginn trainiert und optimiert. (vgl. Oculus, 2020)

Aktuelle Studien zeigen, dass die Ausbildung in der virtuellen Welt auch einiges an Vorteilen gegenüber der klassischen analogen Schulung hat. Visuelle Demonstrationen von Konzepten, wie beispielsweise eines technischen Entwurfs, aber auch die Durchführung von Arbeitspraktiken ohne eine wirklich wahrnehmbare Konsequenz in der realen Welt, motivieren die Lernenden dazu, stetig besser zu werden (vgl. Rodriguez, 2021). Die praktische Nähe zum Arbeitsplatz und zur eigenen Tätigkeit steigern dabei das Engagement und die Motivation der Mitarbeitenden. Auch der Einsatz KI-gesteuerter Coaches oder Protagonist:innen, die den Lernenden helfen, ihr Ziel besser zu erreichen, wie beispielsweise bei Talespin, sind Faktoren, die das Lernen im Metaverse oder in der immersiven Welt so vorteilhaft machen. Die visuelle und interaktive Art, die mit dem Metaverse einhergeht, ist ein zentraler Baustein für eine gleichberechtigte und offene Art des Lernens – zugänglich für alle Mitarbeitenden, überall auf der Welt.

17.3.3 Neue Rollen in einer Metaverse-Welt

Wenn man von der Zukunft der Arbeit spricht, muss man auch über neue Berufe in einer immersiven Welt sprechen. Durch das Aufkommen des Internets sind viele neue Berufsgruppen entstanden, die vorher völlig undenkbar waren. Rollen wie der Web Developer, der Data Miner oder der Software Engineer waren früher nicht existent und sind erst durch das Web geprägt geworden. (vgl. Coon, 2017)

Eine ähnliche Entwicklung ist auch für das Metaverse zu erwarten. Die immersiven Geschäftsmodelle werden in den nächsten Jahren enormen Zuwachs bekommen, wie allein der aktuelle Trend zeigt. IMVU, ein soziales Netzwerk, das komplett auf Avataren basiert, hat für mehr als sieben Millionen Nutzende pro Monat Tausende von Content Creator, die virtuelle Produkte für das Metaversum herstellen und dort verkaufen. Ein anderes Beispiel findet sich bei Decentraland. Die Plattform ließ den Beruf des virtuellen Immobilienmaklers aufkommen, der es den Nutzenden ermöglicht, virtuelle Grundstücke, das sogenannte »Land« zu kaufen, zu verkaufen und Geschäfte darauf zu errichten. (vgl. Purdy, 2022)

Wenn wir weiter in die Zukunft blicken, werden wir, so wie wir heute von digital-nativen Unternehmen sprechen, wahrscheinlich das Entstehen von metaversen Unternehmen erleben, Unternehmen, die vollständig in der virtuellen 3D-Welt konzipiert und entwickelt werden. Ähnlich dem Internet, das neue Berufe hervorgebracht hat, die es noch vor 30 Jahren nicht gegeben hat, wird das Metaversum wahrscheinlich eine Vielzahl neuer Berufsgruppen entstehen lassen, die wir uns heute kaum vorstellen können. Denkbar wären beispielsweise Designer für das Metaverse, Storyteller im Metaversum, Community Manager in den verschiedenen Welten und viele mehr. (vgl. J. P. Morgan, 2022, S. 13)

17.3.4 Was sind die Vorteile der Arbeit im Metaverse?

Was genau bedeutet die Arbeit in der immersiven Welt nun für Unternehmer oder Business Developer? Wo kann man die wirklichen Vorteile verorten?

Ein enormer Mehrwert sind beispielsweise die geringeren Miet- und Betriebskosten. Wenn ein Unternehmen ein virtuelles Büro betreibt, ob nun mittels Videokonferenztools oder im Idealfall gleich im Metaverse, fallen einige Kosten weg. Es braucht keine riesigen Büroräume mehr, die Kosten für Versorgungsleistungen – wie beispielsweise eine Kantine – sinken enorm und auch Möbel, Büromaterial etc. werden zu digitalen Güter (vgl. Boquen, 2022). Eine solche Tendenz lässt sich bereits heute beobachten. Immer mehr Konzerne ziehen in kleinere Büros und stellen auf hybrides Arbeiten um (vgl. Salesforce, 2021).

Doch nicht nur beim Arbeitgeber entstehen monetäre Vorteile. Auch die Geld- und Zeitersparnis bei den Arbeitnehmer:innen sind nicht zu unterschätzen. Besonders die Kosten für das tägliche Pendeln und die damit einhergehende Zeit beim Wechsel zwischen Arbeitsstätte und Wohnort fallen komplett weg. Diese Einsparungen zahlen direkt auf die Work-Life-Balance der Mitarbeitenden ein und damit auch auf deren Zufriedenheit. (vgl. Boquen, 2022)

Wenn jetzt jedoch zu Recht die Sorge aufkommt, dass damit der soziale Zusammenhalt innerhalb des Teams auf der Strecke bleibt, muss gesagt werden, dass das Metaverse – anders als das reine hybride Arbeiten – eine neue Chance der sozialen Interaktion bietet. Bei der »klassischen« virtuellen Arbeit wird alles, von Gesprächen bis hin zum Netzwerken, geplant und in Online-Arbeitsabläufe integriert. Dies sorgt dafür, dass es sich nicht wirklich natürlich anfühlt, mit den Kolleg:innen zu interagieren, sondern eine gewisse Distanz herrscht. Man arbeitet Prozesse ab. Das Metaversum als immersives Medium bietet uns die Möglichkeit, natürlicher miteinander zu interagieren, als es in der reinen Remote-Welt derzeit der Fall ist. Wir können uns mit unserem Avatar einfach umdrehen und ganz zwanglos mit anderen Kolleg:innen sprechen, wir können gemeinsam laufen oder an virtuellen sozialen Aktivitäten teilnehmen. Das Miteinander im Metaverse ist ein großer Vorteil, den man, besonders im direkten Vergleich zur rein hybriden Arbeit, hervorheben muss.

Diese intuitive Interaktion bezieht sich jedoch nicht nur auf die Kolleg:innen, sondern auch auf die Projekte. In den virtuellen Räumen ist es möglich, die Produkte in 3D-Modellen direkt vor sich zu sehen, diese von allen Seiten zu erkunden und so effizient an einem Projekt zu arbeiten.

Ein letzter Vorteil der Arbeit im Metaverse findet sich im wahrgenommenen Zugehörigkeitsgefühl. Kolleginnen und Kollegen, die miteinander in immersiver Form arbeiten, haben nachweislich ein größeres Gefühl der Zugehörigkeit zu einem Unternehmen oder zu einem Team, als die, welche nur am Bildschirm arbeiten. Diese virtuelle Sichtbarkeit und Zugehörigkeit schafft es, den klassischen »Kaffeetratsch« auf die immersive Ebene zu heben und so eine ähnliche Situation wie im Büro zu ermöglichen. (vgl. Boquen, 2022)

17.3.5   Was sind die möglichen Nachteile der Arbeit im Metaversum?

Wie alle anderen Technologien hat auch das Metaverse seine Probleme. Viele der aktuellen Probleme werden jedoch, so ist es zu erwarten, mit Fortschreiten der Technik und der Nutzung der immersiven Welten selbstständig gelöst. Allein wenn sich auf lange Sicht Regeln und Normen für die Arbeit im virtuellen Büro und in der Metaversum-Umgebung entwickeln, wird sehr viel ermöglicht, was bisher noch als Hindernis betrachtet werden kann.

Ein Hindernis findet sich beispielsweise in der verlängerten Zeit am Rechner bzw. mit dem Headset. Derzeit sind wir im Durchschnitt 65 Stunden in der Woche online (Postbank, 2022). Mit der Anforderung, nicht nur in virtuellen Meetings, sondern komplett digital im Metaverse-Büro zu sitzen, steigt diese Zeit in Zukunft enorm. Die massiv verlängerte Zeit im digitalen Büro kann dabei auf Dauer überfordern und auch Auswirkungen auf die Augen und die Konzentration haben (vgl. Partida, 2022).

Um aber überhaupt erst mit einem Headset online zu gehen, stehen hohe Initialkosten an, denn eine VR-Brille ist nicht günstig. Derzeit handhaben einige Unternehmen diese Herausforderung so, dass sie entweder für alle Mitarbeitenden, die schon im Metaversum arbeiten, eine Brille bei Diensten wie Grover leihen oder dass die Anschaffung den Kolleg:innen selbst obliegt. Es muss jedoch eine langfristige, qualitativ hochwertige und kosteneffiziente Methode entworfen werden, bis es in Zukunft vielleicht einen einfacheren Zugang zu Metaverse geben wird (vgl. Ghaffary, 2022). Doch selbst wenn die Hardware vorhanden ist, braucht es gerade bei älteren oder weniger technikaffinen Kolleg:innen eine stärkere Schulung mit der Ausrüstung, damit sich diese nicht wegen fehlendem Verständnis aus der immersiven Arbeit zurückziehen.

Nicht nur der stille Rückzug der Mitarbeitenden ist ein großes Problem in der neuen Arbeitswelt. Da das Metaversum im Arbeitsbereich noch recht unerprobt ist, kann es zu einer Veränderung des Verhaltens der Mitarbeitenden untereinander kommen. Schon im Internet ist aufgrund der größeren Anonymität zu beobachten, dass Menschen unhöflicher oder unkooperativer werden (Benecke, 2020). Ähnliches kann, wenn es nicht entsprechende Regeln oder Normen gibt, auch schnell im Metaverse passieren. Um die Kohärenz der Aufgaben und die positiven Verhaltensweisen, die man aus der analogen Welt kennt, aufrechtzuerhalten, müssen Unternehmen frühzeitig ein Regelwerk aufstellen, das Belästigung und Mobbing minimiert und ein friedliches und kollaboratives Miteinander fördert. (vgl. Purdy, 2022)

Der letzte große Nachteil der Arbeit im Metaversum ist gerade bei der Einführung neuer Software oder Hardware fast zum Standard geworden: der Datenschutz. Unternehmen, die sich entscheiden, komplett in die virtuelle Welt umzuziehen, müssen ihre Mitarbeitenden stärker schützen als in der analogen (vgl. Boquen, 2022). Schon der Einsatz von Microsoft Teams sorgte in einigen Unternehmen für Unbehagen bei den Betriebsräten, da die Online- und Offlinezeiten der Kolleg:innen so transparenter werden (Deutscher Gewerkschaftsbund, 2017). Im virtuellen Raum, in dem nicht nur die Anwesenheit, sondern im Zweifel auch die Aktivität der einzelnen Nutzenden überwacht werden kann, nehmen diese Bedenken noch zu. Es muss daher für alle Beteiligten ein Mittelweg der notwendigen Dokumentation und der datenschutzrechtlichen Sicherheit gefunden werden, damit das Engagement der Mitarbeitenden im Metaversum möglichst hoch gehalten werden kann (vgl. Boquen, 2022).

17.4 Der Weg in die Zukunft ist noch lang

Das Zukunftspotenzial des Metaversums und der virtuellen Realität in der Arbeit lässt sich kaum abstreiten. Doch trotz allem stecken die Technologien noch in den Kinderschuhen. Unternehmen müssen bei der Einführung daher an das optimale Nutzungserlebnis für alle Beteiligten denken. Dazu gehören eine Anpassung der Computerinfrastruktur an die Leistungsanforderungen des Metaversums, ein Investment in eine gute und zeitgemäße Hardware und eine kontinuierliche Schulung aller Beteiligten.

Wie gerade schon angesprochen, birgt das Metaversum auch personalwirtschaftliche Fragen. Wegen des Datenschutzes und einer möglichen gefühlten Überwachung durch den Arbeitgeber sollte der Betriebsrat frühzeitig mit an Bord geholt werden, damit er die Belange der Mitarbeitenden vertreten kann (Sachs, 2022). Außerdem muss auf die potenzielle Suchtgefahr bei der Nutzung der immersiven Welten geachtet werden. Virtual Reality hat die Tendenz, zum sogenannten Eskapismus (Realitätsflucht) beizutragen (Doener, Ralf et al., 2022, S. 236). Unternehmen müssen daher, besonders in der ersten Zeit, Hilfegruppen und offene Gesprächsräume aufbauen, die es den Mitarbeitenden bei solchen Problemen ermöglicht, einen sicheren Raum aufzusuchen. Solche Einrichtungen können auch Opfer von Mobbing oder Belästigung im Metaverse unterstützen (Purdy, 2022).

Trotz aller Möglichkeiten müssen Unternehmen den Schritt wagen und das hybride Arbeiten zwischen realer Welt und immersiver Welt versuchen. Dabei gilt es, die offenen Fragen der Mitarbeitenden zu beantworten und ihnen den Einstieg so einfach wie möglich zu machen.

Doch Unternehmen dürfen auch nicht enttäuscht sein, wenn nicht jede:r in das Metaversum wechseln möchte. Die Arbeit im Homeoffice während der Pandemie hat deutlich gezeigt, dass nicht alle Fans der Remotearbeit waren. Die Unternehmen konnten jedoch häufig nicht auf die Sorgen oder Probleme der Mitarbeitenden eingehen, was zu Unzufriedenheit und Frust führte. Dieser Fehler sollte sich in der immersiven Welt nicht wiederholen. Unternehmen müssen von Anfang an integrierte Arbeitsmodelle schaffen, die es den Mitarbeitenden ermöglichen, nahtlos zwischen analoger, virtueller und immersiver Arbeitsumgebung zu wechseln.

Das klingt nach großen Herausforderungen, doch trotz aller Diskussion müssen Firmen offen für neue Möglichkeiten bleiben. Das Metaversum, wie wir es aktuell kennen, ist weitgehend offen und dezentral entstanden und wird am Leben erhalten von Millionen von Entwickler:innen, Nutzenden, Designer:innen und Unternehmen (XR Today, 2021). Nur gemeinsam können wir eine Welt schaffen, in der wir immersiv und innovativ zusammenarbeiten, in der wir die Vorteile, die in diesem Abschnitt zusammengetragen wurden, nutzen und in der wir das volle Potenzial aller Mitarbeitenden ausschöpfen. Dann können wir unseren Alltag im Metaversum bestreiten

17.5   Ein Blick in die Zukunft – Alltag im Metaverse

Wir befinden uns in München im Jahr 2035. Tom, wie ihn seine Freunde nennen, ist Berater in einem renommierten Unternehmen, das sich auf die Fertigungsindustrie spezialisiert hat. Nachdem ihn seine smarte Uhr geweckt hat und er schon in der Ferne das Rauschen der mit ihr gekoppelten Kaffeemaschine hört, steht er auf und macht sich bereit für den Tag. Sein morgendliches Fitnessprogramm steht als Erstes auf der To-do-Liste, die ihm seine Smart Glasses ins Blickfeld projiziert. Doch statt sich vor einen Fernseher zu begeben oder ins Fitnessstudio aufzubrechen, aktiviert er das Metaversum und trainiert gemeinsam mit seinen Freund:innen. Sie befinden sich mitten in der Rekonstruktion des Gold's Gym, in dem schon Arnold Schwarzenegger trainiert hat.

Nach einem ausgedehnten Fitnessprogramm beginnt Toms Arbeit. Er hat ein komplett immersives Arbeitsmodell und sitzt daher, gemeinsam mit seinen Kolleg:innen, im Metaverse am Schreibtisch. Es herrscht echtes Bürofeeling, sogar die Pflanze auf seinem Tisch sieht echt aus. Sein Avatar, der ihm zum Verwechseln ähnlich sieht, bewegt sich durch die Flure und nimmt den ganzen Tag an Meetings teil. Besonders gut lassen sich Entwürfe für neue Fertigungsmaschinen im Metaversum zeigen. Beim Meeting mit seinem Kunden schwebt die neue Maschine als Hologramm direkt vor ihnen und mit wenigen Handbewegungen kann man jede Einzelheit des innovativen Produkts erkunden.

Nach der Arbeit besucht Tom noch den virtuellen Showroom eines bekannten Automobilherstellers. Hier setzt er sich in das neueste Elektroauto und macht eine immersive Spritztour. Das Gefühl ist dabei wie im echten Leben und er kann fast die Beschleunigung spüren, als er seinen Avatar anweist, Gas zu geben.

Bevor er sich ausloggt, kauft er noch ein NFT, also ein digitales Gut, diesmal eine Kopie der Mona Lisa und hängt sie in seine Metaverse-Wohnung in *The Sandbox*. Morgen wird er seine Freundin in Metas Horizon besuchen und sich ihr neues digitales Haustier anschauen.

Auch wenn dieses Szenario klingt, als sei es Science-Fiction, ist es genau so schon heute in vielen Unternehmen anzutreffen. Wir steuern auf eine immersive Welt zu, in der das Metaversum der Kern des Arbeitens und Lebens sein könnte – ganz nach dem Motto »always on«. Wir müssen uns daher auf diese Zukunft vorbereiten, denn sie ist näher, als es uns vielleicht bewusst ist.

17.6   Literatur

Ajao, Esther (2022): Enterprise applications of the metaverse slow but coming, in: https://www.techtarget.com/searchenterpriseai/feature/Enterprise-applications-of-the-metaverse-slow-but-coming, abgerufen 05.10.2022.

Amos, Zac (2022): How AI Is Bringing the Metaverse to Life, in: https://www.unite.ai/how-ai-is-bringing-the-metaverse-to-life/, abgerufen 05.10.2022.

Ball, Matthew (2021): Framework for the Metaverse, in: https://www.matthewball.vc/all/forwardtothemetaverseprimer, abgerufen 02.10.2022.

Ball, Matthew (2022): The Metaverse: And How It Will Revolutionize Everything. 1. Auflage. New York: Norton & Company.

Bauld, Andrew (2022): What will Learning in the Metaverse Look Like?, in: https://www.gse.harvard.edu/news/uk/22/06/what-will-learning-metaverse-look, abgerufen 05.10.2022.

Bendel, Oliver (2021): Virtuelle Realität, in: https://wirtschaftslexikon.gabler.de/definition/virtuelle-realitaet-54243, abgerufen 28.09.2022.

Benecke, Mirjam (2020): Anonymität im Internet – sinnvoll oder gefährlich?, in: https://www.dw.com/de/anonymit%C3%A4t-im-internet-sinnvoll-oder-gef%C3%A4hrlich/a-51994066, abgerufen 17.10.2022.

Boquen, Antoine (2022): What is the Future of Work in the Metaverse?, in: https://nhglobalpartners.com/future-of-work-in-the-metaverse, abgerufen 05.10.2022.

Boyle, Charlie (2022): Meta Works with NVIDIA to Build Massive AI Research Supercomputer, in: https://blogs.nvidia.com/blog/2022/01/24/meta-ai-supercomputer-dgx, abgerufen 03.10.2022.

Carter, Rebekah (2021): What is a Collaborative Virtual Environment?, in: https://www.xrtoday.com/virtual-reality/what-is-a-collaborative-virtual-environment, abgerufen 30.09.2022.

Craig, Alan B./Sherman, William R./Will, Jeffrey D. (2009): Developing Virtual Reality Applications: Foundations of Effective Design. Burlington: Morgan Kaufmann Publishers Inc.

Decentraland (2022): Introduction, in: https://docs.decentraland.org/player/general/introduction/, abgerufen 22.10.2022.

Deutscher Gewerkschaftsbund (2017): Darum ist Microsoft Office 365 ein Fall für den Betriebsrat, in: https://www.dgb.de/themen/++co++0342f31e-6c85-11e7-b8f9-525400e5a74a, aufgerufen 06.10.2022.

Doerner, Ralf/Geiger, Christian/Oppermann, Leif/Paelke, Volker/Beckhaus, Steffi (2022): Interaction in Virtual Reality. In: Doener, Ralf/Broll, Wolfgang/Grimm, Paul/Jung, Bernhard (Hrsg.): Virtual and Augmented Reality (VR/AR), 1. Aufl., Basel: Springer, S. 201–244.

Erl, Josef (2022): Snow Crash-Autor Stephenson will offenes Metaverse mitbauen, in: https://mixed.de/metaversewort-erfinder-will-offenes-metaverse-mitbauen, abgerufen 01.10.2022.

Ford Motor Company (2020): Designing The Ultimate Racing Car From Home – Ford Livestream Event Showcases The Virtual Design Studio, in: https://media.ford.com/content/fordmedia/feu/en/news/2020/05/20/designing-the-ultimate-racing-car-from-home--ford-livestream-eve.html, abgerufen 29.09.2022.

Foundry (2017): VR/AR/MR, what's the difference?, in: https://www.foundry.com/insights/vr-ar-mr/vr-mr-ar-confused, abgerufen 28.09.2022.

Fred, Coon (2017): New Jobs and Technology: 12 Occupations Created by the Internet, in: https://theusatwork.com/new-jobs-and-technology-12-occupations-created-by-the-internet, abgerufen 05.10.2022.

game – Verband der deutschen Games-Branche e. V. (2022): Metaverse: Große Neugier auf das Unbekannte, in: https://www.game.de/metaverse-grosse-neugier-auf-das-unbekannte, abgerufen 30.09.2022.

Ghaffary, Shirin (2022): The $1,500 ticket to Mark Zuckerberg's metaverse, in: https://www.vox.com/recode/2022/10/11/23399762/meta-mark-zuckerberg-quest-pro-virtual-reality-augmented-mixed-facebook-metaverse-connect, abgerufen 12.10.2022.

Gross, Anna (2022): Epic Games: Mit 2 Milliarden Dollar ins Metaverse, in: https://www.deraktionaer.de/artikel/medien-ittk-technologie/epic-games-mit-2-milliarden-dollar-ins-metaverse-20248693.html, abgerufen 03.10.2022.

Hayward, Harold (2021): Snoop Dogg Is Selling 1,000 NFT Passes for Private Ethereum Metaverse Party, in: https://decrypt.co/81720/snoop-dogg-1000-nft-passes-private-ethereum-metaverse-party, abgerufen 03.10.2022.

Herberger, Tim A./Zoll, Frederic M. (2020): Das Immobilienmanagement der Zukunft: Ein Überblick zu neuen Anwendungen im Kontext der Digitalisierung und Digitalen Transformation. In: Herberger, Tim A. (Hrsg.): Die Digitalisierung und die Digitale Transformation der Finanzwirtschaft. 1. Auflage. Baden-Baden: Tectum, S. 197–239.

J. P. Morgan (2022): Opportunities in the metaverse, in: https://www.jpmorgan.com/content/dam/jpm/treasury-services/documents/opportunities-in-the-metaverse.pdf, abgerufen 05.10.2022.

Madiega, Tambiama/Car, Polona/ Niestadt, Maria/Van de Pol, Louise (2022): Metaverse: Opportunities, risks and policy implications. Europäisches Parlament, abgerufen: 31.03.2023

McKee, Heidi A./Porter, James E. (2017): Professional Communication and Network Interaction. New York: Taylor & Francis Ltd.

Meta (2022): Verbindungen entwickeln sich weiter – genau wie wir, in: https://about.meta.com/de/meta, abgerufen 03.10.2022.

Microsoft (2022): Mircosoft Mash, in: https://www.microsoft.com/en-us/mesh, abgerufen: 04.10.2022.

NextMeet (2022): NextMeet® CORE – One Application Multiple Environments, in: https://nextmeet.live, abgerufen 05.10.2022.

Nvidia (2022): NVIDIA Omniverse. Die Plattform zum Erstellen und Betreiben von Metaverse-Anwendungen, in: https://www.nvidia.com/de-de/omniverse, abgerufen 03.10.2022.

Oculus (2020): Sieh dir an, wie VR die Unternehmenswelt verändert, in: https://business.oculus.com/case-studies, abgerufen 05.10.2022.

OMD Germany (2022): Brandneu: Metaverse, in: https://www.omd.com/news/brandneu-metaverse, abgerufen 03.10.2022.

Ordano, Estaban/Meilich, Ariel/Jardi, Yemel/Araoz, Manuel (2022): Decentraland: A blockchain-based virtual world, in: https://decentraland.org/whitepaper.pdf, abgerufen 03.10.2022.

Partida, Devin (2022): Opinion: What is metawork and can it benefit us?, in: https://www.weforum.org/agenda/2022/09/metawork-pros-and-cons, abgerufen 06.10.2022.

PixelMax (2022): The metaverse for business, in: https://pixelmax.com/metaverse, abgerufen 05.10.2022.

Postbank (2022): Digitalstudie 2022 – Mobile Internetnutzung entwickelt sich rasant, in: https://www.postbank.de/themenwelten/innovationen/digitalstudie-2022-mobile-internetnutzung-entwickelt-sich-rasant.html, abgerufen 06.10.2022.

Purdy, Mark (2022): How the Metaverse Could Change Work, in: https://hbr.org/2022/04/how-the-metaverse-could-change-work, abgerufen: 04.10.2022.

Ravenscraft, Eric (2022): What is the Metaverse, Exactly?, in: https://www.wired.com/story/what-is-the-metaverse, abgerufen 01.10.2022.

Rodriguez, Laura (2021): Teaching with virtual reality can increase knowledge retention fourfold and halve learning times, in: https://www.uoc.edu/portal/en/news/actualitat/2021/129-virtual-reality-health.html, abgerufen 05.10.2022.

Sachs, Andreas (2022): Deutscher Gewerkschaftsbund, in: https://www.datenschutz-praxis.de/datenschutzbeauftragte/metaverse-virtueller-hype-und-datenschutz, abgerufen 06.10.2022.

Salesforce (2021): How the Hybrid Workplace Will Reshape Work in 2022, in: https://www.salesforce.com/news/stories/hybrid-workplace, abgerufen 05.10.2022.

Scotting, Joseph (2021): Your Boss Might Be Practicing Firing You In VR, in: https://screenrant.com/vr-boss-firing-simulator-talespin-software, abgerufen 05.10.2022.

Shieber, Jonathan (2020): PORTL Hologram raises $3 M to put a hologram machine in every home, in: https://techcrunch.com/2020/10/29/portl-hologram-raises-3 m-to-put-a-hologram-machine-in-every-home, abgerufen 04.10.2022.

Solomon, Brian (2014): Facebook Buys Oculus, Virtual Reality Gaming Startup, For $2 Billion, in: https://www.forbes.com/sites/briansolomon/2014/03/25/facebook-buys-oculus-virtual-reality-gaming-startup-for-2-billion, abgerufen 03.10.2022.

Stephenson, Neal (1992): Snow Crash. 1. Auflage. New York: Spectra.

Tenzer, Frank (2022): Prognose zum Umsatz mit Virtual Reality weltweit in den Jahren 2020 bis 2025, in: https://de.statista.com/statistik/daten/studie/318536/umfrage/prognose-zum-umsatz-mit-virtual-reality-weltweit, abgerufen 29.09.2022.

Tremosa, Laia (2022): Beyond AR vs. VR: What is the Difference between AR vs. MR vs. VR vs. XR?, in: https://www.interaction-design.org/literature/article/beyond-ar-vs-vr-what-is-the-difference-between-ar-vs-mr-vs-vr-vs-xr, abgerufen 31.03.2023

The Sandbox (2019): The Evolution of the Sandbox, in: https://medium.com/sandbox-game/the-evolution-of-the-sandbox-762f0023349, abgerufen 04.10.2022.

The Sandbox (2021): Partnerships, in: https://medium.com/sandbox-game/partnerships, abgerufen: 04.10.2022.

Vince, John (2004): Introduction to Virtual Reality. 1. Auflage. London: Springer.

VIVE (2022): VIVE Focus 3 gets Facial Tracker, and Eye Tracker, in: https://blog.vive.com/us/vive-focus-3-gets-facial-tracker-and-eye-tracker/, abgerufen: 04.10.2022.

VR-Dynamix (2018): VR-Anwendungen erobern immer mehr Branchen, in: https://vr-dynamix.com/virtual-reality-anwendungen, abgerufen 28.09.2022.

XR Today (2021): Who is Building the Metaverse? A Group of 160+ Companies, and You, in: https://www.xrtoday.com/virtual-reality/who-is-building-the-metaverse-a-group-of-160-companies-and-you, abgerufen 07.10.2022.

Fazit und Ausblick

Johanna Bath

Wenn man aus diesem Buch ein Fazit ziehen kann, dann hoffen wir Herausgeberinnen, dass es folgendes ist:

Der Wandel hin zu einem funktionierenden hybriden Arbeitsmodell ist kein Projekt, das ein fixes Endergebnis und vor allem einen fixen Endpunkt hat. Vielmehr gilt es jetzt, die Arbeitsorganisation als Betriebssystem zu begreifen, das kontinuierlich Updates sowie neue Versionierungen bekommen muss. Dabei reicht es nicht mehr, die Grundfunktionen dieses Betriebssystems aus isolierten Bereichen heraus, wie zum Beispiel dem HR-Bereich, zu entwickeln. Es ist notwendig, die Employee Journey, also das Erleben der Mitarbeitenden, in den Mittelpunkt zu rücken und alle Bereiche ins Boot zu holen, die einen Einfluss auf diese Journey haben. Dazu gehören mittlerweile zunehmend auch die Unternehmensstrategie, die gesamte Führung des Unternehmens über alle Managementebenen hinweg, der digitale Arbeitsplatz, das Prozess- und Facility-Management, um nur einige dieser Funktionen zu nennen.

Wichtig ist, dieses Betriebssystem flexibel aufzustellen, es hochfrequent »upzudaten« und immer wieder auch grundlegende Neuversionen zuzulassen. Denn die Treiber, die die Dynamik der Arbeitswelt bestimmen, arbeiten schneller und schneller:

- Der demografische Wandel beschert uns noch bis ins Jahr 2030 sinkende Zahlen an potenziellen Mitarbeitenden (durch die sinkende Geburtenrate) und auch danach wird es noch Jahre dauern, bis das (Geburten-)Niveau von 2016 erreicht ist. (Statista, 2023)
- Durch die digitale Transformation, insbesondere AI, sind in Deutschland ca. 30 bis 40 % der Jobs von einem großen Bedarf an Reskilling betroffen. Dabei fallen Jobs nicht grundlegend ersatzlos weg, sondern in vielen Szenarien werden in bestimmten Profilen Jobs entfallen, die an anderer Stelle wieder neu entstehen werden. (Pandia/Patterson/Ruhi, 2022)
- Gleichzeitig ist die Wechselbereitschaft weiterhin hoch und Betriebszugehörigkeiten werden kürzer. Die Loyalität zu bestimmten Industrien wird geringer und industrieübergreifende Wechsel sind häufiger. (Hancock/Phadi, 2023)
- Damit werden die Vorgehensweisen bei Hiring und Onboarding grundlegend andere und Organisationen müssen schneller darin werden, Mitarbeitende wirksam in ihrem Job werden zu lassen.
- Flexibilitätsanforderungen an Ort und Zeit bleiben dabei hoch und gleichzeitig muss die menschliche Komponente am Arbeitsplatz wieder Raum finden.

Organisationen tun also gut daran, die Entwicklung und den Entwicklungsmodus ihres individuellen Betriebssystems zu ihrer Kernkompetenz werden zu lassen, um bereits heute für die Zukunft gerüstet zu sein.

Literatur

Statistisches Bundesamt (2022). Anzahl der Geburten in Deutschland von 1991 bis 2021. https://de.statista.com/statistik/daten/studie/235/umfrage/anzahl-der-geburten-seit-1993/, aufgerufen am 05.04.2023

Pandya, Bharti, Patterson, Louise, Ruhi, Umar (2022). The readiness of workforce for the world of work in 2030: perceptions of university students. International Journal of Business Performance Management, 23(1/2), S. 54

Hancock, Bryan; Phadi, Asutosh (2023): Shorter for longer: Navigating the taut talent tightrope amid economic uncertainty. McKinsey & Company. https://www.mckinsey.com/capabilities/people-and-organizational-performance/our-insights/the-organization-blog/shorter-for-longer-navigating-the-taut-talent-tightrope-amid-economic-uncertainty, aufgerufen am 05.04.2023

Die Herausgeberinnen

Prof. Dr. Johanna Bath

Als Professorin an der ESB Business School forscht Johanna Bath seit Jahren zu Trends in der Arbeitswelt und ist eine der gefragtesten Expertinnen für das Thema »Hybrid Work« und »Hybride Führung« in Deutschland. Nach knapp 15 Jahren in verantwortungsvollen Positionen in Beratung und Industrie gründete sie talentista now. Das Ziel dabei war und ist, unsere Arbeitswelt ein Stück besser zu machen. Hybrides Arbeiten mit talentista now bedeutet, dass Human Centricity und Performance keine Gegensätze bilden. Im Gegenteil, sie können sogar nur miteinander gelingen. Diese Philosophie spiegelt sich im Beratungsansatz »Roadmap to Hybrid« wider. In zahlreichen Podcast-Interviews, Paneldiskussionen und Medienberichten legt Prof. Johanna Bath ihre Ideen zu hybrider Arbeit dar und prägt die Diskussion über die Zukunft der Arbeit in Deutschland.

Prof. Dr. Katrin Winkler

Prof. Dr. Katrin Winkler lehrt an der Hochschule für angewandte Wissenschaften Kempten Personalführung, Personalmanagement, Talentmanagement, Wissens- und Changemanagement. Sie verbindet ihre Forschungs- und Lehrtätigkeit mit zahlreichen Beratungs- und Praxisprojekten im Bereich der Digitalisierung und Führung. Zudem leitet sie das Institut für digitale Transformation in Arbeit, Bildung und Gesellschaft sowie den Arbeitsbereich »Zusammenarbeit und Führung in einer sich verändernden Welt« der Hochschule Kempten.

Die Autor:innen

Manfred Estler

Prof. Dr.-Ing. Manfred Estler ist seit 2003 Professor für die Gestaltung von Geschäftsprozessen an der ESB Business School der Hochschule Reutlingen. Zuvor sammelte er über viele Jahre Berufserfahrung in der chemischen Industrie im Bereich von Prozessführungsstrategien und Data Mining. Seine aktuellen Tätigkeits- und Forschungsschwerpunkte liegen auf den Gebieten der Methoden des Qualitätsmanagements sowie der Operational Excellence.

Sarah Hatfield

Prof. Dr. Sarah Hatfield ist Professorin für Wirtschaftspsychologie, Change Management und Human Resources an der Technischen Hochschule Augsburg. Dort forscht sie zu den Themen menschzentrierte künstliche Intelligenz sowie organisationales Lernen durch Gamification und Virtual-Reality-Formate. 2022 gründete sie das Lern- und Innovationslabor im Recycling-Atelier, das der Vermittlung von transformativen Nachhaltigkeitskompetenzen in Unternehmen dient. Sie ist zudem systemische Prozessberaterin für Organisationsentwicklung.

Claudia Heß

Prof. Dr. Claudia Heß ist Professorin für Digitale Transformation an der IU Internationalen Hochschule in Erfurt. Neben Lehre und Forschung ist sie auch in der Industrie tätig und unterstützt als Beraterin, Projektleiterin und Coach Unternehmen und Organisationen in der digitalen Transformation. In enger Zusammenarbeit mit Fachabteilungen, IT und Digital Labs arbeitet sie an der Digitalisierung von Geschäftsprozessen und begleitet Teams bei der agilen Entwicklung neuer, digitaler Produkte und Services.

Cornelia Heyde

Dr. Cornelia Heyde ist seit 2007 bei der Microsoft Deutschland GmbH in verschiedensten Rollen tätig. Sie startete nach ihrem Studium der Informations- und Medientechnik als Trainee in der Rolle des Technical Account Managers und war anschließend über acht Jahre im technischen Vertrieb für Großkunden zuständig, zunächst für Office und SharePoint Server, später für die komplette Office 365 Suite. Heute leitet sie ein Team in der Customer Success Unit, das Menschen und Unternehmen dabei unterstützt, modernes Arbeiten erfolgreich umzusetzen. Sie ist Expertin für Digital Leadership, Cultural Change und innovative Technologien wie Microsoft 365. Sie schreibt ihren eigenen Blog und ist Sprecherin auf Konferenzen. Cornelia Heyde ist davon überzeugt, dass alle Menschen von den neuen Möglichkeiten der Digitalisierung und der New-Work-Bewegung profitieren sollten.

Stephan Höfer

Prof. Dr.-Ing. Stephan Höfer ist seit 1998 Professor an der Hochschule Reutlingen. Der Fokus seiner Lehr- und Forschungsaktivitäten an der ESB Business School liegen im Bereich der Optimierung von ganzheitlichen Geschäfts- und Produktionsprozessen sowie der operativen Gestaltung der zugehörigen Veränderungsprozesse. Lean Enterprise Management, im Besonderen Lean Manufacturing und Lean Administration, Change Management sowie im Speziellen der Einsatz des Wertstromdesigns stellen seine inhaltlichen Schwerpunkte dar. Seit 2002 ist Stephan Höfer zudem Mitgesellschafter der EzE GbR. 2012 gründete er außerdem das I/L/M (Institute of Lean Enterprise Management) an der Knowledge Foundation der Hochschule Reutlingen.

Lukas Karwan

Lukas Karwan ist Co-Founder und Head of Content von Lumium. Zusammen mit seinem Team arbeitet er an Virtual Reality Experiences für die Teamentwicklung von morgen. Seine Leidenschaft für VR geht bis zu seinem Studium der Lernpsychologie zurück, bei dem er schnell erkannte: VR ist ein Durchbruch für die Pädagogik. Virtual Reality ist in der Lage, durch Immersion echte Erlebnisse zu schaffen: So werden Teilnehmerinnen und Teilnehmer ein aktiver Teil ihres Lernprozesses, anstatt nur passiv zuzuhören. Lumium nutzt diese bahnbrechende Technologie, um remote und hybride Teams für die Arbeitswelt der Zukunft fit zu machen. Teams erleben dabei echte Kollaboration, einschließlich Vertrauen, guter Kommunikation und Selbstorganisation. Lumium hat bereits über 100 Teams und mehr als 500 Personen erfolgreich durch eine intensive VR-Teamentwicklung geführt.

Vanessa Kolodziej

Vanessa Kolodziej ist Masterstudentin an der ESB Business School des Studiengangs »International Business Development« (M. Sc.) und arbeitet als Werkstudentin bei talentista now. Dabei beschäftigt sie sich intensiv mit der Arbeitswelt der Zukunft. Durch zahlreiche Praktika konnte sie bereits wertvolle Einblicke in unterschiedliche Industriebranchen sowie in die Beratung erhalten. Diese Erfahrungen haben ihr verdeutlicht, wie wichtig eine Neuausrichtung der Arbeitsorganisationen für die Zukunft ist – insbesondere in Richtung hybrides Arbeiten. Um dies voranzutreiben, ist Vanessa Kolodziej Teil von talentista now – sie ist vor allem im Projektmanagement tätig und übernimmt dabei vielseitige Aufgaben.

Svenja König

Svenja König ist Absolventin des berufsbegleitenden Masterstudiengangs »Wirtschaftspsychologie« der Kempten Business School und wissenschaftliche Mitarbeiterin am Institut für digitale Transformation in Arbeit, Bildung und Gesellschaft. Eines ihrer Aufgabengebiete umfasst dort die inhaltliche und didaktische Konzeption von Online-Trainings sowie die Übernahme von Aufgaben im Bereich des Projektmanagements.

Sibylle Kunz

Prof. Dr. Sibylle Kunz ist Professorin an der IU Internationale Hochschule in Erfurt im Fachbereich IT und Technik und Studiengangsleiterin für Medieninformatik und XR Development & Design. Sie studierte Wirtschaftsinformatik an der Technischen Universität Darmstadt, machte sich im Anschluss mit einem IT-Beratungs- und Schulungsunternehmen selbstständig und arbeitete über zwei Jahrzehnte in IT-Projekten u. a. in Versorgungsunternehmen, Banken, Verbänden, Verlagen und Kammern. Seit 2011 ist sie in der akademischen Lehre tätig und erhielt 2020 den Sonderpreis für Digitalisierung in der Lehre an der Hochschule Darmstadt. Sie promovierte als erste Doktorandin an der Friedrich-Alexander-Universität Erlangen-Nürnberg im Bereich Digital Humanities.

Anna Matzat

Anna Matzat studierte Luftfahrttechnik und Logistik (M. Sc.) an der TU München. Nach ihrer Tätigkeit als Consultant im Automotive-Bereich arbeitete sie als Lean Managerin bei einem Baumaschinenhersteller. Als Lean Project Lead in einer UX-Design-Agentur war sie Teil des Leadershipteams und leitete UX- und Softwareprojekte. Hier arbeitete sie 100 % remote.

Sven Mylius

Sven Mylius ist Teil eines neugierigen Kollektivs aus rund 250 New-Work-Enthusiast:innen, die sich intensiv mit der Frage beschäftigen, wie wir in Zukunft zusammenarbeiten werden und wie Flächenkonzepte darauf reagieren. Mit seinem Team hat er dabei insbesondere die strategische Ausrichtung der Unternehmen im Blick und verfolgt einen Ansatz der intensiven Partizipation, um strategische und operative Anforderungen zu kombinieren.

Sandra Niedermeier

Prof. Dr. Sandra Niedermeier lehrt an der Hochschule für angewandte Wissenschaften Kempten. Zu ihren Schwerpunkten gehören die Beratung zur didaktischen Konzeption und Durchführung von Online-Lerninhalten sowie Trainertätigkeiten zu Themen der Digitalisierung. Zudem leitet sie den Arbeitsbereich »Digitalisierung in Bildung und Gesellschaft« am Institut für digitale Transformation in Arbeit, Bildung und Gesellschaft der Hochschule Kempten.

Nico Pannier

Nico Pannier hilft Teams und deren Organisationen, sich flexibler und effektiver zu verändern. In seinen Veränderungsansätzen sind Selbstorganisation und Verantwortung wichtige Orientierungspfeiler, die sowohl die Verhaltensweisen und Abläufe als auch die Strukturen auf den Prüfstand stellen. Bei diesen Herausforderungen helfen ihm mehr als 20 Jahre Erfahrung in Organisationsentwicklungsprojekten.

Alexander Pinker

Alexander Pinker ist Innovation-Profiler, Zukunftsstratege und Medienexperte, der Unternehmen dabei hilft, die Möglichkeiten von Technologien wie künstlicher Intelligenz für die nächsten fünf bis zehn Jahre zu verstehen. Er ist Gründer des Beratungsunternehmens »AP Innovation-Profiling«, der Agentur für Innovationsmarketing »innovate! communication« und der Nachrichtenplattform »Medialist Innovatio«. Pinker ist Autor von drei Büchern zum Thema Innovation und unterrichtet als Dozent an der Technischen Hochschule Würzburg-Schweinfurt.

Jörg Staff

Jörg Staff ist Aufsichtsrat und Business Angel. Über 20 Jahre war er in Top-Executive-Positionen führender Unternehmen in der IT-Industrie (SAP AG), Logistik (Deutsche Post/DHL) und der Automobilindustrie (Daimler AG) tätig, zuletzt war er Vorstand und Chief People Officer bei der Atruvia AG. 2021 wurde Jörg Staff zu den 40 führenden HR-Köpfen und zum »CHRO of the Year« in Deutschland gewählt. 2022 erhielt er die Auszeichnung »Top 200 Biggest Voices in Leadership« weltweit. Seine Blogs im Human Resources Manager Magazin haben über 50.000 Leser.

Stichwortverzeichnis

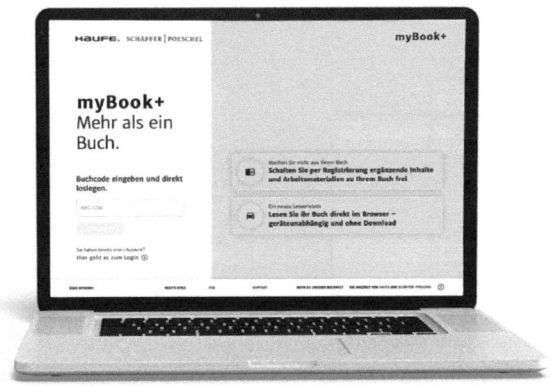

Ihre Online-Inhalte zum Buch: Exklusiv für Buchkäuferinnen und Buchkäufer!

▶ https://mybookplus.de

▶ Buchcode: GLE-49442